"十四五"时期水利类专业重点建设教材

水电站自动化（第2版）

主编 陈帝伊 李永冲 许贝贝 王斌

中国水利水电出版社
www.waterpub.com.cn
·北京·

内 容 提 要

本教材内容主要包括水电站自动化的目的和内容及发展历史及其趋势、备用电源自动投入装置、水轮发电机的自动并列、水轮发电机励磁的自动调节、频率和有功功率的自动控制、水电站辅助设备的自动控制、水电站计算机监控系统等。

本教材可作为能源与动力工程（水动方向）专业的教材或教学参考用书，也可供从事水电站设计、运行工作的有关人员参考。

图书在版编目（CIP）数据

水电站自动化 / 陈帝伊等主编. -- 2版. -- 北京：中国水利水电出版社，2023.6
"十四五"时期水利类专业重点建设教材
ISBN 978-7-5226-1585-1

Ⅰ. ①水… Ⅱ. ①陈… Ⅲ. ①水力发电站－自动化技术－高等学校－教材 Ⅳ. ①TV736

中国国家版本馆CIP数据核字(2023)第115153号

书　　名	"十四五"时期水利类专业重点建设教材 **水电站自动化（第 2 版）** SHUIDIANZHAN ZIDONGHUA
作　　者	主编　陈帝伊　李永冲　许贝贝　王　斌
出版发行	中国水利水电出版社 （北京市海淀区玉渊潭南路1号D座　100038） 网址：www.waterpub.com.cn E-mail：sales@mwr.gov.cn 电话：（010）68545888（营销中心）
经　　售	北京科水图书销售有限公司 电话：（010）68545874、63202643 全国各地新华书店和相关出版物销售网点
排　　版	中国水利水电出版社微机排版中心
印　　刷	天津嘉恒印务有限公司
规　　格	184mm×260mm　16开本　14.75印张　359千字
版　　次	2019年8月第1版第1次印刷 2023年6月第2版　2023年6月第1次印刷
印　　数	0001—3000册
定　　价	**46.00元**

凡购买我社图书，如有缺页、倒页、脱页的，本社营销中心负责调换

版权所有·侵权必究

编写人员名单

主编

陈帝伊（西北农林科技大学）

李永冲（西北农林科技大学）

许贝贝（西北农林科技大学）

王　斌（西北农林科技大学）

副主编

裴俊先（四川大学）　　　　　蒋志强（华中科技大学）

郭文成（华中科技大学）　　　阚　阚（河海大学）

王瑞莲（华北水利水电大学）　吕顺利（昆明理工大学）

贾　嵘（西安理工大学）　　　李　辉（西安理工大学）

余向阳（西安理工大学）　　　阚能琪（西华大学）

刘恩喆（南昌工程学院）　　　陈铁华（长春工程学院）

李金伟（中国水利水电科学研究院）

徐　波（中国长江电力股份有限公司）

孙　勇（中国长江三峡集团有限公司）

李　鹏（中国长江三峡集团有限公司）

蔡卫江（南京南瑞水利水电科技有限公司）

韩长霖（北京中水科水电科技开发有限公司）

序

在"双碳"目标下，我国水电事业高速发展，对水电站自动化要求越来越高。随着电子信息技术的发展和各种自动装置不断变革，水电站自动化技术得到了迅速的发展。本书编写组将水电站自动化知识体系的系统性与前沿性、逻辑性与创新性、历史性与前瞻性进行系统梳理，编写了这部符合教育规律和学生认知规律、满足新时代人才培养需求的新型教材，以提供全新的科学视角与工具。

该教材紧密结合水电站生产实践，吸收新理论、新技术、新设备，以反映专业与学科前沿发展趋势。该教材通过大量启发式问题，引导学生多角度、多层次辩证性思考和解决水电站自动化的科学与工程问题，符合教育规律与学生认知规律，利于学生创新思维和创新能力的培养；融合方法论、价值观等思政元素，实现教材的全方位育人功能。为增强教材的趣味性和形象性，呈现形式上引入了视频、图片等数字化资源。该教材通过增加问题驱动、学习拓展、课后阅读等内容，提高了学生学习兴趣，拓宽了学生知识层面，培养学生从工程角度思考分析问题和解决复杂工程问题的能力。

该教材适应新时代需要，反映专业学科的最新内容和育人功能的最新要求。相信这部精心策划、精心编审、精心出版的教材能够得到各位读者的认可，成为精品教材，对新时期高等学校水利类教学改革和教材建设起到引领示范作用。

中国工程院院士

2023 年 6 月 27 日

前 言

"水电站自动化"是能源与动力工程专业（水动方向）的主干专业课。由于本门课程涉及多门学科的综合应用，对初学者来说，具有一定的难度。因此，编写一本既适用于初学者又能反映水电站自动化发展的本科教材显得十分必要和迫切。为满足高等院校能源与动力工程（水动方向）专业教学改革的需要，现根据多年教学、科研的经验，结合水电站自动化的最新发展状况，在多位前辈相关教材和第一版的基础上重新编写本教材。

本教材具有以下特色：①增加了备用电源自动投入、频率和有功功率的自动控制；②从实际工程要求入手，增加了简明且趣味性强的引导性工程问题；③增加了启发性问题、思考性问题、方法论、价值观、学习拓展、课后阅读等；④对章节内重难点增加了扩展性资料，可通过扫描二维码获得视频、图片等资源。

新教材的编写，紧密结合水电站生产实践，吸收新理论、新技术、新设备在专业领域的应用，反映专业与学科前沿的发展趋势，努力体现新教材的先进性；同时也保持了本课程的传统教学内容，合理安排章节次序与内容，保证了教材的系统性与条理性。共分为七章，包括水电站自动化的目的和内容及发展历史及其趋势、备用电源自动投入装置、水轮发电机的自动并列、水轮发电机励磁的自动调节、频率和有功功率的自动控制、水电站辅助设备的自动控制、水电站计算机监控系统。

本教材由陈帝伊、李永冲、许贝贝、王斌任主编。陈帝伊、李永冲、王斌、裴俊先、蒋志强、郭文成、阚阚、王瑞莲、吕顺利、贾嵘、余向阳编写第一章、第二章、第三章、第五章、第七章，许贝贝、陈帝伊、阚能琪、李金伟、陈铁华、刘恩喆、徐波、李辉、孙勇、李鹏、蔡卫江、韩长霖编写第四章、第六章，李永冲、许贝贝对全书进行了统稿。书中参阅了国内外相关著作与文献资料，在此对其作者表示衷心的感谢。

由于编者水平有限，书中难免有不妥与疏漏之处，恳请读者批评指正。

编者

2023 年 4 月

第1版前言

截至2018年年底，我国水电装机容量达到3.5亿kW，预计2025年全国水电装机容量达到4.7亿kW。全球超过一半的单机容量70万kW以上的水轮发电机组在中国。随着水电事业的高速发展，大容量、高水头的水电站越来越多，对自动化技术也就提出了更高的要求。随着传感器技术、微机技术以及相关科学技术的发展，水电站自动控制技术也应与时俱进。为了提高我国水电站自动化水平，培养水电站自动化方面的专门人才，特编写了本教材。教材中加入了"一带一路"沿线部分国家水资源及水电站开发内容，有助于培养学生的国际视野和家国情怀，并使学生个人的培养与国家需求紧密相连。

本教材内容分为七章和一个附录，系统地介绍了水电站自动化的基础理论和应用技术。第一章绪论，阐述了水电站自动化的目的和内容，以及计算机在水电站的应用；第二章同步发电机的自动并列，介绍了同期的基本概念、方式和自动并列的意义等基础知识；第三章水轮发电机励磁的自动调节，介绍了自动调节励磁装置的作用、要求、调节励磁电流的方法和可控硅自动调节励磁装置；第四章水轮机调速器的自动控制，水轮机调节系统的基本任务及原理、微机调速器的系统结构与硬件原理及软件实现等；第五章水电站辅助设备的自动控制，介绍了辅助设备的液位控制系统和压力控制系统等；第六章水轮发电机组的现地控制，介绍了水轮发电机组的运行参数测量和现地控制系统；第七章介绍了水电站电子计算机监控系统；附录为"一带一路"沿线部分国家水资源及水电开发情况。

本教材由陈帝伊、王斌任主编，贾嵘、李永冲、李金伟、李辉任副主编。陈帝伊编写第五章和第六章，王斌编写第四章和第七章，李永冲编写第一章和第二章，李辉编写第三章，贾嵘、李金伟对全书进行了统稿。书中参阅了国内外相关著作与文献资料，在此对其作者表示衷心的感谢。

由于编者水平和精力有限，书中难免存在不妥之处，恳切希望广大读者批评指正。

编者

2019年6月

目　录

序
前言
第1版前言

第一章　绪论 ·· 1
第一节　水电站自动化概况 ·· 1
第二节　水电站自动化的发展历史及其趋势 ·· 7
课后阅读 ··· 19
课后习题 ··· 20

第二章　备用电源自动投入装置 ··· 21
第一节　备用电源自动投入装置概述 ··· 21
第二节　备用电源自动投入的一次接线方案 ··· 23
第三节　备用电源自动投入装置的硬件结构 ··· 25
第四节　备用电源自动投入装置的软件原理 ··· 26
课后阅读 ··· 30
课后习题 ··· 30

第三章　水轮发电机的自动并列 ··· 32
第一节　水轮发电机的并列方式 ··· 32
第二节　同期点选择和同期电压的引入 ··· 35
第三节　同期并列的基本原理 ··· 41
第四节　数字式自动准同期装置 ··· 53
课后阅读 ··· 62
课后习题 ··· 63

第四章　水轮发电机励磁的自动调节 ··· 64
第一节　自动调节励磁装置的作用与分类 ··· 64
第二节　发电机励磁系统的组成及工作原理 ··· 73
第三节　自动调节励磁装置的任务和对调节装置的要求 ····························· 80
第四节　继电强行励磁、强行减磁和自动灭磁 ··· 82

  课后阅读 ··· 86
  课后习题 ··· 87

第五章　频率和有功功率的自动控制 ·· 89
  第一节　电力系统的频率特性 ··· 89
  第二节　电力系统自动调频方法 ··· 92
  第三节　水电站自动发电控制 ··· 100
  第四节　电力系统频率异常的控制 ··· 103
  课后阅读 ··· 105
  课后习题 ··· 106

第六章　水电站辅助设备的自动控制 ·· 107
  第一节　控制系统中的自动化元件 ··· 107
  第二节　辅助设备的液位控制系统 ··· 123
  第三节　辅助设备的压力控制系统 ··· 129
  第四节　主阀和快速阀门的自动控制系统 ·· 136
  课后阅读 ··· 149
  课后习题 ··· 150

第七章　水电站计算机监控系统 ··· 151
  第一节　水电站计算机监控系统认知 ··· 151
  第二节　水轮发电机组的现地控制系统 ··· 163
  第三节　水电站计算机监控上位机系统功能 ·· 192
  第四节　水电站计算机监控系统网络与通信 ·· 198
  第五节　水电站工业电视监控系统 ··· 204
  第六节　自动发电控制（AGC） ·· 209
  第七节　自动电压控制（AVC） ·· 211
  第八节　上位机设备操作实例 ··· 213
  课后阅读 ··· 217
  课后习题 ··· 218

附录　"一带一路"沿线部分国家水资源及水电开发情况 ························· 220

参考文献 ··· 224

第一章 绪 论

知识单元 与知识点	1. 水电站在电力系统中的作用 2. 水电站自动化的目的 3. 水电站自动化的内容 4. 水电站自动化发展历史及趋势 5. 水电站自动化新技术应用
重难点	重点：水电站自动化的目的、内容 难点：水电站自动化的发展趋势
学习要求	1. 熟悉水电站自动化的目的 2. 掌握水电站自动化的内容 3. 了解水电站自动化的发展趋势、新技术（如物联网、AI、云计算等）应用

自动化程度是水电站现代化水平的重要标志之一，自动化技术又是水电站安全经济运行必不可少的技术手段。随着机组容量的不断增大，自动化技术对水电站的安全经济运行起着越来越重要的作用。水电站自动化（automation of hydropower station）包含广泛的内容，综合了许多学科的内容。随着电子技术的发展和各种新型自动装置的不断应用，水电站自动化技术得到了迅速的发展，从而使水电站自动化水平得到了很大的提高。本章主要介绍水电站在电力系统中的应用，水电站自动化的目的和内容，以及水电站自动化发展趋势。

第一节 水电站自动化概况

一、水电站在电力系统中的作用

水资源（water resources）是基础性的自然资源，又是经济性的战略资源，同时也是维持生态环境的决定性因素。水力发电（hydroelectric power）是一种能够进行大规模商业开发的可再生的清洁能源，满足了全世界约 20% 的电力需求。随着世界能源需求的增长和全球气候的变化，世界各国都把开发水电作为能源发展的优先领域。

我国水能资源蕴藏量居世界首位，全国技术可开发装机容量 5.42 亿 kW，经济可开发装机容量 4.02 亿 kW，是仅次于煤炭的常规能源。截至 2022 年年底，全国

资源 1-1
电力系统
组成及结
构图

水电装机容量 4.14 亿 kW，约占全国发电装机总容量的 16.1%；年发电量 13522 亿 kW·h，约占全部发电量的 15.3%。目前，我国水电开发还有较大的发展潜力。根据 2020—2022 年全国电力工业统计快报，三年全国发电装机容量与发电量见表 1-1。

表 1-1　　　　　2020—2022 年全国发电装机容量与发电量

指标名称	2022 年	2021 年	2020 年
发电装机容量/万 kW	256405	237600	220018
水电/万 kW	41350	39092	37016
火电/万 kW	133239	129678	124517
核电/万 kW	5553	5326	4989
风电/万 kW	36544	32848	28153
太阳能发电/万 kW	39261	30656	25343
发电量/(亿 kW·h)	88487.1	81122	76739
水电/(亿 kW·h)	13522	11840	13552
火电/(亿 kW·h)	58887.9	57703	52799
核电/(亿 kW·h)	4177.8	4075	3662
风电/(亿 kW·h)	7626.7	5667	4665
太阳能发电/(亿 kW·h)	4272.7	1837	2060

水电站生产过程比较简单。水轮发电机启动快，开停机迅速，操作简便，可迅速改变其发出的功率。例如，一台完全自动化的水轮发电机组，从停机状态启动到发出额定功率，一般只需 1min 左右的时间。同时，水轮发电机组的频繁启动和停机，不会消耗过多的能量，而且在较大的负荷变化范围内仍能保持较高的效率。

由于水电站具有上述特点，所以在电力系统中，它除了可承担与其他类型电站一样的发电任务外，还适宜于担负下列任务。

（一）系统的调频、调峰

电能目前还不能大量储存，其生产、输送、分配和消耗必须在同一时间内完成。电力系统的负荷是随时间不断变化的，即使在较短时间内，也会因一些负荷的投入和切除而不断发生变化。为了保持系统频率在规定范围内，系统中必须有一部分发电站或发电机组随负荷的变化而改变出力，以维持系统内发出功率和消耗功率的平衡。否则随着系统负荷的变动，系统频率可能偏移额定值过大。一般情况下，对于变化幅度不大的负荷，频率的调整任务主要是由发电机组的调速装置来完成的，对于变化幅度较大、带有冲击性质的负荷，则需要有专门的电站或机组承担调整频率的任务。担负这一任务的电站或机组称为调频电站或调频机组，它们所担负的这种任务称为调频任务。

由于水电站具有上述特点，所以具有调节能力的水电站特别适宜担负系统的调频任务，即作为系统的调频电站。此外，这种电站也适宜担负系统的尖峰负荷，即担负调峰任务。

火电站的汽轮发电机组从冷状态启动，往往需要几个小时到十几个小时。同时，频繁的启动和停机将使汽轮发电机组过多消耗大量的燃料，并且容易损坏设备。此外，改变汽轮发电机组的出力，速度也不能太快。因此，火电站（包括核电站）不适宜担负剧烈变化的负荷，即不适宜作为系统的调频、调峰电站。为了运行的经济性和设备安全，它们应在效率高的固定负荷下运行。可见，有水电站担负调频、调峰任务的系统，既可充分发挥水电站的特长，又可使火电站在高效率区稳定、经济地运行，使各动力资源得到合理的应用，从而使整个系统获得较高的经济效益。

当然，水电站的运行工况一般也不是固定不变的。不同的水电站或同一个水电站在不同的季节，其运行工况可能是不同的。通常，没有调节水库而靠径流发电的水电站，只担负固定不变的负荷。在洪水季节，一些有水库并具有调节能力的水电站为了不弃水，也担负固定不变的负荷（即基荷）。

对于缺乏水力资源的系统，为了解决调峰的需要，有条件时可兴建抽水蓄能电站。这种电站在系统负荷处于低谷时，利用系统的剩余功率将水从低处的下游水库抽到高处的上游水库，以水位能的形式将能量储存起来。系统负荷出现高峰时，电站放水发电，供系统调峰之用。从能量利用的观点来看，这种电站消耗的能量大于发出的能量，但由于高峰时电能的经济价值比低谷时高得多，且抽水蓄能电站具有与普通水电站一样的优点，所以修建这种电站在经济上是合理的。近年来，抽水蓄能电站在国外发展很快，且正向高水头、大容量方向发展。我国华北等地区系统的一些水电站也装设了抽水蓄能机组，并已发挥了一定作用。

资源 1-2
抽水蓄能
电站结构
及原理

（二）系统的事故备用容量

一定的备用容量（reserve capacity）是电力系统进行频率调整和机组间负荷经济分配的前提。如果电力系统没有备用容量，频率的调整和负荷的经济分配便无法实现。系统中各类型电站的发电机组构成了电力系统的电源。由于发电机组不可能全部不间断地投入运行，而且投入运行的发电机组不都能按额定容量工作（如机组的定期检修、水电站因水头过分降低不能发出额定功率等），故系统中的电源容量不一定等于所有发电机组额定容量的总和。实际上，系统的电源容量只等于各发电站预计可投入的发电机组可发功率的总和，也就是说，只有这些可发功率才是可供系统调度随时使用的系统电源容量。为保证供电可靠性和电能质量，系统的电源容量应大于包括网损和发电站自用电在内的系统总负荷（即发电负荷）。系统电源容量大于发电负荷的部分称为备用容量。

电力系统的备用容量有热备用（旋转备用）和冷备用两种，前者是指运行中发电机组可发出的最大功率与发电负荷之差，后者则是指未运行发电机组可能发出的最大功率。进行检修的机组不属于冷备用，因为它们不能随时供调度使用。由于电力系统的负荷是不断变化的，从保证供电可靠性和电能质量角度出发，系统的热备用应该大些为好，但从系统运行的经济性考虑，热备用又不宜太大。

按用途的不同，电力系统的备用容量又可分为以下几种：

（1）负荷备用。负荷备用用于调整系统中短时的负荷波动，并满足计划外负荷增加的需要。这类备用容量应根据系统负荷的大小、运行经验和系统中各类用户的比重来确定，一般为系统最大负荷的2%～5%。

(2) 事故备用。事故备用用于代替系统中发生事故的发电设备的工作，以便维持系统的正常供电。事故备用容量与系统容量、发电机台数、单机容量、各类型发电站的比重和供电可靠性的要求等因素有关，一般为系统最大负荷的5%～10%，并不应小于系统中最大一台机组的容量。

(3) 检修备用。检修备用是为定期检修发电设备而设置的，与负荷性质、机组台数、检修时间长短及设备新旧程度等有关。通常只在节假日或负荷低落季节无法安排所有设备检修时才设置专门的检修备用容量。

(4) 国民经济备用。国民经济备用是为满足负荷超计划增长设置的备用。

以上四种备用容量均以热备用或冷备用这两种形式存在于系统中，而且为了满足负荷变动和发生事故时的需要，热备用应包括全部负荷备用和一部分事故备用。由于水轮发电机组的优点，适宜担负系统的事故备用。负荷备用一般设置在调频电站内，也适宜由水电站来承担。此外，由于水轮发电机组发电和调相的工况转换非常方便，必要时可将担负事故备用的机组或其他闲置机组作调相机运行，以便向系统提供无功功率，改善电压质量。在一定条件下，这样做可使系统节约一部分专用的调相设备。

二、水电站自动化的目的和内容

水电站自动化就是使水电站生产过程的操作、控制和监视能够在无人（或少人）直接参与的情况下，按预定的计划或程序自动地进行。由于水电站的生产过程比较简单，这就为水电站实现自动化提供了方便的条件。就电站本身的自动化而言，水电站要比火电站容易一些，而水电站的自动化程度通常也要比火电站高一些。另外，由于水电站在系统中担负前述的任务，因此要求水轮发电机组应能迅速地开停机、改变运行工况和调节出力。这些要求，也只有在水电站实现自动化以后才能更好地完成。

(一) 水电站自动化的目的

水电站自动化的目的在于：提高工作的可靠性、保证电能质量（电压和频率符合要求）、提高运行的经济性、提高劳动生产率。

(1) 提高工作的可靠性。供电中断可能使生产停顿、生活混乱，甚至可能危及人身和设备的安全，造成十分严重的后果，因此，水电站的运行首先要满足安全发供电的要求。水电站实现自动化以后，通过各种自动装置能够快速、准确和及时地进行检测、记录和报警。当出现不正常的工作状态时，自动装置能发出相应的信号，以通知运行人员及时加以处理或自动处理。发生事故时，自动装置能自动紧急停机或断开发生事故的设备，并可自动投入备用机组或设备。可见，实现自动化既可防止不正常工作状态发展成为事故，又可使发生事故的设备免遭更严重的损坏，从而提高了供电的可靠性。

另外，用各种自动装置来完成水电站的各项操作和控制（如开停机操作和并列），可以大大减少运行人员误操作的可能，从而减少发生事故的机会。此外，采用自动装置进行操作或控制，还可大大加快操作或控制的过程，这对于在发生事故的紧急情况下，保证系统的安全运行和对用户的供电具有非常重要的意义。例如，水轮发电机组采用手动开机时,一般需要 10～15min 才能将机组并入系统;而采用自动装置开机时,通常只需要 1min 便可投入系统并带上负荷。

随着水电站机组容量的不断增大,设备越来越复杂,对运行可靠性的要求越来越高,因而对水电站自动化也提出了更高的要求。

(2) 保证电能质量。电能质量(power quality)用电压(voltage)和频率(frequency)两项基本指标衡量。良好的电能质量是指电压正常,偏移一般不超过额定值的±5%;频率正常,偏移不超过±(0.2～0.5)Hz。电压或频率偏离额定值过大,将引起生产大量减产或产品报废,甚至可能造成大面积停电。

电力系统的电压主要取决于系统中的无功功率的平衡,而频率则主要取决于系统中有功功率的平衡。既然系统的负荷是随时变化的,那么要维持电压和频率在规定范围内,就必须迅速而准确地调节有关发电机组发出的有功和无功功率,特别是在发生事故的情况下,快速地调节或控制对迅速恢复电能质量具有决定性的意义。这个任务的完成,如果靠运行人员手动进行,无论在速度方面还是在准确度方面都是难以实现的。因此,只能依靠自动装置来完成。一般一个正常的电力系统发生电能质量低劣的现象,往往是由于调度管理不当和运行调节不及时造成的。可见,提高水电站的自动化水平是保证电力系统电能质量的重要措施之一。

(3) 提高运行的经济性。经济运行(economic operation),就是使水轮发电机组经常运行在最佳工况下(即高效率区)。对于多机组的电站而言,还要根据系统分配给电站的负荷和电站的具体条件,选择最佳的运行机组数,以便用较少的水生产较多的电能。一般来说,即使是同类型同容量的机组,由于制造工艺上的差异和运行时间长短的不同,它们的效率也不完全相同。而效率上的较小差异,则可能引起经济效益的较大差别,对于大型机组更是如此。例如,一台 100MW 的机组,效率提高 1%,按年运行 3000h 计算,每年就可多发电 300 万 kW·h。水轮发电机组在不同的水头下运行具有不同的效率,即使在同一水头下,不同的导叶开度也具有不同的效率。因此,合理地进行调度以保持高水头运行,并合理选择开机台数,使机组在高效率区运行,可获得良好的经济效益。对于梯级电站来说,如能实现各电站合理最优调度,避免不必要的弃水,也可使水力资源得到更加充分的利用。

水电站通常是水力资源综合利用的一部分,要兼顾电力系统、航运、灌溉、防洪等多项要求,经济运行条件较复杂,很难用人工控制来实现。实现自动化以后,利用自动装置将有助于水电站经济运行任务的完成。例如,对于具有调节能力的水电站,应用计算机可大大提高运行的经济性,这是因为计算机不但可对水库来水进行预报计算,还可综合水位、流量、系统负荷和各机组参数等参量,按经济运行程序进行自动控制。

(4) 提高劳动生产率。自动化水电站的很多工作都是由各种自动装置按一定的程序自动完成的,因此减少了运行人员直接参与操作、控制、监视、检查设备和记录等的工作量,改善了劳动条件,减轻了劳动强度,提高了运行管理水平。同时可减少运行人员,实现少人甚至无人值班,提高劳动生产率,降低运行费用和电能成本。此外,由于运行人员减少,可减少生活设施,因而也可减少水电站的投资。

【交流与思考】

自动化是指机器设备、系统或过程（生产、管理过程）在没有人或较少人的直接参与下，按照人的要求，经过自动检测、信息处理、分析判断、操纵控制，实现预期的目标的过程。自动化技术广泛用于工业、农业、军事、科学研究、交通运输、商业、医疗、服务和家庭等方面。采用自动化技术不仅可以把人从繁重的体力劳动、部分脑力劳动以及恶劣、危险的工作环境中解放出来，而且能扩展人的器官功能，极大地提高劳动生产率，增强人类认识世界和改造世界的能力。因此，自动化是工业、农业、国防和科学技术现代化的重要条件和显著标志。

自动化的概念是一个动态发展过程。过去，人们对自动化的理解或者说自动化的功能目标是以机械的动作代替人力操作，自动地完成特定的作业。这实质上是自动化代替人的体力劳动的观点，后来随着电子和信息技术的发展，特别是随着计算机的出现和广泛应用，自动化的概念已扩展为用机器（包括计算机）不仅代替人的体力劳动而且还代替或辅助脑力劳动，以自动地完成特定的作业。同样，水电站实现自动化，也经历了动态发展过程。

在物联网、大数据、人工智能等新兴技术的助推下，水电站运行正从自动化向智能化方向迈进。

（二）水电站自动化的内容

水电站自动化的内容，与水电站的规模及其在电力系统中的地位和重要性、水电站的形式和运行方式、电气主接线和主要机电设备的形式和布置方式等有关。总的来说，水电站自动化包括如下内容：

（1）自动控制水轮发电机组的运行方式，实现开停机和并列、发电转调相和调相转发电等的自动化。通常只要发出一个脉冲信号，上述各项操作便可自动完成。工作机组发生事故或电力系统频率降低时，可自动启动并投入备用机组；系统频率过高时，则可自动切除部分机组。

（2）自动维持水轮发电机组的经济运行。如根据系统要求自动调节机组的有功和无功功率，按系统要求和电站具体条件自动选择最佳运行机组数，在机组间实现负荷的经济分配等。

（3）完成对水轮发电机组及其辅助设备运行工况的监视和对辅助设备的自动控制。如对发电机定子和转子回路各电量的监视，对发电机定子绕组和铁芯以及各部轴承温度的监视，对机组润滑和冷却系统工作的监视，对机组调速系统工作的监视等。出现不正常工作状态或发生事故时，迅速而自动地采取相应的保护措施，如发出信号或紧急停机。对辅助设备的自动控制则包括对各种油泵、水泵和空压机等的控制和在发生事故时备用辅助设备的自动投入。

（4）完成对主要电气设备（如主变压器、母线及输电线路等）的控制、监视和保护。

（5）完成对水工建筑物运行工况的控制和监视，如闸门工作状态的控制和监视、拦污栅是否堵塞的监视、上下游水位的测量监视、引水压力钢管的保护等。前面已经提到，水电站自动化的内容与该电站的形式等因素有关，例如对河床式电站，通常不设置压力钢管的专门保护，而对于引水式电站，除了在压力钢管上游侧设置能自动关闭的闸门外，还应在管道的下游侧设置随机组开停而启闭的阀门。

水电站自动化是通过各种自动装置来实现的，这些自动装置可分为基础自动装置和综合自动装置两类。凡每台机组均具有的自动装置，如用于保持和控制转速的机组调速装置、用于改变发电机发出的无功功率和维持电压在允许范围的自动调节励磁装置等，均属于基础自动化的范围。这些自动装置，构成了水电站自动化的基础部分。其他属于全站性的自动装置，如频率和有功功率的成组调节装置、电压和无功功率的成组调节装置、自动巡回检测装置等，属于水电站综合自动化的内容。这些自动装置负责整个电站的自动控制和调节及检测和报警等，并通过基础自动装置实现对机组的自动控制和调节。

目前，水电站采用的各种自动装置主要用于实现顺序控制（如机组开停机的操作）和定值控制（如频率和电压的控制）。这些自动装置的控制程序或控制规律是预先设定好的，在执行过程中固定不变，故又称为固定程序控制。这种控制的缺点是无法使控制程序或控制规律适应变化的情况，而水电站的负荷和机组的运行工况是不断变化的。随着机组容量的增大，为了提高运行的安全经济指标，提出了实现最佳控制的要求，即用最短的时间自动寻找最合理的工作状态，从而使电站的生产过程达到最佳效益。显然，这种控制必须是实时的可变程序控制。

第二节　水电站自动化的发展历史及其趋势

一、水电站自动化的发展历史

回顾水电站自动化的发展，从使用继电器作为逻辑元件，过渡到晶体管，再进一步到小规模及大规模集成电路，最后发展到使用微型计算机和其他各种计算机，每一步都要经过可行性论证、可靠性分析，要接受各种技术观点批评的磨炼，并要承受新器件、新原理试验失败的风险。在水电行业同仁的共同努力下，我国水电站自动化水平有了很大的提高，经历了摸索、试点、推广、提高4个阶段后，从20世纪70年代落后于国外20～30年的状况，一跃赶超世界先进水平，特别是近20年来，水电站自动化技术发展非常迅速。从开始的蹒跚学步和探索，到初步形成工业化生产达到实用水平，并形成了几种成熟的模式，目前已位居世界先进行列；从"协助"外国公司工作，到在国际招标中与国外水电巨头同台竞争，并且在许多回合中中标；从工程的分包到总包，从为国内服务到走出国门。这的确是我国水电行业所走过的光辉历程，特别是提出"无人值班"（少人值守）的管理方式后，对水电站的主、辅机设备及基础自动化元件、计算机监控系统等提出了更高的要求，说明我国水电站自动化又提高到了一个新的水平。

水电站自动化水平的高低，不仅反映了自动化领域的技术水平，同时也反映了整个水电行业的制造水平、设计水平、管理水平。要实现高度的自动化，不仅要求电站的主、辅设备和自动化元件优质、可靠,还要求这些设备的可控性、可调性都很好,更不能出现油、水、气的三漏问题和其他各种设备缺陷。同时,只有先进的管理思想才能使高水平的自动化设备物尽其用,真正发挥其功能和水平。

1. 水电站值班方式的发展历程

水电站自动化的水平决定于水电站的运行值班方式,而提高运行方式的要求又有力地促进了水电站自动化技术的发展。我国水电站值班方式的发展经历了如下几个阶段:

(1) 机旁监视控制。在该阶段,主、辅机设备的操作均在机旁进行,电站的自动化水平较低。

(2) 全站集中和机旁两级值班方式。全站实行集中监控,但是由于自动化设备功能、性能尚不十分完善,可靠性尚不能满足运行要求,机旁仍设值班人员监视,并完成部分控制操作。

(3) 机电合一,全站设备集中监视和控制。值班员在电站中央控制室集中监控全站主、辅机设备,实现开停机、调整负荷、处理事故等操作,在机旁(包括发电机层和水轮机层)均不设值班人员。

(4) 水电站"无人值班"(少人值守)和调度所远方监控。由于水电站自动化水平的进一步提高,水电站仅需很少的值班或值守人员,中小型水电站可直接由地区调度所进行操作和监视。这是一种较高水平的监控方式。

无人值班是指水电站内没有经常值班人员,即不是全天 24 小时内都有运行值班人员。一般分两种方式:①在家值班和远程集中值班;②运行值班人员定期前往厂内巡视或有事应召前往厂内处理问题。

"无人值班"(少人值守)的值班方式引入了"值班"和"值守"两个不同的概念。"值班"是指对水电站运行的监视、操作调整等有关的运行值班工作,主要包括运行参数及状态的监视,机组的开、停、调相、抽水等工况转换操作,机组有功功率、无功功率的调整及必要时的电气接线操作切换等工作。"值守"则指一般的日常维护、巡视检查、检修管理、现场紧急事故处理及上级调度临时交办的其他有关工作。

"无人值班"(少人值守)的值班方式是指,水电站内不需要经常(24 小时)都有人值班(一般在中控室)。其运行值班工作改由厂外的其他值班人员(一般是上级调度部门)负责,但在厂内仍保留少数 24 小时值守的人员,负责"值守"范围的工作。这是一种介于少人值班和无人值班之间的特殊值班方式。

水电站要实现"无人值班"(少人值守),除必要的外部(电网、总厂及调度监控系统等)条件外,还须具备三方面的条件:设备、人员素质和管理制度。因此,实现"无人值班"(少人值守)的主要条件如下:

(1) 电站主、辅设备安全可靠,能长期稳定运行。

(2) 电站的基础自动化系统完善可靠。

(3) 已建立全站自动化系统,通常是计算机监控系统,能实现监控、记录、调整控制等功能。

资源 1-3
三峡水电站
调度台

(4) 有一支素质良好的运行人员队伍，熟悉水电站生产，勇于负责，能正确处理各种可能出现的事故。

(5) 要有一套完整的科学管理制度。

实现"无人值班"（少人值守）的主要方式如下：

(1) 由梯级调度所（或集中控制中心）实现对梯级水电站或水电站群的集中监控，各被控电站可以实现"无人值班"（少人值守），如梯级调度所（或集中控制中心）就设在其中一个水电站，则该电站为"无人值班"（少人值守）水电站。

(2) 由上级调度所（如网调、省调、地调）直接监控的水电站，也可以实现"无人值班"（少人值守）。

(3) 有些较小的水电站可以按水流（水位）或日负荷曲线自动运行，不需要水电站值班人员，也不需上级调度值班人员的直接干预。因此，这些水电站也可实现"无人值班"（少人值守）。

在上述发展过程中，水电站自动化系统采用的器件也发生了很大的变化，可分为如下几个阶段：

(1) 以原水车自动盘为例，曾采用过继电器方式，全部操作均由电磁式继电器完成，这是应用较早并且用得很广泛的一种形式。

(2) 由于接触控制方式可靠性差，出现了晶体管或集成电路构成的逻辑操作回路，采用无触点继电器理论上可靠性较高，但在实际更复杂的控制逻辑上仍稍显逊色。

(3) 二极管矩阵式可编程逻辑控制（PLC）、微型计算机构成的顺序控制器等。这两种控制器的特点是可编程序，除具有较高的可靠性外，通用性和工艺都很好，宜于大规模生产，成本低。此外，微型计算机构成的顺序控制器还具有很强的逻辑控制功能，体积很小而灵活性很好。

(4) 采用计算机及网络进行控制，在水电站的监控中能够使用复杂的逻辑控制、多设备多参数的联合控制、容控制和优化为一体的智能控制等。

2. 自动控制系统的发展历程

(1) 水电站监控系统。纵观我国水电站计算机监控系统的发展，在 20 世纪 70—80 年代大多采用集中式监控系统和分散式监控系统，以及星形分层分布式结构；90 年代后由于计算机硬件技术的发展，高性能的计算机硬件设备不断问世，同时 X/OPEN（现为 the open Group）和 OSF（open software foundation）等较为权威的国际性组织做了大量实现开放系统的工作，推出了开放系统环境规范，水电站计算机监控系统因此逐步过渡到面向网络的全分布式开放系统。

从开始的计算机为辅的 CASC（computer aided supervisory control）系统到后来的计算机与人为控制相结合的 CCSC（computer conventional supervisory control）系统，进一步发展到以计算机为基础的 CBSC（computer based supervisory control）系统，计算机发挥了越来越大的作用。由于信息量的增多，当前均采用高速总线网络和光纤网络。水电站大多采用通用化程度高、品牌多、兼容性好、价格低的以太网技术，并向 100Mbit/s 和 1Gbit/s 的快速以太网发展。由于多媒体技术的发展，使人机对话能力多样化，即语音、动态图形、图像、画面等声像并茂。在高级应用软件方面，如梯级优化调度、自动发电控制、自动电压控制、经济运行、趋势分析、人工智能故障诊断和事故处理、培训仿真等，都得到很好的应用并仍在不断发展。

南瑞集团有限公司（NARI）自动控制研究所和中国水利水电科学研究院开发了 SSJ-3000 和 H9000 两大系列，适用于水电站监控的计算机系统，它们均为面向网络的分布开放式计算机监控系统，具备一定的生产能力，并在工程中得到了成功的应用。NARI 自动控制研究所至今已承担了国内外 130 多个水电站计算机监控系统工程及"无人值班"的水电站工程。中国水利水电科学研究院的 H9000 系统也已成功应用于三峡、溪洛渡、向家坝、委内瑞拉古里等国内外水电站工程 400 余套。其中三峡工程右岸、地下电站计算机监控系统采用的就是 H9000 系统，控制了 18 台 70 万 kW 的巨型水轮发电机组，以及开关站、厂用电、公用辅助系统等。

（2）励磁、调速和自动化元件。在励磁方面，励磁方式逐步从电机励磁发展到可控硅励磁。其中自动调节器从原来的模拟式励磁调节器发展到 32 位 DSP（digital signal processing）双微机数字式励磁调节器，人机界面友好、容错及控制功能强大，功率部分则采用大功率可控硅元件，大量使用氧化锌非线性灭磁技术，已发展到交流灭磁技术，大大提高了励磁系统的性能及可靠性。同时，由过去单一的配套产品发展到有多种可靠性高的先进产品可供选择，如 SAVR2000 型系列、MEC-30、CGE-1 等。

在水轮机调速方面，调速器已由原来的模拟式调节器发展到 32 位双微机控制器或单套 16 位 PLC（programmable logic controller），两种控制器的性能、可靠性及容错功能都很强，但 PLC 试验录波技术存在缺陷。目前采用的随动系统种类较多，如伺服比例阀、伺服电机、步进电机等，都具有良好的特性，基本解决了原来电液转换器发卡的问题。非线性控制、自适应的电力系统稳定器（power system stabilizer, PSS）控制等现代控制策略的运用，大大提高了调速器的控制品质。随动系统有多种系列可供选择，如 SAFR2000 系列、GWT 单微机式、PCC（program-controller computer）单微机步进电动机式、SWT-S 双微机环喷式电液转换器、PLC 单微机双锥式电液转换器、CVT（continuously variable transmission）系列直接数控式调速器机械柜等。

在基础自动化元件方面，也一改过去产品种类少、可靠性差、无选择余地的不足，开发出了几十种不同类型的基础自动化元件。此外，天津水利电力机电研究所及许多自动化开发公司为水电站开展状态检修打下了良好的基础。

二、水电站自动化的发展趋势

随着电力体制改革的深入以及水电站"无人值班"（少人值守）和状态检修工作的进一步开展，对水电站的生产运行和管理提出了更新、更高的要求。计算机技术、信息技术、网络技术的飞速发展，给水电站自动化系统无论在结构上还是在功能上都提供了一个广阔的发展舞台。水电站自动化也必须适应新的形势需要，发展成一个集计算机、控制、通信、网络、电力电子等多种技术于一体的综合系统，具备完整的硬件结构、开放的软件平台和强大的应用功能。该系统不仅可以完成对单个电站，还要进一步实现对梯级、流域甚至跨流域的水电站群的经济运行和安全监控。

(一) 系统结构

1. 硬件结构

目前水电站监控系统的结构基本以面向网络为基础,系统级设备大多采用以太网(ethernet)或光纤环网 FDDI(fiber distributed data interface)等通用网络设备连接高性能的微机、工作站、服务器,在被控设备现场则较多地采用 PIE(parallel inference engine)或智能现地控制单元,再通过现场总线与基础层的智能 I/O 设备、智能仪表、远程 I/O 等相连接构成现地控制子系统,与站级系统结合形成整个控制系统。

随着安全生产、经济管理、电力市场等功能的扩展,对计算机系统的能力也提出了更高的要求,在系统级设备中 64 位的工作站、服务器已是绝大多数系统的必然选择。高速交换式以太网技术的发展克服了以往低速以太网在实时应用上的不足,更具开放性的标准、众多生产厂商的支持,使其在设备选购、产品更换、产品价格、硬软件的可移植性等诸多方面都比 FDDI 等其他网络产品有着明显甚至是无法替代的优势。

对于现地控制单元,智能控制器加上现场总线技术是一个很好的发展方向,根据国际电工委员会(International Electrotechnical Commission,IEC)标准及现场总线基金会的定义:现场总线是连接智能设备和自动化系统的数字式双向传输、多分支结构的通信网络。它具有系统开放性、互可操作性与可用性、现场设备的智能化与功能自治性、系统结构的高度分散性、对现场环境的适应性等技术特点。

机组容量变大、控制信息量增多、控制任务功能增加、控制负荷加重、网络通信故障都会造成现地控制单元控制能力降低。针对水电站被控制对象分散的特点,采用现场总线将分散在现场的智能仪表、智能 I/O、智能执行机构、智能变送器、智能控制器连接成一体,提高了系统的自治性和可靠性,节省了大量信号电缆和控制电缆。因此,使用现场总线网络比较适应分布式、开放式的发展趋势。当然,现场总线控制系统主要是要有分散在被控对象现场的智能传感器、智能仪表、智能执行机构的支持,而目前在水电站中这些元件还是大量的旧式装备,只能逐步过渡,最后取代旧式的数字/模拟混合装备和技术,形成全新的全数字式系统。

2. 软件平台

(1) 为适应开放化、标准化、网络化、高速化和易用化的发展方向,计算机监控系统中软件支持平台和应用软件包趋向于通用化、开放化、规范化。从电力行业高可靠性的要求出发,在大中型水电站监控系统中的 UNIX 操作系统得到广泛的应用,中小型水电站因较多采用 PC 构架的计算机,所以较多地采用 Windows 操作系统。在数据库方面,由于商用数据库对电力生产控制的实时性要求还难以充分满足,因此目前较为广泛采用的专用实时数据库和商用历史数据库相结合的形式还会继续存在。由于部分数据库的专用性带来了数据变换的不便,在现今电力行业推进信息化、数字化建设的大背景下,它的不适应性就凸显出来,较好的办法是遵循统一的标准接口规范,使大家可在统一的"数字总线"上便捷地进行数据交换。

(2) Web、Java 等新技术的应用。Web、面向对象的 Java 等新技术将越来越多地引入计算机监控系统。如在大中型电站用高性能的 UNIX 工作站或服务器作为全系统的主控机和数据服务器,而用 PC 机作为操作员站,由于 Java 一次编译、多处运行的特性,加上 Internet/Intranet、Web 技术的支持,不仅可轻松地在操作员站、主处理器等监控系统内的节点获得同样的人机界面,更可在站长、总工办公室、生技科等站内 PC 联网的地方直接浏览到同样的界面,甚至在任何地点经电话接入后都可以浏览到同样的界面(为保证安全需增加必要的安全措施)。

(3) 功能强大的组态工具。用户无需对操作系统命令有深入了解,也不需要复杂的编程技巧,无论是在 UNIX 系统上还是在 Windows 系统上,都可通过组态界面十分方便地完成数据库测点定义、对象定义、现地控制单元的各种模件定义、处理算法定义、通信端口和协议的定义等工作。

顺序控制流程生成、检测、加载等各种功能的应用定义以及维护,只需点击鼠标进行选择,既快捷方便又避免了使用编辑程序难免产生的输入错误,真正体现了主系统服务的面向对象、可靠、开放、友好、可扩展和透明化。

(二) 应用系统

随着技术的发展,计算机性能越来越高,其应用也就越来越广泛。无人值班工作向纵深发展,也对计算机监控系统无论是系统结构,还是功能都提出了进一步的要求,就以下几个方面来说明。

1. 历史数据库系统

历史数据库系统实际上是监控系统的一个组成部分,只是将原来监控系统中需要历史保存的数据、事件和相关信息分门别类地存放在商用数据库中,供需要时进行查询、打印或备份。历史数据库系统以单独的计算机来实现,具有美观的人机界面、方便的操作方式和丰富多彩的显示形式。这样的配置既减轻了监控系统的负担,简化了监控系统的软件复杂性,增加了监控系统的实时性,还能通过标准数据库接口 SQL (structured query language)、ODBC (open data base connectivity)、JDBC (Java data base connectivity) 等与其他系统互联,如 MIS (management information system) 系统。

2. 效率监控系统

水轮机效率的实时监测对水电站的经济运行有着重要的作用。水轮机效率的在线监测既可用于水电站机组在安装竣工或大修结束后的现场验收试验,以便检查设计、制造、安装和检修质量是否满足要求,又能对机组运行性能进行长期连续监测,提供在不同水流和工况条件下水轮机性能的实时数据,为确定水电站经济运行中的开机台数和负荷优化分配以及机组的状态检修等提供参考,因此水轮机效率在线监测一直是实现水电站经济技术指标考核和经济运行的一个重大科技攻关课题。计算机、通信、信息、测控等一系列新技术的迅速发展和在水电站的应用,为效率在线监测项目的开发提供了成熟的技术基础。当前,以厂网分开为基础的电力体制改革方案已经出台,电力市场竞价上网也将成为必然的发展趋势,因此,在保证安全运行,满足电力系统要求的基础上,不断提高水资源利用率、设备可用率,减少运行和维护费用,已成为每个电站迫切需要开展的工作,是提高自身竞争力面向市场的重要目标。

3. 状态检修系统

这是水电站的一个热门课题，设备状态检修和设备运行寿命评估，既是设备检修工作发展的必然趋势也是一项技术性很强的系统工程。状态检修主要利用现代化先进的检测设备和分析技术对水电站主设备的某些关键部位的参量，机组的振动和摆度、发电机绝缘、发电机空气隙、尾水管真空及压力脉动、定子局部放电、变压器绝缘等数据进行在线实时采集、监视。通过集合了现场积累的运行、检修、试验资料和专家经验的智能（专家）系统，综合分析其运行规律，并预测设备可能存在的隐患，及早发现设备存在的缺陷和故障，对运行设备有针对性地维护。在实施中，它可作为一个相对独立的系统，但目前国内大多数水电站都有了较完善的计算机监控系统，集聚了大量监测设备，从节省投资与实际应用的角度来看，状态检修系统与监控系统之间有大量的数据需要共享，在考虑状态检修系统时应与已建成的监控系统做统筹考虑，使两者有机地结合起来，既可省去一些重复部件的投资，又可以使运行管理人员在执行实时生产控制时，随时监视到生产设备的健康状态，以合理确定设备所承担工作负荷的大小。也可以由经济生产调度软件根据这些数据自动地考虑设备的健康与工作负荷问题，使生产调度和检修更合理。

【方法论】

质疑是科学的基本精神之一，它既不是全盘否定，也不是初学者尚未明白就里时想澄清的几点疑问，而是质疑者经过一定思考后指出可能存在的某种错误。学起于思，思源于疑。"学贵有疑，小疑而小进，大疑则大进；疑者，觉悟之基也。"质疑的精髓并非随意向别人提问，而是表现为独立思考的能力和不断自我解决疑问的执着精神。善于提出问题是实现创新的基本能力，坚持与时俱进的科学精神，围观、好奇心、想象力、质疑追问等更有利于脑洞大开，激发解决技术问题的灵感。

三、水电站自动化新技术应用

在移动互联网、云计算、大数据以及人工智能等技术的兴起下，物联网（internet of things，IOT）技术也迎来了蓬勃发展，成为打造智能工业的重要支撑。随着我国经济和电力事业的飞速发展，水电站在保障电网安全运行方面的作用越来越大，其安全性和经济性日显重要，跟踪监测水电站电力设备运行状态具有重要意义。

目前，我国所有的水电站均建立了大量的自动化和信息化系统，普遍面临着业务信息共享，对设备健康状态的感知能力不足，对电力生产安全风险的防范、监测和处置能力不足等问题。此外，很多水电企业收购了大量新能源，面临着多元能源管控的问题，包括控制、调度和运维。国内许多水电站自动化系统积累了大量的历史运行数据，普遍面临历史数据分析挖掘的问题。随着智能电网建设的推进，对水电站的源网协调能力提出了更高的要求。此外，电力体制改革也使得水电站面临着电力市场交易优化的问题。

针对业务管理及环境安全管控的需求，利用物联网、人工智能（artificial intelligence，AI）、云计算（cloud computing）、大数据（big data）技术，全面推进数字水电建设，打造高效协同的智慧水电站，实现实时在线监测、数据分析与诊断、机组试验、故障的诊断和预警等功能，减少非计划停机，提升水电站安全生产管控能力。

（一）物联网技术应用

智能水电站是物联网九大示范工程之一的智能电网的重要组成部分，物联网技术在智能水电站中广泛应用。水电站组成部分众多，包括水轮机、发电机、变压器和水工建筑物，以及对上述组成进行控制、测量、监视、保护的大量自动化元件和设备。智能水电站要实现对水电站设施、设备及人员的精细化运行，集约化、智能化管理，必须能够准确、全面、实时感知设备的运行状态信息及人员相关信息，实现水电站所属的物和物以及人和物的互联互通，即实现物联网。物联网在智能水电站中的应用主要有以下几种。

1. 智能巡检系统

人工巡检可以掌握设备运行状况及周围环境的变化，发现设备缺陷和危及设备安全的隐患，是智能水电站运维管理的重要基础性工作。智能水电站可综合利用二维码扫描、射频识别（RFID）装置、移动通信等物联网技术，以及便携式移动巡检终端和通信设备，构建智能巡检系统，用于对区域、设备的日常巡检管理，实现巡检流程化的业务管理、规范化的数据存储以及智能化的运维决策。

2. 人员定位系统

人员定位系统用于对进入生产现场区域的人员进行定位与跟踪，确保现场工作人员按相应的权限设置在指定的时间和指定的工作区域内工作而不误入其他区域。智能水电站可优选 RFID、Wi-Fi（IEEE802.11b）、ZigBee（IEEE802.15.4）等局域网无线通信，LoRa 低功耗广域网通信，4G/5G 广域网移动通信等技术及相关定位算法，或采用 GPS 定位系统，构建人员定位系统，实现对厂内人员的运行轨迹及位置、进出区域时间及停留时长的实时记录和信息存储，以及对危险区域或禁入区域的动态监控和自动报警等功能，从而实现对厂内人员的动态智能化管理，并可根据联动策略和其他安防系统联动，从而提高水电站安全生产水平。

3. 无线传感网络

无线传感器网络（wireless sensor network，WSN）一般由在空间分布的独立的网络节点组成。网络节点包含有传感器，用来监控节点的物理信号或环境条件，如温度、声音、振动、压力、液位或流量等。每个节点通常带有无线电收发器或其他无线通信设备，从而把传感数据传输给数据库和其他用户。无线传感器网络可以用于数据收集（data collection）、目标跟踪（object tracking）以及报警监控（alarm monitoring）等。在保证信息安全的前提下，智能水电站宜利用 ZigBee、LoRa 等物联网技术构建非控制区、管理信息大区的低成本、低功耗的无线传感网络，实现对设备及建筑物状态信息的全面感知。某水电站远程监控及控制系统如图 1-1 所示，其基于 TOPRIE 拓普瑞物联网云平台。

4. 异构通信网络

随着 5G、NB-IoT 等无线通信技术的发展，物联网技术的高速通信、低功耗方面进步显著，无线节点的部署更趋方便，无线网络构建及运维成本得以降低，增强了

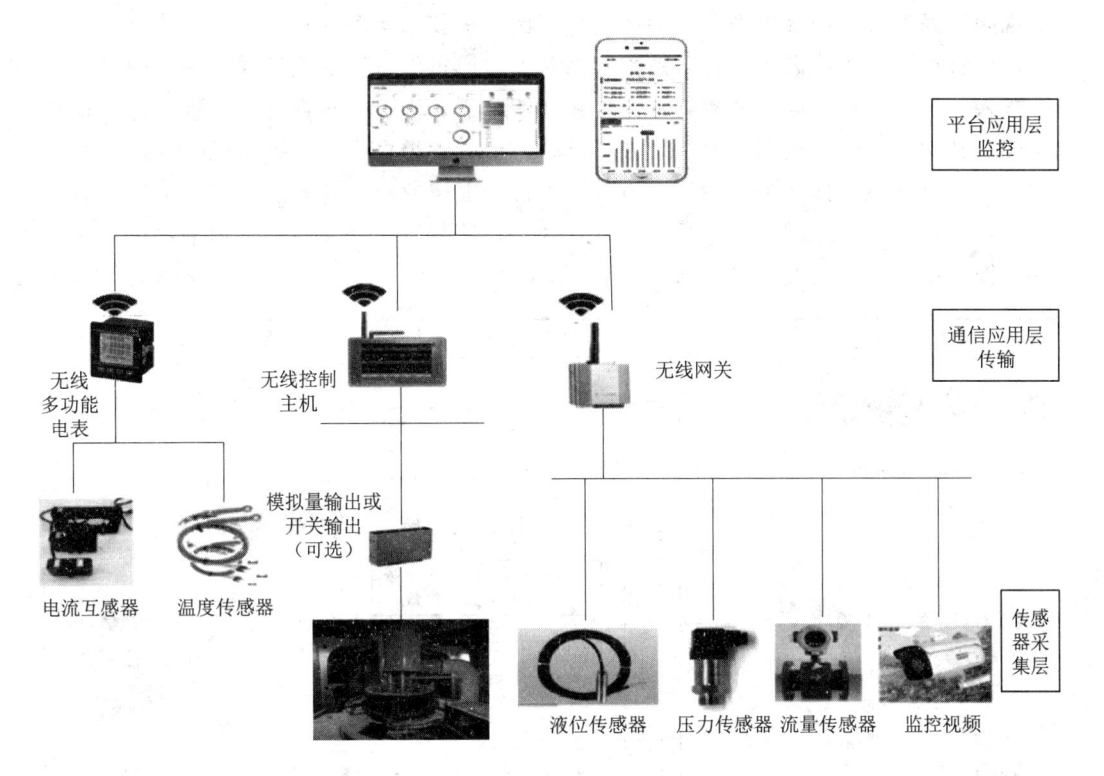

图 1-1　水电站远程监控及控制系统

物联网在各行业的适用性。智能水电站需要高性能、低成本的通信网络的支撑，实现厂内以及流域内通信网络的无缝连接。因此，可利用基于物联网的无线传感网络、无线局域网、无线通信广域网等完成非控制区、管理信息大区甚至全流域的无线网络覆盖。无线网络具有自愈能力，即在某一条通信线路中断的情况下能自动寻找并切换到其他通信线路，无需人为干预。通过多种工作模式的无线通信网络、多介质多接口的有线通信网络等异构网络的融合，为智能水电站构建无缝切换、高服务质量、高可靠性的互联互通网络提供支撑。

物联网系统能够获取大量信息，数据计算量大、实时性强，系统对服务器处理能力的要求相当高，有赖于云计算、大数据等技术进行分析，才能实现智能水电站运行最优化和决策智能化。

（二）AI 技术应用

以智能管理平台为中心，各个子系统中的已建和新建设备统一接入到智能平台当中，可以实现对各类物联网设备的接入、控制、数据加解密、数据存储、数据分析、实时计算、开放 API 接口、简化并标准化设备接入流程，为应用层业务开发提供数据支撑和网络支撑，为设备的安全提供保障，为设备统一管理提供简洁的入口。在 AI 智能管理平台当中，已开发好的各个应用通过平台的 API 接口实现对所有接入的物联网终端设备的管理和维护。

AI 智能管理系统如图 1-2 所示。AI 智能管理平台是一套以智能视频分析为核心的视频图像综合应用管理平台，利用视频图像分析技术实现视频监控的智能分析，针对性地管控各子系统设备和各子系统间的联动，通过设备协议或者联网平台的方式统一接入，实现管理、监控视频浏览、视频智能分析、告警检索查询、告警统计分析等功能。其中，对所有数据实现智能分析总结，形成各类报表和可视化视图对数据进行展示，同时可通过标准服务接口，与各类平台和上层业务无缝对接、实现数据和业务的互联互通。也可通过对应开发的App，在手机等移动终端实时与管理平台进行交互和操作，使运维管理人员可以随时随地便捷办公。

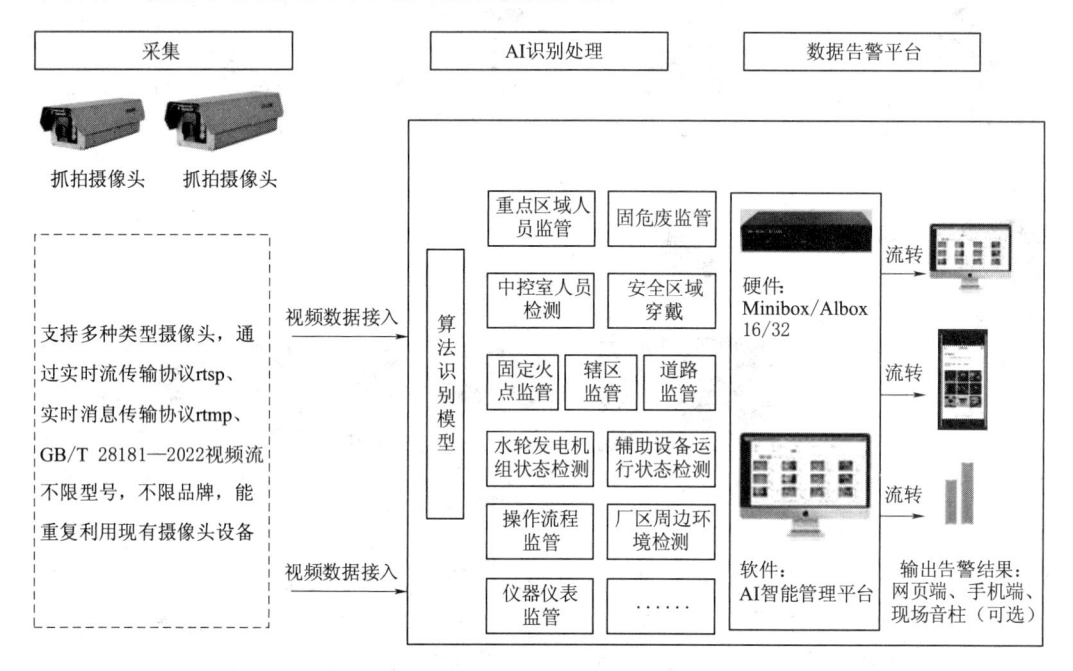

图1-2 AI智能管理系统

注 GB/T 28181—2022《公共安全视频监控联网系统信息传输、交换、控制技术要求》。

（三）云计算技术应用

云计算是一种动态扩展的计算模式，其核心技术是虚拟化。通过虚拟化技术将底层的软硬件（包括服务器、储存、网络设备、操作系统和应用软件等）建立起一个共享的运作环境。图1-3所示为水电站云计算平台建设总体思路。搭建水电站专属云，将水电站三区的业务以及一些非关键业务部署到云端。水电站云计算平台建设基本原则如下：

（1）网络。遵循网络安全防护的要求，实现安全网络分区，生产控制网和管理信息网隔离。

（2）计算平台。根据业务应用的不同特点自动部署和分配计算资源。

（3）安全。包括用户权限、数据安全、应用安全、基础设施安全。

（4）可管理。对虚拟化环境和物理环境集中管理，对各种信息进行分析并呈现。

（5）数据迁移。实现连续正常运行，确保数据的完整性。

水电站借助云计算实现信息技术与水电站业务系统的战略、管控、业务运作的高

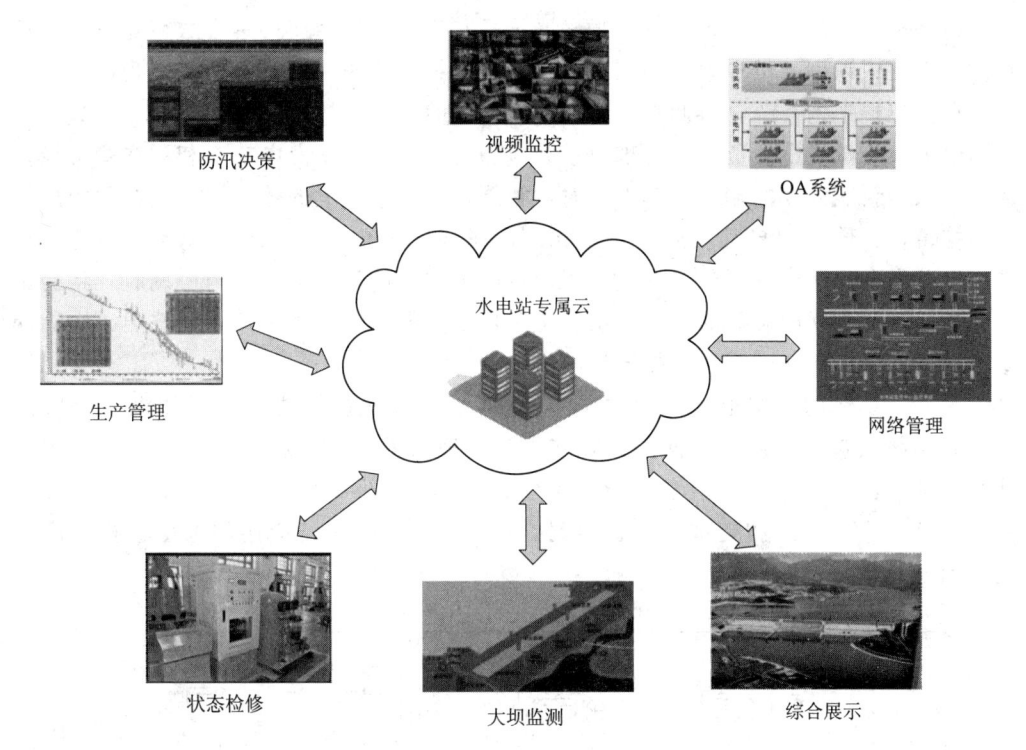

图 1-3 水电站云计算平台建设总体思路

度融合，对于提高信息化应用水平以及提升水电站创新能力具有重要意义。按照云计算模式建设新的水电站业务系统的总体策略如下：①做好云计算规划，提升水电站信息化战略管理水平；②加强信息技术管控体系建设，提高水电站信息化领导力和执行力；③绿色节能，高效环保，降低成本。

（四）区块链技术应用

区块链（blockchain）技术的全网计算能力大部分用来维持其自身内部的运营，即用于内部的竞争式计算，对外输出的计算能力并不强。虚拟电站（virtual power plant，VPP）需要处理大量交互的数据信息，对信息的实时性要求较高。因此，当区块链技术应用于虚拟电站时，需对区块链技术进行一定改进，建立数据更新频率更高、数据传输更快的技术体系以及更高效的共识机制等。同时，为了保证系统的去中心化和安全可靠运行，区块链中的所有区块需掌握系统内的所有数据信息。当区块链技术应用于虚拟电站时，需在运行效率与资源的合理性方面找到平衡点，从而在保证较快的运行效率的同时尽量减少资源的浪费。

采用区块链技术整合发电数据、储能数据和用电数据。发电站以节点的形式加入到区块链中，输入自身发电功率、可控发电功率范围、预测发电量等数据，共享发电相关数据。储能设施，如储能站等，也以节点的形式加入到区块链中，并输入自身的储电能力、放电能力等数据，共享储能相关数据。用户侧的可控负载则通过物联网设备以节点或轻节点的形式加入到区块链中，并输入自身用电功率，共享自身的用电计划和可控负荷等数据。

每一个区块链节点、轻节点、物联网设备和用户都将会获得一个数字身份，用于在虚拟电站中识别身份和数据确权。通过智能合约部署统一协调算法，实现电源—储能—负荷三端平衡。统一协调算法旨在基于链上的发电数据、储能数据和用电数据计算当电力供给端或电力负荷端出现波动时应当协调的发电站发电功率和用户侧可控负荷。例如当新能源发电端的功率下降时，智能合约基于链上的数据，下调或关闭用户侧可控负荷，同时向自动发电控制（automatic generation control，AGC）系统发送指令上调发电功率以进行最终补偿。当用户侧可控负荷和发电端参与协调时，将会记录参与协调的物联网设备的数字身份、协调功率等数据，并基于该数据按照一定周期给予奖励、绿色凭证或可再生能源消纳凭证。

基于区块链的虚拟电站架构如图 1-4 所示。感知层主要包括智能电表等智能终端；网络层包括边缘计算网关，智能终端会把数据传给边缘计算网关，一个边缘计算网关下面可对 1 个或多个智能监控终端；IOT 云平台承载了所有的边缘计算网关、链接、应用分发和处理，负责相关的数据存储和计算；应用服务层包括各虚拟电站运营商用户。

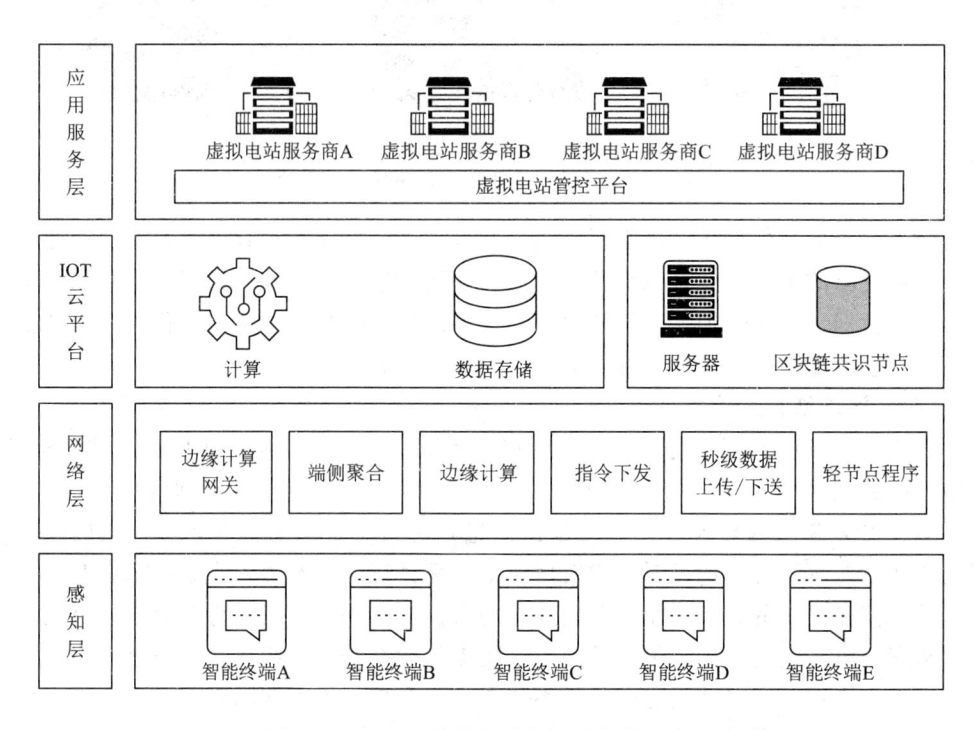

图 1-4 基于区块链的虚拟电站架构示意图

【交流与思考】

如今，我们正行进在物联网、大数据和人工智能时代的快车道上，智能设备不断应用到水电站自动化控制当中。你认为未来有哪些新技术会应用到水电站自动化中？

【价值观】

基于对国内水电站自动化技术发展基本国情的认识与分析，在我国急需大力发展新型、先进自动化控制技术这一伟大历史进程中，广大青年学子面临着难得的建功立业人生际遇，承载着伟大的时代使命，"路虽远，行则至；事虽难，做则成"，要强化努力学习的意识和奋斗精神，要在增长知识、见识上下功夫，自觉按照党指引的正确方向，瞄准国家重大需求，"树立远大理想、热爱伟大祖国、担当时代责任、勇于砥砺奋斗、练就过硬本领、锤炼品德修为"，把个人理想和国家民族的前途命运紧密联系在一起，同人民一起开拓，同祖国一起奋进，为实现中华民族伟大复兴中国梦贡献自己的青春力量。

课后阅读

［1］冯汉夫，石爽，马琴，等. 智能化水电站建设的思考［J］. 水电自动化与大坝监测，2010，34（6）：1-5.

［2］赵雪飞，王亦宁，杨波，等. 应用于小型水电站的 SJ-100 型综合自动化装置［J］. 水电自动化与大坝监测，2007，155（5）：27-29.

［3］吴月超，郑南轩，苏华佳，等. 面向智能水电站的在线监测状态实时自动巡检方法与应用［J］. 电力系统自动化，2017，41（9）：123-129.

［4］G Song，Y He，F Chu，et al. HYDES：A Web-based hydro turbine fault diagnosis system［J］. Expert Systems With Applications，2006，34（1）：764-772.

［5］邹敏. 基于支持向量机的水电机组故障诊断研究［D］. 武汉：华中科技大学，2007.

［6］褚凡武. 水电机组运行状态协同监测及异常检测方法研究［D］. 武汉：华中科技大学，2017.

［7］王永强，周建中，肖文，等. 多种群蚁群优化算法在大型水电站自动发电控制机组优化组合中的应用［J］. 电网技术，2011，35（9）：66-70.

［8］E C Finardi，E L da Silva. Unit commitment of single hydroelectric plant［J］. Electric Power Systems Research，2005，75（2）：116-123.

［9］H I Skjelbred，K Jiehong，O B Fosso. Dynamic incorporation of nonlinearity into MILP formulation for short-term hydro scheduling［J］. International Journal of Electrical Power and Energy Systems，2020，116（C）：105530-105530.

［10］Hamann A，Hug G，Rosinski S. Real-time optimization of the mid-columbia hydropower system［J］. IEEE Transactions on Power Systems，2017，32（1）：157-165.

［11］Belsnes M M，Wolfgang O，Follestad T，et al. Applying successive linear programming for stochastic short-term hydropower optimization［J］. Electric Power Systems Research，2016，130（Jan.）：167-180.

［12］B Forouzi Feshalami. Optimal operating scenario for Polerood hydropower station to maximize peak shaving and produced profit［J］. International Journal of Renewable Energy Development，2018，7（3）：233-239.

［13］Shen J，Cheng C，Cheng X，et al. Coordinated operations of large-scale UHVDC hydropower and conventional hydro energies about regional power grid［J］. Energy，2016，95：433-446.

［14］袁璞，郭歌，王莹，等. 基于 AI 视频图像处理的水电机组运转监测与智能报警技术研究［J］. 电网与清洁能源，2022，38（1）：121-127，134.

[15] 齐学义，李沛. 人工智能与水电站的经济运行 [J]. 兰州：兰州理工大学学报，2004（6）：52-54.
[16] 易华，韩笑，王恺仑，等. 物联网技术在大型水电站安全监测自动化系统中的应用 [J]. 长江科学院院报，2019，36（6）：166-170.
[17] Luo Yuanlin, Zheng Bo, Wu Yuechao, et al. Edge computing in smart hydropower station: cloud-edge collaborative framework [J]. Journal of Physics: Conference Series, 2021, 1971 (1): 012097.
[18] 陈云鹏，郑黎明，邱生顺，等. 基于云计算的小水电远程集控平台的设计与实现 [J]. 电力大数据，2020，23（10）：55-62.
[19] 戴驱，刀亚娟，吴威. 大数据时代智能水电站建设思路 [J]. 水电站机电技术，2018，41（11）：86-88.
[20] 葛晓琳，薛钰，侯昊宇. 基于区块链的多主体梯级水电市场交易模型 [J]. 电测与仪表，2022，59（8）：73-81

课后习题

1. 与火电相比，水电运行有什么特点？
2. 水电站在电力系统中可承担哪些作用？
3. 什么是备用容量？按用途不同可分为哪些种类？
4. 水电站自动化的目的是什么？有哪些主要内容？
5. 简述水电站自动化发展历史及其趋势。

第二章　备用电源自动投入装置

知识单元与知识点	1. 备用电源自动投入装置的作用与要求 2. 备用方式 3. 备用电源自动投入的一次接线方案 4. 备用电源自动投入装置的硬件结构 5. 备用电源自动投入装置的软件原理
重难点	重点：备用方式、备用电源自动投入的一次接线方案（低压母线分段断路器自动投入方案、内桥断路器自动投入方案、线路备用自动投入方案） 难点：备用电源自动投入装置的软件原理
学习要求	1. 熟悉备用电源自动投入装置的作用与要求 2. 掌握备用方式、一次接线方案、装置硬件结构 3. 了解备用电源自动投入装置的软件原理（暗备用、明备用方式）

备用电源自动投入装置（automatic transfer to stand-by supply，ATS）是水电站、变电所保证供电连续性的一个重要设备。微机型的备用电源自动投入装置不但重量轻、可靠性高，而且能够根据设定的运行方式自动识别现行运行方案、选择自动投入方式。自动投入过程还带有过流保护和加速功能及自动投入后过负荷联切功能。

第一节　备用电源自动投入装置概述

一、备用电源自动投入装置的含义和作用

在电力系统中，许多用户和用电设备是由单电源的辐射形网络供电。当某母线或线路供电电源中断时，连接在它上面的用户和用电设备将失去电源，正常供电受到破坏，给生产和生活造成不同程度的影响或损失。为了保证用户不间断的供电，在发电站和变电所中广泛采用了 ATS 装置。

备用电源自动投入装置是指当工作电源因故障被断开后，能迅速、自动地将备用电源投入或将用电设备自动切换到备用电源上去，使用户不至于停电的一种自动装置。一般在下列情况下应装设 ATS 装置：

(1) 发电站的厂用电和变电所的所用电。
(2) 由双电源供电的变电所和配电所，其中一个电源作为备用电源。

(3) 降压变电所内装有备用变压器或互为备用的母线段。
(4) 生产过程中某些重要的备用机组。

在电力系统中，不少重要的用户是不允许停电的。因此常设置两个及以上的独立电源供电，一个工作，另一个备用，或互为备用。当工作电源消失时，备用电源投入可以用手动操作，也可以自动操作。但手动投入备用电源往往不能满足要求，采用ATS装置自动投入，中断供电时间对生产无明显影响，故ATS装置可大大提高供电可靠性。

二、备用方式

ATS装置从其电源备用方式上可以分成两大类：明备用和暗备用。在图2-1 (a) 中，变压器T1和T2正常工作时处于工作状态，断路器QF1、QF2、QF6、QF7处于合闸位置，分别向Ⅰ段母线和Ⅱ段母线供电；变压器T3处于备用状态，断路器QF3、QF4、QF5断开。当T1或T2发生故障时，变压器保护将其两侧断路器断开，然后由ATS装置动作，将T3迅速投入合闸，母线恢复供电。这种接线方式称为明备用。

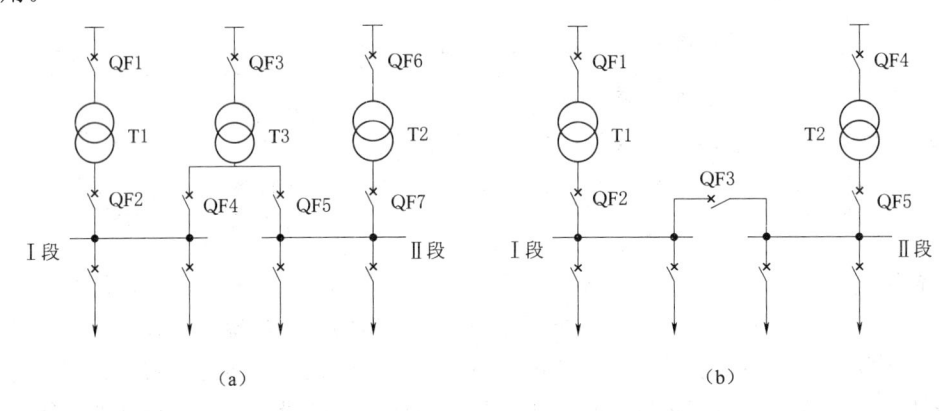

图2-1 ATS装置的明备用接线示意图
(a) 明备用；(b) 暗备用

如图2-1 (b) 所示，在正常运行时，变压器T1和T2分别向Ⅰ、Ⅱ段母线供电，分段断路器断开，母线分段运行。当变压器T1故障由保护切除后，ATS装置自动将QF3投入，Ⅰ段母线的负荷转移到由T2供电；同理，变压器T2故障由保护切除后，Ⅱ段母线负荷转移到由T1供电。这种互为备用的接线方式称为暗备用。

【学习拓展】

【ATS装置优点】 ATS装置是一种安全、经济的措施，采用ATS装置后，有其自身优点：①提高供电的可靠性，节省建设投资；②环形网络可以开环运行、变压器可以分列运行，保护就可以采用比较简单的保护，因此继电保护装置得到简化；③限制短路电流，提高母线残余电压。如图2-1 (b) 所示，变压器分裂运行后，将使短路电流受到一定的限制，出线可不装电抗器，既节省投资，又使运行维护更加方便。

三、备用电源自动投入装置的基本要求

备用电源自动投入装置的基本要求如下：

(1) 工作母线突然失去电源时，ATS 装置应能动作。工作母线突然失压的主要原因有：工作变压器发生故障，保护将故障变压器切除；接在工作母线上的引出线发生故障，由变压器后备保护切除故障，造成工作变压器断开；工作母线故障；工作电源断路器操作回路故障将电源断开；工作电源突然停止供电；误操作造成工作变压器退出运行。这些原因都应使 ATS 装置动作，使备用电源迅速投入恢复供电。

(2) 工作电源断开后，备用电源投入。其主要目的是提高备用电源自动投入装置的动作成功率。若故障点未被切除就投入备用电源，实际上就是将备用电源投入到故障的元件上，将造成事故的扩大。

(3) ATS 装置只能动作一次。当工作母线发生永久性短路故障时，备用电源投入后，由于故障仍然存在，保护动作，备用电源断开。若再次将备用电源投入，对系统造成冲击，同时还可能造成事故的扩大。

(4) 应使停电的时间尽可能短。停电时间短，恢复供电时，电动机自启动较容易。

(5) 手动断开工作电源时，备用电源自动投入装置不应动作。

(6) 应具有闭锁备用电源自动投入装置的功能。

(7) 不满足有电压条件，备用电源自动投入装置不应动作。

(8) 工作母线失去电压后还应检查工作电源无电流，防止电压互感器二次断线造成误动。

【交流与思考】
工作电源失电情况下，为了确保水电站能够迅速恢复正常运行或安全停机，确保装置的生产连续性，应该选用可靠的备用电源自动投入装置。随着微处理技术的发展，备用电源自动投入装置将进一步向计算机化、网络化和智能化的方向发展，保护、控制、测量和数据通信将趋于一体化。

第二节　备用电源自动投入的一次接线方案

备用电源自动投入装置主要用于 110kV 以下的中低压配电系统中，因此备用电源自动投入装置的接线方案是根据电站、厂用电及中低压变电所主要一次接线方案设计的。

一、低压母线分段断路器自动投入方案

低压母线分段断路器自动投入方案的主接线如图 2-2 所示。

该备用电源自动投入有以下工作方式：

(1) 方式 1：正常时，T1、T2 同时运行，QF5 分闸。当 T1 故障或 Ⅰ 段母线失

压时，保护跳开 QF1 或 QF2，$\dot{i}_1$ 无电流，并且母线Ⅳ有电压，QF5 由 ATS 装置动作而自动合闸，母线Ⅲ由 T2 供电。

（2）方式 2：当发生与方式 1 相类似的原因，Ⅳ母线失压，$\dot{i}_2$ 无电流，并且Ⅲ段母线有电压时，即断开 QF3 和 QF4，合上 QF5，母线Ⅳ由 T1 供电。

（3）方式 3：正常时，QF5 合闸，QF4 分闸，母线Ⅲ和母线Ⅳ由 T1 供电；当 QF2 跳开后，QF4 由 ATS 装置动作自动合闸，母线Ⅲ和母线Ⅳ由 T2 供电。

（4）方式 4：正常时，QF5 合闸，QF2 分闸，母线Ⅲ和母线Ⅳ由 T2 供电；当 QF4 跳开后，QF2 由 ATS 装置动作自动合闸，母线Ⅲ和母线Ⅳ由 T1 供电。

方式 1 和方式 2 为暗备用接线方案，方式 3 和方式 4 为明备用接线方案。

二、内桥断路器自动投入方案

内桥断路器自动投入方案的主接线如图 2-3 所示。

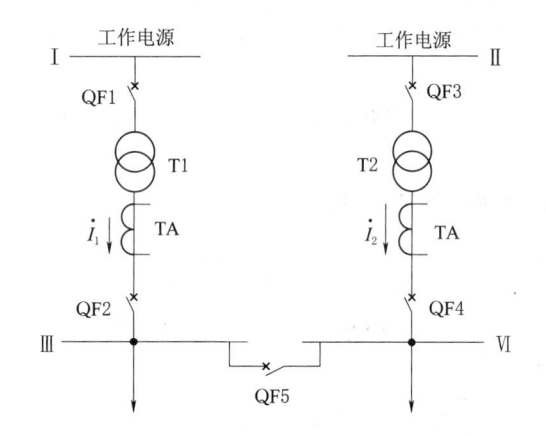

图 2-2 低压母线分段断路器自动投入方案的主接线

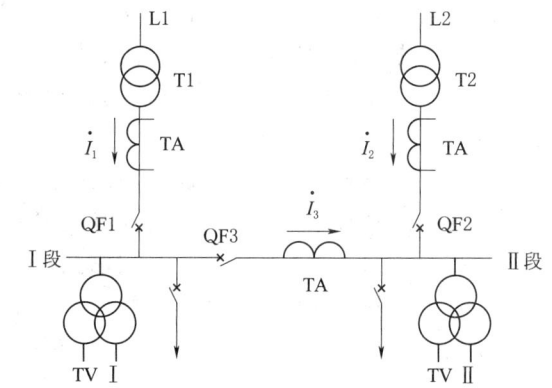

图 2-3 内桥断路器自动投入方案的主接线

当 L1 进线带Ⅰ、Ⅱ段运行，即 QF1、QF3 在合闸位置，QF2 在分闸位置时，线路 L2 是备用电源。若 L2 进线带Ⅰ、Ⅱ段运行，即 QF2、QF3 在合闸位置，QF1 在分闸位置时，线路 L1 是备用电源。显然此两种运行方式都有一个共同的特点，即一回线路运行，另一回线路作为备用，此运行方式称为明备用接线方案。L1 为运行状态，L2 为备用状态的自动投入条件是：Ⅰ段母线失去电压、$\dot{i}_1$ 无电流，L2 线路有电压、QF1 确已分闸时合 QF2。L2 为运行状态，L1 为备用状态的自动投入条件是：Ⅱ段母线失去电压、$\dot{i}_2$ 无电流，L1 线路有电压、QF2 确已分闸时合 QF1。

如果两段母线分列运行，即桥断路器 QF3 在分闸位置，而 QF1、QF2 在合闸位置，此时 L1 和 L2 成为互为备用电源，此运行方式称为暗备用接线方案。此种暗备用方案与低压母线分段断路器自动投入方案及其运行方式完全相同。

三、线路备用电源自动投入方案

线路备用电源自动投入方案接线如图 2-4 所示。此方案一般在农网配电系统、小型化变电所或在厂用电系统中使用。

图 2-4 所示的备用电源自动投入方案接线是明备用方案接线。L1 和 L2 中只有一个断路器在合闸位置，另一个在分闸位置，因此当母线失压，备用线路有电压，并 $\dot{I}_1$（或 $\dot{I}_2$）无电流，即可断开 QF1（或 QF2），合上 QF2（或 QF1）。该明备用方案的自动投入条件类似于内桥断路器自动投入方案中的明备用方案，即母线无电压，线路 L2 有电压，$\dot{I}_1$ 无电流，QF1 确已分闸，合上 QF2；或者母线无电压，线路 L1 有电压，$\dot{I}_2$ 无电流，QF2 确已分闸，合上 QF1。

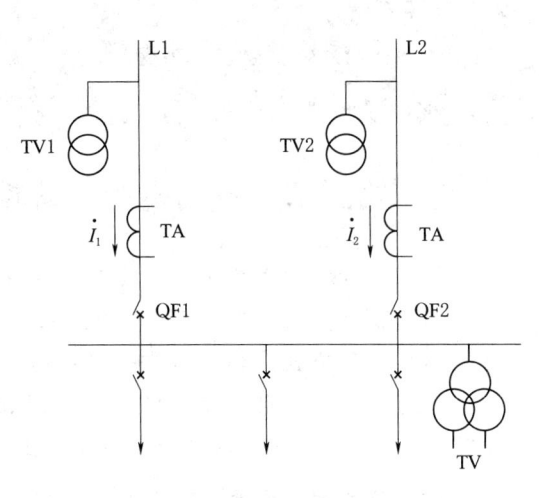

图 2-4 线路备用电源自动投入方案接线

第三节 备用电源自动投入装置的硬件结构

备用电源自动投入装置的硬件结构如图 2-5 所示。外部电流和电压输入经过变换器隔离变换后，由低通滤波器输入至 A/D 模数转换器，经过 CPU 采样和数据处理后，由逻辑程序完成各种预定的功能。

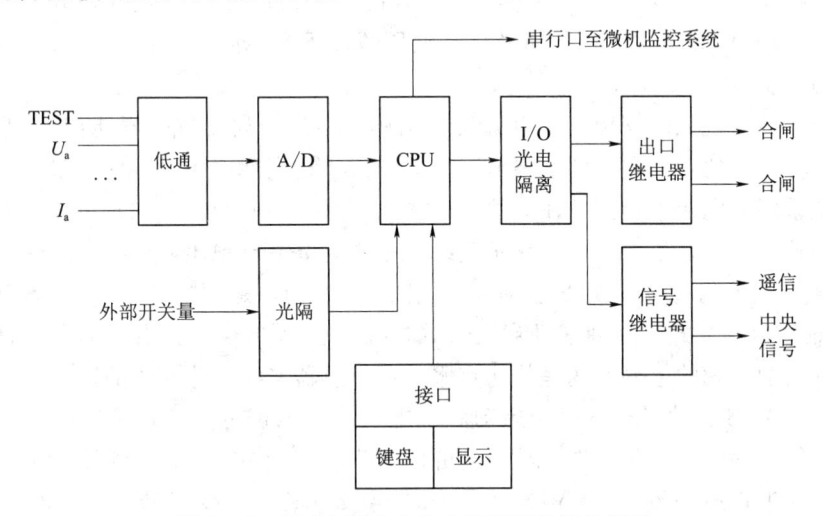

图 2-5 备用电源自动投入装置硬件结构框图

由于备用电源自动投入装置的功能并不复杂，采样、逻辑功能及人机接口由同一个 CPU 完成。同时备用电源自动投入装置对采样速度要求不高，因此硬件中模数转换器可以不采用 VFC 类型，宜采用普通的 A/D 模数转换器。开关量输入输出仍要求经光隔处理，以提高抗干扰能力。

【学习拓展】

PCS-9651D备用电源自动投入装置来自于南京南瑞继保电气有限公司,通过查询该装置的技术和使用说明书,了解其参数、特点、装置功能和配置。

资源2-1 PCS-9651D备用电源自动投入装置实物照片

第四节　备用电源自动投入装置的软件原理

根据系统一次接线方式不同,ATS装置有低压母线分段断路器备用电源自动投入、内桥断路器备用电源自动投入和进线备用电源自动投入等功能模式。每种功能模式又有不同的运行方式。当运行方式设定后,ATS装置可自动识别当前的备用运行方式,自动选择相应的自动投入方式。下面以低压母线分段断路器备用电源自动投入的四种工作方式为例,介绍微机型ATS装置的软件原理。

一、暗备用接线方案的ATS软件原理

低压母线分段断路器备用电源自动投入的方式1、方式2的ATS软件逻辑框图如图2-6所示。现以方式1即图2-2的T1、T2分列运行,QF2分闸后QF5由ATS装置动作自动合闸,母线Ⅲ由T2供电为例,说明ATS的工作原理。

(一) ATS装置的启动方式

图2-6以方式1正常运行时,QF1、QF2的控制开关必在闭合状态,变压器T1和T2分别供电给母线Ⅲ和母线Ⅳ。在t_3时间元件经10~15s充足电后,只要确认QF2已分闸,在母线Ⅳ有电压情况下,与门Y_9、或门H_4动作,QF5就合闸。这说明工作母线受电侧断路器的控制开关(处合闸位)与断路器位置(处分闸位)不对应,需要启动ATS装置(在备用母线有电压情况下)。即ATS的不对应启动方式是ATS的主要启动方式。

然而,当系统侧故障使工作电源失去电压,不对应启动方式不能使ATS装置启动时,应考虑其他启动方式辅助不对应启动方式。在实际应用时,使用最多的辅助启动方式是采用低电压来检测工作母线是否失去电压。在图2-6(a)中,电力系统内的故障导致工作母线Ⅲ失压,母线Ⅲ进线无电流,备用母线Ⅳ有电压,通过Y_2启动t_1时间元件,跳开QF2,ATS启动。可见图2-6(a)是低电压启动ATS部分,是ATS的辅助启动方式。这种辅助启动方式能反映工作母线失去电压的所有情况,但这种辅助启动方式的主要问题是如何克服电压互感器二次回路断线的影响。

可见,ATS启动具有不对应启动和低电压启动两部分,实现了工作母线任何原因失电均能启动ATS的要求。同时也可以看出,只有在QF2分闸后,QF5才能合闸,实现了工作电源断开后ATS才动作的要求;工作母线(母线Ⅲ)与备用母线(母线Ⅳ)同时失电无压时,ATS不启动;备用母线(母线Ⅳ)无压时,根据图2-6的逻辑框图,ATS不启动。

(二) ATS装置的"充电"过程

为了保证微机型备用电源ATS装置正确启动且只启动一次,在逻辑中设计了类似自动重合闸装置的充电过程(10~15s)。只有在充电完成后,ATS装置才进入工

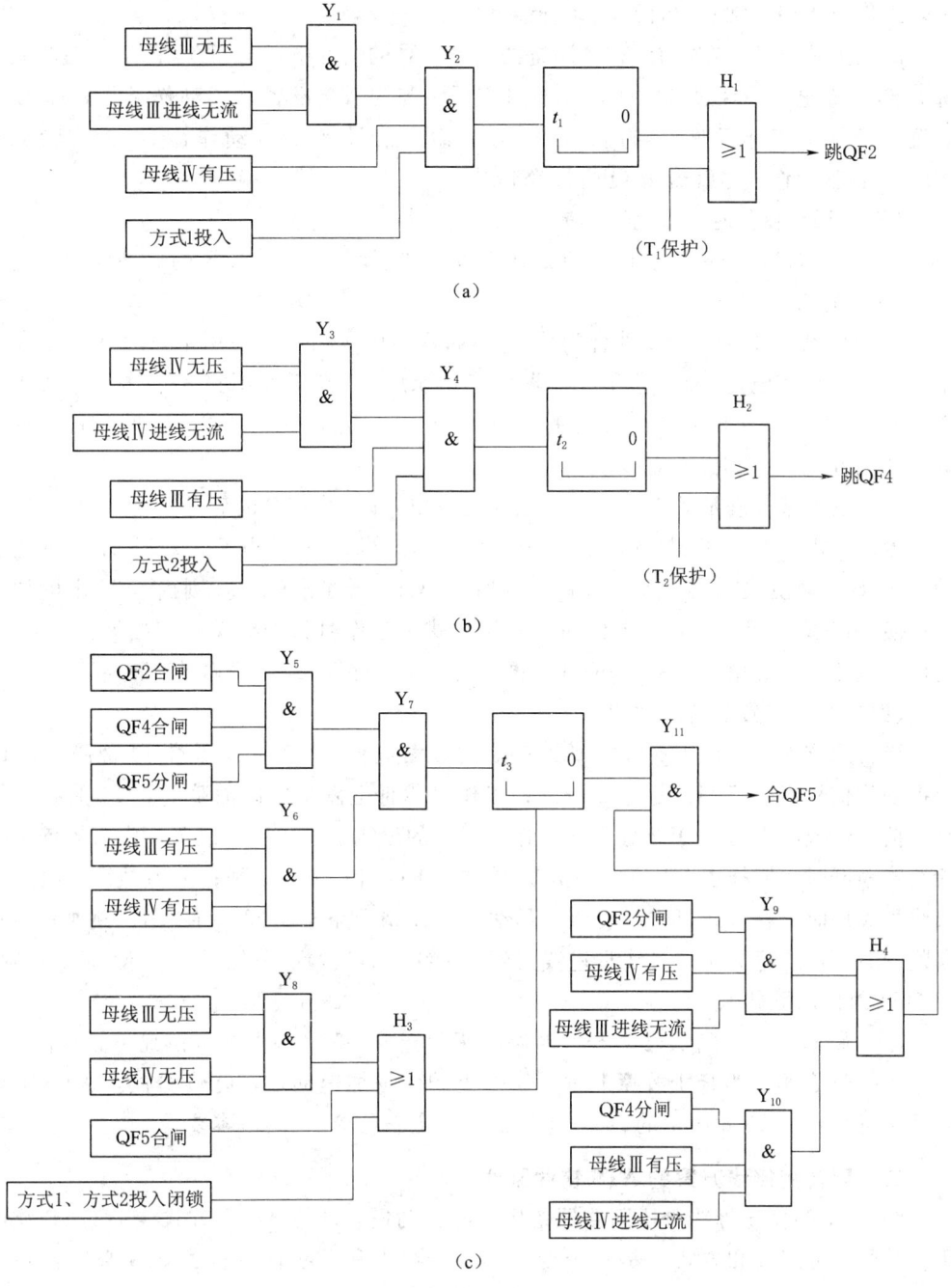

第四节 备用电源自动投入装置的软件原理

图 2-6 方式1、方式2的ATS软件逻辑框图
(a) QF2跳闸逻辑框图；(b) QF4跳闸逻辑框图；(c) QF5合闸逻辑框图

作状态。如图 2-6（c）所示，要使ATS进入工作状态，必须使时间元件 t_3 充足电，充电时间需 10~15s，这样才能为与门 Y_{11} 动作准备好条件。

ATS装置的充电条件是：变压器T1、T2分列运行，即QF2处合闸、QF4处合闸、QF5处分闸，所以与门 Y_5 动作；母线Ⅲ和母线Ⅳ均三相有压（QF1、QF3均合

27

上，工作电源均正常），与门 Y_6 动作。

满足上述条件，在没有 ATS 装置的放电信号的情况下，与门 Y_7 的输出对时间元件 t_3 进行充电。当经过 $10\sim15s$ 充电过程后，与门 Y_{11} 准备好了动作条件，即 ATS 装置准备好了工作条件。与门 Y_{11} 的另一输入信号（ATS 动作命令）一旦来到，ATS 装置就动作，最终合上 QF5 断路器。

（三）ATS 装置的"放电"功能

ATS 装置的"放电"功能，就是在有些条件下取消 ATS 装置的启动能力，实现 ATS 装置的闭锁。

t_3 的放电条件有：QF5 处合闸位置（ATS 动作成功后，备用工作方式 1 不存在了，t_3 不必再充电）；母线Ⅲ和母线Ⅳ均三相无压（T1、T2 不投入工作，t_3 禁止充电；T1、T2 投入工作后，t_3 才开始充电）；备用方式 1 和备用方式 2 闭锁投入（不取用备用方式 1、备用方式 2）。

以上三个条件满足其中之一，t_3 会瞬时放电，闭锁 ATS 的启动。

可以看出，T1、T2 投入工作后经 $10\sim15s$，等 t_3 充足电后，ATS 才有可能启动。ATS 启动使 QF5 合闸后 t_3 瞬时放电；若 QF5 合于故障上，则由 QF5 上的加速保护使 QF5 立即跳闸，此时母线Ⅲ（备用方式 2 工作时为母线Ⅳ）三相无压，Y_6 不动作，t_3 不可能充电。于是，ATS 不再启动，从而保证 ATS 只启动一次。

（四）ATS 装置的启动过程

当备用方式 1 运行 15s 后，ATS 的启动过程如下：若工作变压器 T1 故障时，T1 保护动作信号经或门 H_1 使 QF2 分闸；工作母线Ⅲ上发生短路故障时，T1 后备保护动作信号经或门 H_1 使 QF2 分闸；工作母线Ⅲ的出线上发生短路故障而没有被该出线断路器断开时，同样由 T1 后备保护动作经或门 H_1 使 QF2 分闸；电力系统内故障使母线Ⅲ失压时，在母线Ⅲ进线无流、母线Ⅳ有压情况下经时间 t_1 使 QF2 跳闸；QF1 误跳闸时，母线Ⅲ失压、母线Ⅲ进线无流，母线Ⅳ有压情况下经时间 t_1 使 QF2 跳闸，或 QF1 跳闸时联跳 QF2。

QF2 跳闸后，在确认已跳开（断路器无电流）、备用母线有压情况下，与门 Y_{11} 动作，QF5 合闸。当合于故障上时，QF5 上的保护加速动作，QF5 分闸，ATS 不再启动。可见，图 2-6 所示的 ATS 逻辑框图完全满足 ATS 的基本要求。

二、明备用接线方案的 ATS 软件原理

图 2-7 为低压母线分段断路器备用电源自动投入的方式 3、方式 4 的 ATS 软件逻辑框图。方式 3 和方式 4 是一个变压器带母线Ⅲ和母线Ⅳ运行（QF5 必处合闸位置），另一个变压器备用的工作方式，是明备用的备用方式。

在母线Ⅰ、母线Ⅱ均有电压的情况下，QF2、QF5 均处合闸位置而 QF4 处分闸位置（方式 3），或者 QF4、QF5 均处合闸位置而 QF2 处分闸位置（方式 4）时，时间元件 t_3 充电，经 $10\sim15s$ 充电完成，为 ATS 启动准备了条件。可以看出，QF2 与 QF4 同时处合闸位置或同时处分闸位置时，t_3 不可能充电，因为在这种情况下无法实现方式 3、方式 4 的 ATS；同样，当 QF5 处分闸位置时，t_3 也不可能充电，理由

第四节 备用电源自动投入装置的软件原理

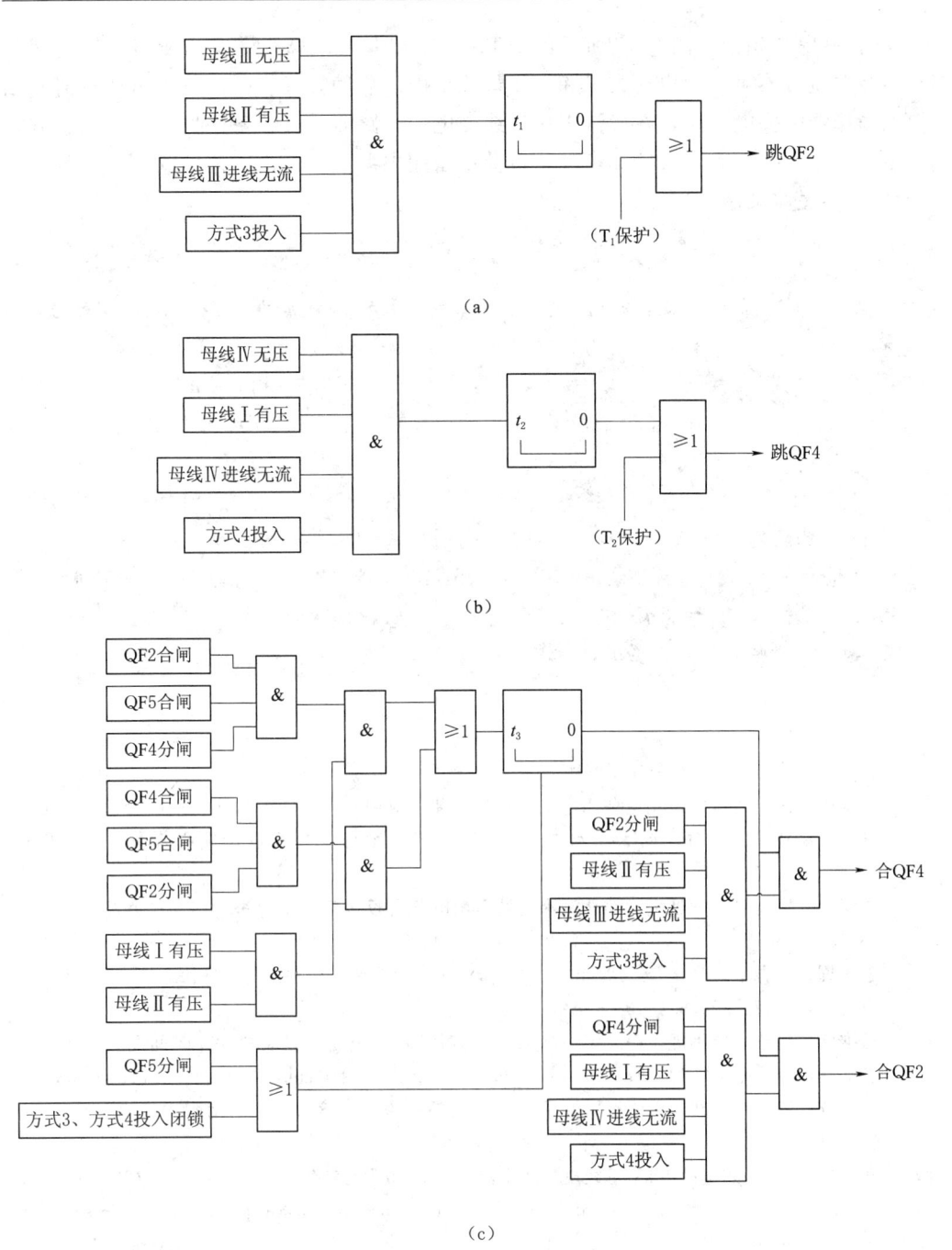

(a)

(b)

(c)

图 2-7 方式 3、方式 4 的 ATS 软件逻辑框图
(a) QF2 跳闸逻辑框图；(b) QF4 跳闸逻辑框图；(c) QF4、QF2 合闸逻辑框图

同上；此外，母线Ⅱ或母线Ⅰ无电压时，t_3 也不充电，说明备用电源失去电压时，ATS 不可能启动。

当然，QF5 处分闸位置或方式 3、方式 4 闭锁投入时，t_3 瞬时放电，闭锁 ATS 的启动。

与图2-6相似，图2-7所示的ATS同样具有工作母线受电侧断路器控制开关与断路器位置不对应的启动方式和工作母线低电压启动方式。因此，当出现任何原因使工作母线失去电压时，在确认工作母线受电侧断路器跳开、备用母线有电压、方式3或方式4投入情况下，ATS启动，负荷由备用电源供电。由上述可以看出，图2-7满足ATS基本要求。

【交流与思考】

ATS装置经历了从电磁型、整流型、晶体管型、集成电路型到微机型的发展历程。电磁型ATS装置主要由低电压继电器、时间继电器、中间继电器、开关辅助接点等组成，接线简单，维护方便，容易操作，一定范围内能够满足控制要求，因而在20世纪80年代得到了广泛的应用。但是，电磁型ATS装置也有着明显的缺点：设备体积大，寿命短，动作速度慢，功能少，程序不可调。20世纪80年代中期到90年代初期，出现了整流型和晶体管型ATS装置，具有体积小、功率消耗小和防震性能好的优点，但功能与电磁型ATS装置基本相同。集成电路型ATS装置作为向微机型ATS装置过渡的产品，还没有来得及大面积推广应用就被性能更为优越的微机型ATS装置所取代。随着技术发展，你认为未来ATS装置还会有哪些新发展？哪些新技术会应用进来？

课后阅读

[1] 张永生. 溪洛渡电站厂用电备用电源自动投入装置应用研究 [D]. 重庆：重庆大学，2016.
[2] 彭军，易亚文，王锋. 向家坝水电站10kV厂用电系统备自投设计优化 [J]. 水力发电，2014，40 (10)：49-51.
[3] 刘润兵，郑雪筠，黄献生. 糯扎渡水电站厂用电备自投设计方案改进 [J]. 水力发电，2012，38 (9)：38-39.
[4] 李光耀，龚林平，封孝松，等. 水电站10kV备自投设计的相关问题及解决方案 [J]. 四川电力技术，2012，35 (6)：40-42，51.
[5] 杨维胜，杨涛，侯小虎，等. 溪洛渡水电站10kV厂用电备自投装置动作时间配合分析 [J]. 水电站机电技术，2014，37 (5)：64-66. DOI：10.13599/j.cnki.11-5130.2014.05.053.
[6] 刘海燕. 泸定水电站10kV备用电源自动投入系统设计方案 [J]. 云南水力发电，2013，29 (1)：120-122.
[7] 刘丽芳，殷丽. 水电站10kV母线段备自投设计 [J]. 电力自动化设备，2008，166 (2)：116-119.
[8] Zhou C, Xiong Y, Qin L, et al. Logic design of improved backup power automatic switching considering the influence of small hydropower stations [J]. Advanced Materials Research, 2012, 1662 (463-464): 1638-1642.

课后习题

1. ATS装置的作用是什么？使用ATS装置有哪些优点？
2. 简述备用电源自动投入装置的定义及对备用电源自动投入装置的基本要求。
3. ATS装置采用什么启动方式？此启动方式有什么优点？为什么还要有辅助启

动方式?

4. 分析 ATS 装置的原理接线图及动作行为。
5. 为什么要求 ATS 装置在工作电源确实断开后才将备用电源投入?
6. 确定 ATS 装置的动作速度时应考虑哪些因素?
7. 为什么要求 ATS 装置只能启动一次?
8. 微机型 ATS 的硬件结构由哪些部分组成?

第三章　水轮发电机的自动并列

知识单元与知识点	1. 水轮发电机的并列方式（准同期并列方式、自同期并列方式） 2. 同期点选择和同期电压的引入 3. 同期并列的基本原理（同期条件分析、基本原理） 4. 数字式自动准同期装置（装置硬件、信号检测、合闸控制）
重难点	重点：水轮发电机的并列方式、同期点选择、同期电压的引入 难点：同期并列的基本原理
学习要求	1. 掌握水轮发电机的并列方式、同期点选择 2. 掌握同期并列的基本原理 3. 了解数字式自动准同期装置

正常情况下，电力系统的发电机是并列运行的，即电力系统内部的发电机均以同步转速（synchronous speed）旋转，且各发电机转子之间的相角差（又称相位差，phase difference）不超过允许的极限值，发电机出口折算电压近似相等。在系统正常运行时，随着负荷的增加，要求将备用的发电机投入系统，以满足用户电量增长的需求。在系统发生事故时，要求将备用机组快速投入电力系统以防止系统的崩溃。在水电站，由于水轮发电机组具有启停速度快的特点，经常承担峰荷，且机组的运行受水情影响，并列操作比较频繁。

第一节　水轮发电机的并列方式

一、同期意义

同步发电机乃至各个电力系统联合起来并列运行，可以带来很好的经济效益。一方面，可提高供电的可靠性和电能质量；另一方面，可使负荷分配更加合理，减少系统的备用容量并充分利用各种动力资源，达到经济运行的目的。

资源 3-1
同步表照片

在电力系统中，并列运行的同步发电机转子都以相同的角速度旋转，转子间的相角差也在允许的极限范围内，这种运行状态称为同步运行（synchronous operation）。发电机在未投入电力系统以前，与系统中的其他发电机是不同步的。把发电机投入电力系统并列运行，需要进行一系列的操作，称为并列操作或同期操作。这是一项技术要求较高的操作，实现这一操作的装置称为同期装置。

同期并列（synchronization）是实现水电站同步发电机快速并网的手段，是节约机组并网前空载能耗、机组故障时快速投入备用机组、系统安全稳定运行的重要保障。提高同期的速度和控制精度，确保装置具有良好的均频、均压性能，快速促成同期条件的到来并可靠地捕捉同期条件的第一次出现是同期系统的最终目标。一个品质优越的同期系统对于延长机组使用寿命、保证系统安全、营造良好的并网环境是非常重要的。

随着电力系统容量的不断增大，同步发电机的单机容量也越来越大，对大型机组不恰当的并网操作会导致非常严重的后果。发电机非正常并网产生的重大危害之一是发电机组转子轴系扭振问题。扭振不是单纯的机械问题，而是在某种特定情况下电网与转子轴系机械系统发生的电磁共振，即次同步谐振。此时，电气系统通过发电机定子产生电磁力矩，作用于发电机转子轴系机械系统，而转子轴系机械系统则通过转子的角位移及角速度影响电气系统，形成共振。这种共振导致定子的电磁力矩和转子轴系的扭矩不断增长，它们相互间的能量交换最终将引起转子轴系的严重损坏。非同期并列就是诱发扭振的重要原因之一，因此提高并网操作的质量及其自动化程度显得尤为重要，特别是对那些担当调峰、调频任务的发电站，由于并网频繁，多次不良并网操作给发电机组带来的累积损伤是严重的。

提高并网操作的准确度、可靠性对电力系统的可靠运行具有重大的现实意义，同期装置是发电站重要的自动装置，它的性能直接影响发电机的安全与寿命，以及对能源的节约。因此需要性能优良的同期装置来保证发电机快速、平滑地与系统并网。

【价值观】

【精益求精】 精度是表示观测值与真值接近的程度，本质上是一个质量概念。同期并列控制精度对电力系统的可靠运行具有重大现实意义。作为水电站自动化运行领域未来的工程师，对精度应有更深刻的理解和更深层次的追求。测量为质量评价、质量提升、质量强国提供判据，蕴含着精益求精的科学精神。在倡导满足人民日益增长美好生活需求的今天，更加需要坚定理想信念，弘扬以精益求精为基本内涵的工匠精神（敬业、精益、专注、创新），增强中国特色社会主义道路自信、理论自信、制度自信、文化自信，立志肩负起民族复兴的时代重任。

二、同期并列方式

在电力系统中，同期并列方式有两种，准同期并列和自同期并列。

(一) 准同期并列方式

准同期并列方式是将发电机组调整到符合并网条件后，再发出断路器的合闸命令。具体步骤如下：①通过调速器调节发电机组转速，使其接近同步转速；②通过励磁装置（excitation device）调节发电机组励磁电流，使发电机组端电压接近系统电压；③当频率差和电压幅值差都满足给定条件时，选择在零相角差到来前的合适时刻合上断路器（circuit breaker），控制断路器触点闭合瞬间引起的冲击电流小于允许值，发电机组迅速被拉入同步运行。在理想的情况下，断路器合闸时刻发电机定子回路的电流为零，不会产生电流和电磁力矩的冲击。但在实际操作中，很难实现理想条件，总会产生电压、频率或相位的偏差，从而产生一定的电流和电磁力矩的冲击。不过只要使这些偏差保持在一定的范围之内，冲击就不会对发电机产生太大的危害。

采用准同期并列方式时应避免非同期，否则可能使发电机遭到破坏。发电机在准同期并列过程中非同期合闸，造成定子绕组绝缘损坏而短路，使发电机受到严重损坏。引起非同期并列的原因主要有二次接线出现错误、同期装置动作不正确、运行人员误操作等。如果发电机和系统间频差和压差在要求范围内，在相位差等于180°时非同期合闸，那么发电机定子绕组的冲击电流将比发电机出口的三相短路电流大1倍。同时非同期并列时也会产生很大的冲击电磁力矩，在最不利情况下有阻尼绕组的水轮发电机的最大冲击电磁力矩可能达到额定力矩的8～26倍，而出口三相突然短路时最大电磁力矩也只有额定值的3～8倍。上述情况说明，非同期并列可能使发电机严重损坏。为了防止上述危险的出现，要求有关同期的二次接线必须正确无误；同期装置或仪表的误差必须满足要求；手动准同期时要由有较丰富经验的运行人员操作等。

【方法论】
"要从细节处着手，养成精准思维习惯"。精准是一种科学的思维方法，更是一种务实的工作方法，实际上，精准方法论广泛运用于脱贫攻坚、全面深化改革、生态文明建设、城市治理、党的建设等各个领域，贯穿于治国理政的方方面面。对于脱贫攻坚，强调"聚焦精准发力，攻克坚中之坚"；对于深化改革，要求"对准焦距，找准穴位，击中要害"；对于污染防治，要"精准治污"；对于城市管理，要"像绣花一样精细"；对于党的建设，要"瞄着问题去、对着问题改，精确制导、精准发力"……这种思维方法同样可以适用于精准测控，为质量强国贡献智慧和力量。

（二）自同期并列方式

自同期并列的操作是将未加励磁电流的发电机组的转速升到接近额定转速，再闭合断路器，然后立即合上励磁开关供给励磁电流，在发电机电势逐渐增长的过程中由系统将发电机组拉入同步运行。用自同期并列方式投入发电机时，由于未励磁发电机相当于异步电动机，因此合闸时会出现短时间的电流冲击，并使系统电压下降。但是由于发电机投入后很快加上励磁，且系统中其他发电机的快速励磁和强励装置在工作，通常在0.5～1s或稍长时间后即可使电压恢复到额定值的95%以上，故一般不会影响用户的正常用电。冲击电流引起的电动力可能对定子绕组绝缘和定子绕组端部产生不良影响，同时冲击电磁力矩也将使机组大轴产生扭矩，并引起振动。但是一般来说这种冲击电流和冲击电磁力矩均比发电机出口三相短路时小，且衰减较快。三相短路是发电机设计制造时必须加以考虑的条件，所以自同期并列方式的使用，一般不会给发电机造成严重后果。

但是应当注意，如果经常使用自同期并列方式，冲击电流产生的电动力可能对发电机定子绕组绝缘和端部产生积累性变形和损坏，这种变形和损坏对发电机的影响是相当大的。特别是自同期并列时，发电机一般处于冷状态，造成的不良影响可能比热状态下的三相短路更为严重。因此，对定子绕组绝缘已老化或端部固定存在不良情况的发电机应限制自同期并列方式的使用。

两种同期方式具有各自的优缺点。系统在正常运行情况下，一般采用准同期并列方式将发电机组投入运行。自同期并列方式操作简单、速度快，在系统发生故障、频率波动较大时，发电机组仍能并列操作并迅速投入电网运行，可避免故障扩大，有利于处理系统事故，只有当系统发生故障时，为了迅速投入水轮发电机组才采用，应用此方式时要求发电机定子绕组的绝缘及端部固定情况良好，端部接头无不良现象。

无论采用哪种方式，为了保证电力系统安全运行，发电机的并列都应满足以下两个基本要求：①投入瞬间的冲击电流不应超过允许值；②发电机投入后转子能很快地进入同步运转。

【交流与思考】

准同期并列是将未投入系统的发电机加上励磁，并调节其电压和频率，在满足并列条件（即电压、频率、相位相同）时，将发电机投入系统，如果在理想情况下，使发电机的出口开关合闸，则在发电机定子回路中的环流将为零，这样不会产生电流和电磁力矩的冲击。

当进行准同期并列时，同步发电机为何会产生冲击电流？

第二节　同期点选择和同期电压的引入

用于同期并列的断路器，称为同期点（synchronization point）。一般来说，如果一个断路器断开后，两侧都有电源且不同步时，即两侧电压幅值、频率或相位不同时，则这个断路器就应该是同期点。选择合理的同期点、同期方式及其相应的接线，便于可靠迅速地完成待并发电机与电力系统的同步运行。下面分别介绍水电站同期点的选择和同期电压的引入。

一、同期点的选择

同期点的选择应能够满足水电站正常的操作要求，并在系统发生故障时能够进行灵活的操作，满足系统正常的需求。对水电站来说，同期点可以有很多，可以分为发电机同期、变压器同期及线路与母线同期三种，如图 3-1 所示，每种同期点均具有各自的特点。针对这三种情况，同期点的选择具有各自的原则和规定。

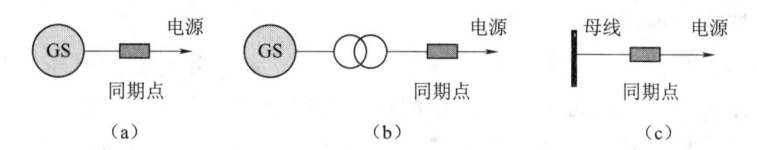

图 3-1　发电机同期点类型
(a) 发电机同期；(b) 变压器同期；(c) 线路与母线同期

在发电站中，发电机出口断路器和发电机—双绕组变压器组的高压侧断路器都是操作比较频繁的，所以它们都应该是同期点。

作为升压双绕组变压器一般应有一侧断路器作为同期点，当只在低压侧断路器设置同期点时，合闸时要保证高压侧先投入。三绕组变压器或自耦变压器与电源连接的各侧断路器均应作为同期点，这些同期点将不同电压等级的系统连接起来，因此当任一侧断路器因故断开后，便可用此断路器进行并列操作进而恢复运行。在某些主接线上，如果一侧为多角形接线的联络变压器，则变压器两侧均设为同期点。单元接线的变压器各侧断路器高压侧以及与发电机直接连接的变压器低压侧断路器，其同期方式应与发电机断路器的同期方式相同。

接在单母线上的线路断路器均应设为同期点；各级 6～10kV 母线分段断路器均考虑作为同期点，以提高母线倒换操作的可靠性。35kV 线路断路器可作为同期点，但必须在线路断路器外侧装一个单相式互感器。110kV 及以上的接在双母线上或接在带有旁路母线上的线路断路器均设为同期点，同时分段断路器、母线断路器和旁路断路器也作为同期点，以增加并列操作的灵活性。330kV 及以上系统，为了运行操作方便，全部断路器均应设为同期点。在多角形接线和外桥形接线中，与线路相关的两个断路器均设为同期点。一个半断路器接线的运行方式变化较多，一般断路器均设为同期点。

同期点及同期方式配置如图 3-2 所示，其展示了水电站同期点选择的一般规律，其中 1 表示手动准同期，2 表示自动准同期。

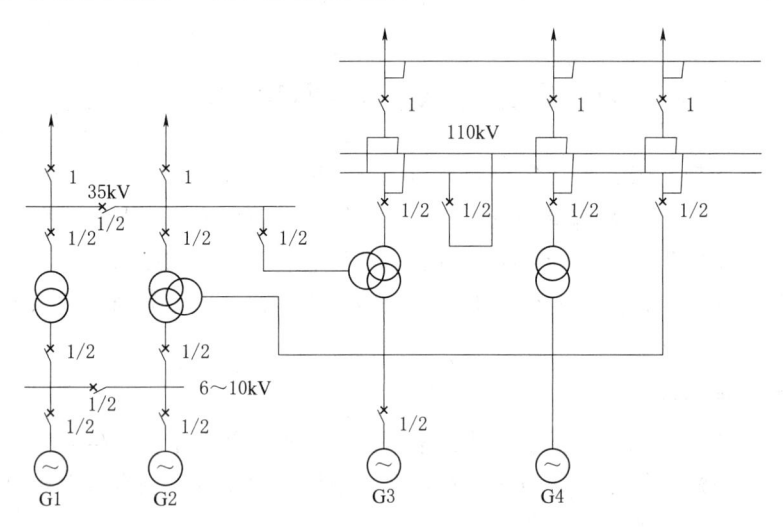

图 3-2 同期点及同期方式配置

二、同期电压的引入

在水电站以准同期方式并列时，需要对待并发电机电压与系统电压的数值、频率和相位进行比较，从而使准同期装置检测待并断路器两侧电压是否满足并列条件。对于经常存在的单机只装有一套同期装置（即多个同期点共用一套同期装置），就需要把待并断路器两侧的高电压经电压互感器变为低电压，再经过其隔离开关的辅助触点和同期开关触点切换后，引到同期电压小母线上，然后再引入到同期装置中。目前同期装置以单相同步接线为主。交流输入电压多为 100V 或 $100/\sqrt{3}$ V。

用来取得同期电压的互感器一般安装在不同的地方，有的安装在发电机出口侧，

第二节 同期点选择和同期电压的引入

有的安装在升高变压器高电压侧。互感器本身也有各种不同的接线方式，升压变压器也可能采用 Y-d11 等两侧相位不同的接线方式，有时因继电保护的需要，互感器的接地方式也要做出改变。因此可能出现这种情况，即从互感器二次绕组取得而引入同期装置的电压相位，与同期点两侧待并发电机和系统的实际电压相位不符，这样就可能造成非同期合闸。为了避免这种情况，必须保证从互感器取得的电压相位与同期点两侧的实际电压相位相符。因此，在取得同期电压时，应根据同期点两侧电压的相序及相位、电压互感器的接线方式及接地情况进行选取。下面针对不同情况进行分析。

（一）发电机出口同期电压的引入

这种情况引入的同期电压可取自发电机断路器两侧互感器的二次绕组，如图 3-3 所示。待并发电机侧的同期电压和电网侧同期电压分别是电压互感器 1TV 或 2TV 的二次线电压 U_{ab}，此时互感器反应的电压的相位即为同期点两侧的待并发电机及系统电压的相位。

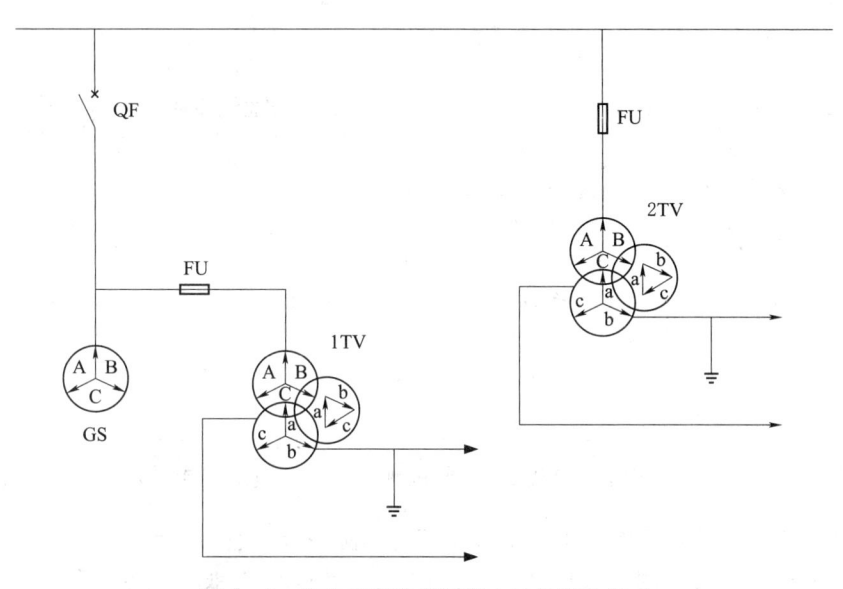

图 3-3 发电机断路器同期电压的引入方式

（二）变压器高低压侧同期电压的引入

在变压器高低压侧获取同期电压时，针对不同的变压器，如自耦变压器、三绕组变压器等，主要考虑相位和幅值问题，在各侧绕组采取不同的接线方式时，需要对电压的相位进行校正，同时通过不同的变比互感器改善幅值。

采用发电机单元接线时，升压变压器与其高压侧断路器间一般不装设互感器，因此，当高压侧断路器为同期点时，其两侧电压需取自安装在变压器高低压侧的互感器。一般情况下变压器接线方式的不同，会引起两侧电压相位不一致，存在一定的偏差。由于主变压器多为 Y-d11 接线，其高压侧与低压侧同相电压相位相差 30°。因此，为了使从高低压侧互感器取得的电压相位能够真实反映同期点两侧电压的相位，需要对引入同期装置的同期电压相位加以校正。如果同期装置需要接入的 TV 二次电压为 100V，高低压侧电压互感器二次绕组分别为零相接线和 B 相接地，建议高压侧接入同期系统的二次电压为电压互感器辅助绕组的电压 U_a，低压侧则接互感器二次绕组的电压 U_{ab}。

如果同期装置需要接入的 TV 二次电压可为 100V 或 $100/\sqrt{3}$ V，可在高压侧接入 $U_a=100/\sqrt{3}$ V，低压侧接入 $U_{ab}=100$V。如果高低压侧电压互感器二次绕组均为 B 相接地，建议高压侧接入 $U_{ab}=100$V，低压侧接入 $U_{ab}=100$V，但需要转角 30°。

对于中性点直接接地系统，以常见的 Y-d11 接线变压器为例，为了校正引自电压互感器同期电压的相位，可从变压器高压侧互感器接成开口三角形的辅助二次绕组取得电压，如图 3-4 所示，取得的同期电压分别来自电压互感器 1TV 和 2TV，均为 U_{ab}，B 相接地。这样，引至同期装置的同期电压真实地反映了同期点断路器两侧电压的相位和幅值。

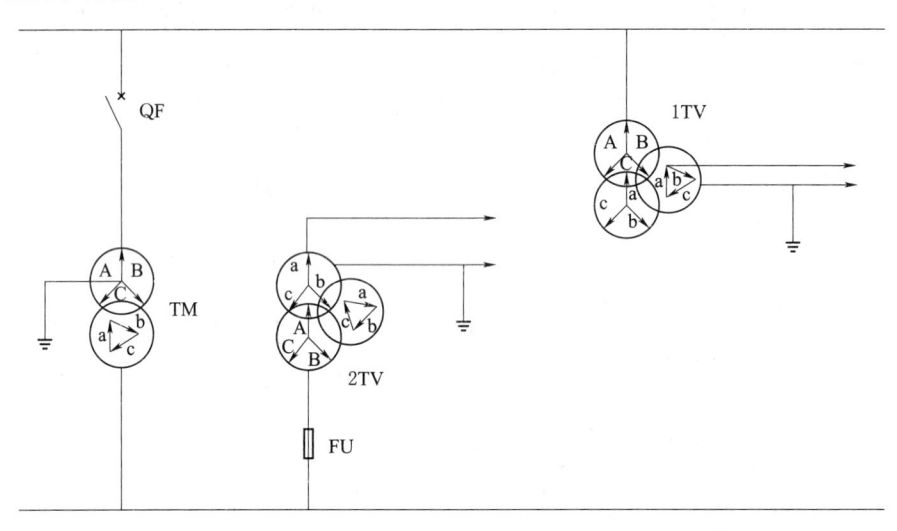

图 3-4 Y-d11 接线变压器高压侧断路器同期电压的引入方式

对于中性点不接地系统，上述引入电压的办法是行不通的。为了使同期点两侧同期电压的相位和数值相同，只能从 1TV 的基本二次绕组上取得这一数值的电压，但这个电压与从低压侧互感器 2TV 上取得的相应相间电压存在 30°的相位差，通常采用中间转角变压器完成角度的转换，如图 3-5 所示。这种转角变压器是 Y-d11 接线，变比为 $\frac{100}{\sqrt{3}}/100$V，一般将转角变压器接于高压侧互感器。这是因为在同期接线中，为了简化接线和减少同期开关档数，通常将 B 相接地，有的保护要求互感器二次绕组的中性点接地，这样就产生了矛盾，若将转角变压器接于低压侧互感器上，则高压互感器的上述矛盾无法解决。

当变压器与低压侧断路器之间不装设电压互感器时，变压器低压侧断路器同期电压的引入方式与上述相同。

（三）线路断路器同期电压引入

由于电气主接线的形式多样，因此线路断路器同期电压的获取方式也具有多样性。不同的电压等级、不同的接线方式对获取同期电压具有重大的影响。对于中性点

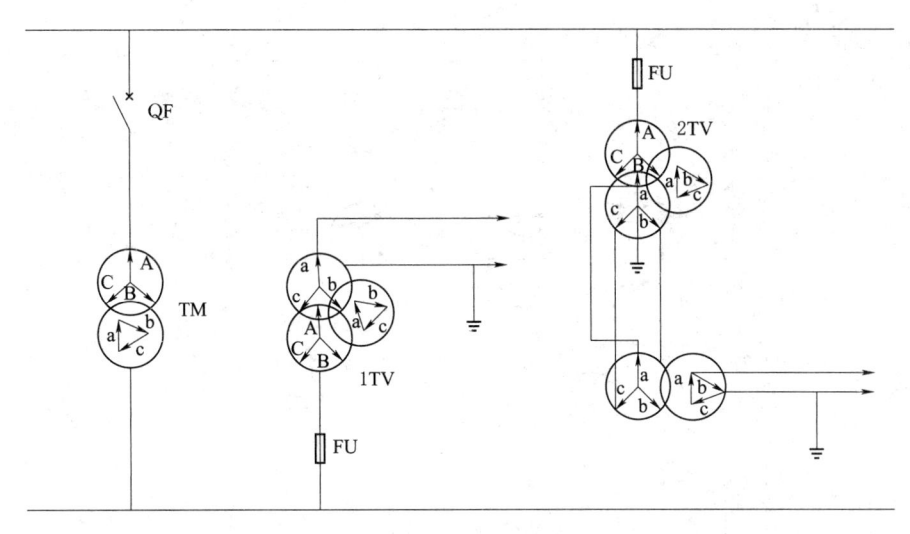

图 3-5 通过转角变压器引入同期电压

直接接地系统，一般建议采取主二次绕组采用中性点接地的方式，同期系统接入主二次绕组而辅助二次绕组。对于中性点不直接接地系统，由于一般不装设距离保护和零序方向保护，B相接地对保护的影响小，而且本系统接地时中性点电压会偏移，所以在没有接地矛盾时建议电压互感器二次绕组采用B相接地方式，同期电压采用主二次绕组的线电压。

（1）母线分段断路器同期电压的引入。在中性点直接接地系统中，当引入电压与继电保护的接地要求发生矛盾时，与变压器高低压侧断路器同期电压引入类似，同期引入电压可从辅助二次绕组取得，如图 3-6 所示。对于中性点不直接接地系统，若存在相关保护等引起的接地矛盾，可通过变比为 100V/100V 的单相隔离变压器取得 100V 同期电压，如图 3-7 所示。

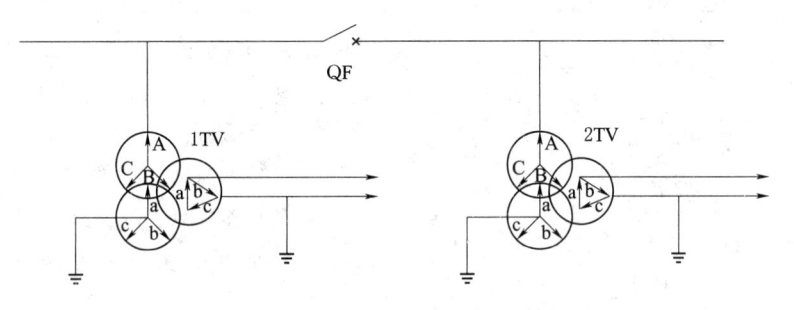

图 3-6 中性点直接接地系统母线分段断路器同期电压引入方式

对于线路上装有三相电压互感器的线路断路器同期点选择，其同期电压的引入方法与上述方式相同。

（2）线路上装有单相互感器的线路断路器同期电压的引入。在中性点直接接地系统中，单相电压互感器接于相与地之间，因此可从互感器辅助二次绕组得到 100V 相电压。另一个同期电压可从母线互感器 2TV 的辅助二次绕组取得，如图 3-8 所示。

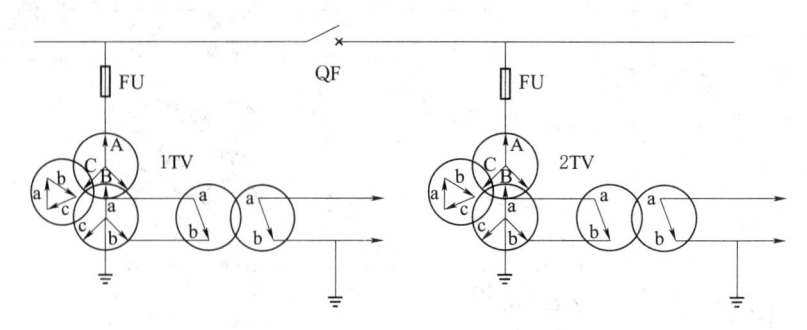

图 3-7 中性点不直接接地系统母线分段断路器同期电压引入方式

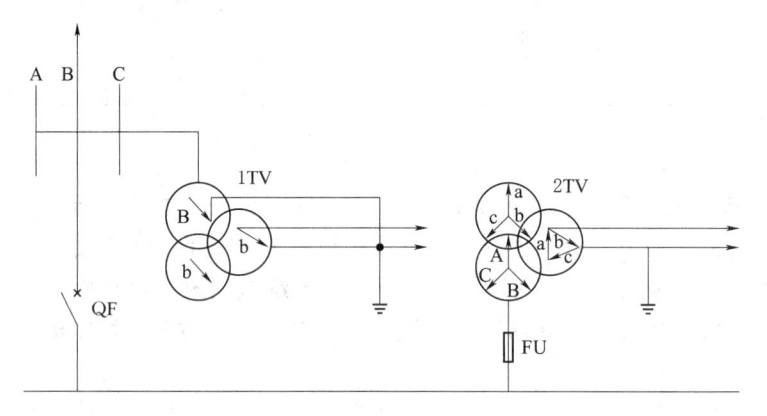

图 3-8 中性点直接接地系统线路断路器同期电压引入方式

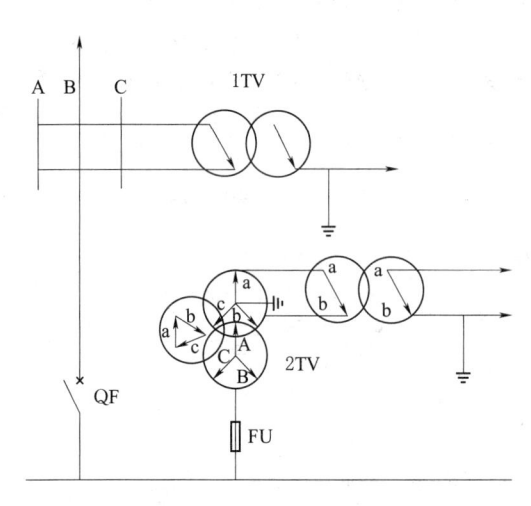

图 3-9 中性点不直接接地系统线路断路器同期电压引入方式

在中性点不直接接地系统中，单相电压互感器则接在相与相之间，如图 3-9 所示。因为如果系统发生单相接地时，接地相电压将降为零，非接地相电压将升高 $\sqrt{3}$ 倍。此时，互感器一次绕组的额定电压应是相间电压，二次电压应为 100V。同期点另一侧的电压取自母线电压互感器基本二次绕组的相应相间电压。当与继电保护接地要求发生矛盾时，可通过单相隔离变压器取得同期电压。

线路上断路器同期电压的引入除了上述方法之外，还存在很多其他情况，但只要注意相位和幅值问题，保证引入的同期电压能够真实反映断路器两侧电压的相位和幅值，就能够正确判断合闸时机。

通过上述分析，根据我国水电站主接线情况和电力系统的接地方式，可以得出关于同期电压获取时的接线方式及相量图，见表 3-1。

表 3-1　　　　　　　同期电压获取时的接线方式及相量图

同期方式	运行系统	待并系统	说　明
发电机出口	U_a, U_b, U_c 相量图	U_a, U_b, U_c 相量图	电压互感器二次侧为 B 相接地，利用线电压 U_{ab}，接地发生矛盾时，可采用单相隔离变压器
Y-d11 变压器两侧断路器	U_a，N（中性点）	U_a, U_b, U_c 相量图	电网侧取电压互感器二次绕组相电压，发电机电压为 B 相接地的线电压 U_{ab}
中性点直接接地系统	U_a, U_b, U_c 相量图	U_a, U_b, U_c 相量图	利用电压互感器接成开口三角形的辅助二次绕组的相电压
中性点不直接接地系统	U_a, U_b, U_c 相量图	U_a, U_b, U_c 相量图	电压互感器二次侧为 B 相接地，利用线电压 U_{ab}，接地发生矛盾时，可采用单相隔离变压器

第三节　同期并列的基本原理

一、同期条件分析

同步发电机并列时，需要满足一定的条件，当这些条件不满足时，对并列发电机和电网都会产生一定的影响，情况严重时，可能会造成事故。下面以图 3-10 所示的发电机并网（grid connection）为例进行准同期并列方式的电压相量分析，并列前的断路器两侧的电压为

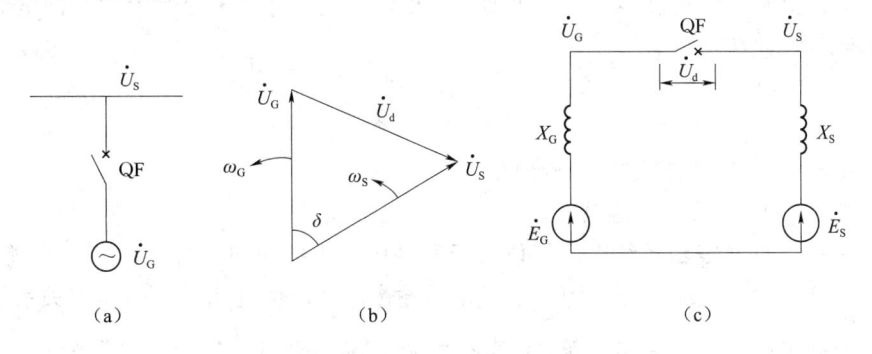

图 3-10　准同期并列方式的电压相量分析
(a) 电路示意图；(b) 电压相量图；(c) 等值电路图

发电机组侧瞬时电压 $u_G=\sqrt{2}U_G\sin(\omega_G t+\varphi_G)=U_{Gm}\sin(\omega_G t+\varphi_G)$ (3-1)

系统侧瞬时电压 $u_S=\sqrt{2}U_S\sin(\omega_S t+\varphi_S)=U_{Sm}\sin(\omega_S t+\varphi_S)$ (3-2)

式中 U_G——等待并网发电机的电压有效值；

U_S——系统的电压有效值；

U_{Gm}——等待并网发电机的电压幅值；

U_{Sm}——系统的电压幅值；

u_G——等待并网发电机侧的瞬时电压；

u_S——系统侧的瞬时电压；

ω_G——等待并网发电机的角频率；

ω_S——系统的角频率；

φ_G——等待并网发电机的初相角；

φ_S——系统的初相角。

由图3-10（b）的电压相量分析可知，为了避免在发电机组投入电网时产生很大的冲击电流，应该使待并发电机组每一相的电压瞬时值与电网电压瞬时值一直保持相等，因此，在保证两侧相序一致的前提下，允许断路器并列的理想条件如下：

(1) 电压幅值相等，即 $U_G=U_S$ 或 $U_{Gm}=U_{Sm}$。

(2) 电压角频率相等 $\omega_G=\omega_S$ 或电压频率相等，即 $f_G=f_S$。

(3) 合闸瞬间的相角差为零，即 $\delta=0°$（δ 为发电机侧电压与系统侧电压的相角差）。

如果能同时满足以上三个条件，则断路器两侧的电压相量重合而且无相对运动，此时电压差 $U_d=0$，冲击电流（impulse current）等于0，发电机组与系统立即同步运行，不发生扰动。但是实际中，如果 $\omega_G=\omega_S$，则并列点两侧电压相量相对静止，根本无法实现 $\delta=0°$。因此上述频率相等的条件在实际中应改为频率相近，合闸后系统通过自整步作用将发电机组牵入同期运行。

下面分别讨论准同期需要满足的三个条件对同期并列的影响。

（一）电压幅值差

当发电机侧和系统侧电压频率相同，相角差为0，只存在电压幅值差时，投入发电机并网，此时与发电机突然短路类似，主要产生无功冲击电流。无功冲击电流的有效值可用下式计算：

$$I_h=\frac{U_G-U_S}{X_d''+X_S}$$ (3-3)

式中 X_d''——发电机直轴次暂态电抗；

X_S——电力系统等值电抗。

图3-11（a）表示系统电压幅值大于发电机输出电压时的冲击电流与压差关系，图3-11（b）表示系统电压幅值小于发电机输出电压时的冲击电流与压差关系。可以看到，无论哪种情况，冲击电流 $\dot{I}_h$ 均滞后于电压 $\Delta\dot{U}90°$，为无功电流分量，因此，主要考虑产生的电动力对发电机绕组的影响。电动力较大时，有可能引起发电机绕组

的端部变形，冲击电流最大的瞬时值为

$$I_{hmax}=\sqrt{2}K_{ip}i_h \tag{3-4}$$

式中 K_{ip}——冲击系数，取值范围为 1.8~1.9。

一般冲击电流不允许超过机端短路电流的 1/10~1/20，因此根据式（3-4）可得，电压差值不应超过额定电压值的 $\pm(5\%\sim 10\%)$。

（二）相角差

当发电机侧和电网侧电压幅值相等，频率相同，只存在相角差 δ 时，投入发电机，这时发电机为空载情况，电动势即为端电压并与电网电压相等，冲击电流的有效值可按下式计算：

$$I_h=\frac{2U_G}{X_q''+X_S}\sin\frac{\delta}{2} \tag{3-5}$$

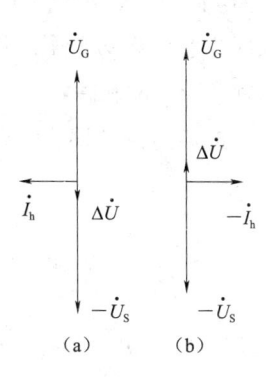

图 3-11 电压幅值差
(a) 系统电压幅值大；
(b) 系统电压幅值小

式中 X_q''——发电机交轴次暂态电抗。

冲击电流最大值为

$$i_{hmax}=\frac{1.9\times\sqrt{2}U_G}{X_q''+X_S}\times 2\sin\frac{\delta}{2} \tag{3-6}$$

当 δ 很小时，$2\sin\dfrac{\delta}{2}\approx\sin\delta$。此时：

$$i_{hmax}=\frac{2.69U_G}{X_q''+X_S}\times\sin\delta \tag{3-7}$$

由图 3-12 可知，冲击电流中既有有功分量又有无功分量，主要为有功分量。当发电机的电压相位超前系统电压时，发电机并列后突然向电网送出有功功率；当发电机的电压相位滞后系统电压时，发电机会突然吸收电网的有功功率。有功功率冲击会使机组的联轴器受到突然冲击，这对机组转子轴系运行非常有害，为了保证机组的安全运行，应将冲击电流限制在较小数值。若要求冲击电流不超过出口三相短路电流的 10%，则从式（3-7）中得 $\sin\delta=0.1$，即 $\delta=5.73°$。实际准同期在并列时一般要求 δ 不超过 10°，该参数可以进行设置。

（三）频率差

当发电机侧和系统侧电压幅值相等，初始相角差为 0，则电压差为 $u_d=u_G-u_S$，即

$$u_d=u_G-u_S=2U_{Gm}\sin\left(\frac{\omega_G-\omega_S}{2}t\right)\cos\left(\frac{\omega_G+\omega_S}{2}t\right) \tag{3-8}$$

采用相量法表示，则频差分析的相量图如图 3-13 所示。当频率不等时，存在两种情况：①待并发电机频率高于系统频率，如图 3-13（a）所示；②待并发电机频率低于系统频率，如图 3-13（b）所示。在第一种情况下，发电机并列后 $\dot{U}_G$ 将超前 $\dot{U}_S$，因此产生冲击电流 $\dot{I}_h$，该电流既有有功电流又有无功电流。由于电流有功分量

与 $\dot{U}_G$ 同方向，因此发电机并列后送出有功功率，产生制动力矩，使转子减速而与系统同步；而无功功率分量会使发电机发热，产生电磁力矩。在第二种情况下，发电机并列后 $\dot{U}_G$ 将滞后 $\dot{U}_S$，有功电流分量与 $\dot{U}_G$ 反方向，即发电机吸收有功功率，转速上升，最后与系统同步。

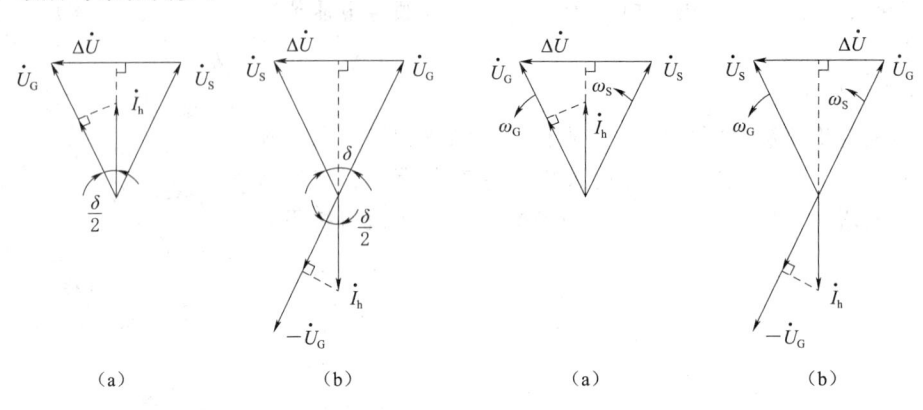

图 3-12 相角差
(a) 系统电压相位滞后；(b) 系统电压相位超前

图 3-13 频差分析
(a) 待并发电机频率高于系统频率；
(b) 待并发电机频率低于系统频率

上述频率不等产生的冲击电流，其有功分量和无功分量是不断变化的。因为频率不等时，系统电压和发电机电压相量间有相对运动，其相对速度与频差成正比。如果把一个相量看作静止不动，那么另一个相量将不断与它重合，又不断离开它。因此，两个电压相量之差 $\dot{U}_d$ 是时大时小的脉动电压，其幅值和相位均为同期变化，并产生脉动电流。如果发电机在频率差较大时并列，在机组和系统之间短时间内会有较大的功率交换，这会使机组大轴产生冲击和振动，严重时甚至会失去同步。因此，根据并网时要求时间短和冲击小的目标进行综合考虑，一般要求并列时频率差不超过额定值的 0.5%，即 0.25Hz。

以上分析时所假设的条件在实际中基本不存在，仅仅是为分析方便所作的假设。实际上断路器在合闸瞬间，待并发电机与系统的电压可能存在幅值差、相位差，频率也可能不同。因此，并网时，总的冲击电流应该是上述三种情况的综合。由以上的分析可以看出，在同期并列点两侧频率不相等时，并列合闸时的相角差 δ 与合闸命令的发出时刻有关。如果发出合闸命令的时刻不恰当，则可能出现在较大相角差合闸，从而引起较大的冲击电流。但是在较小相角差合闸时，如果频率差较大，频率高的一方会在合闸瞬间将多余的动能传递给频率低的一方，当传递能量过大时，发电机需要经过一个暂态过程才能拉入同步运行，严重时甚至导致失步。

根据上述讨论，为了使发电机并网时受到的冲击小，准同期并列的实际条件可归纳为以下三点：

（1）待并发电机电压和系统电压接近相等，其电压差不超过 10% 额定电压。
（2）待并发电机电压和系统电压的相角差 δ 在并列瞬间应接近于零，不大于 10°。

(3) 待并发电机频率与系统频率接近相等,其频率差不超过 0.5% 额定频率。

> 【方法论】
> 为便于问题的解决,或对研究对象进行精准"画像",往往需要明确问题的约束条件,合理的假设是一种常用的科学方法。

二、准同期基本原理

同步发电机的并网操作是发电站的一项重要操作,不恰当的并网操作将导致严重的后果。因此必须提高同步发电机并网操作的准确度和可靠性,以保证安全。将发电机并入系统时应遵循如下两个原则:

(1) 出口断路器合闸时,冲击电流应尽可能小,其瞬间最大值一般不超过 2 倍定子额定电流。

(2) 发电机并入电网后,应能迅速进入同步运行状态,其暂态过程要短,以减少对电力系统的波动。

(一) 脉动电压

在进行准同期并列时,根据待并发电机和系统电压来判断和调节,并在合适的时刻发出合闸脉冲。如果发电机和系统电压幅值相等、初始相角相等,则合闸瞬间在断路器两侧的压降如式(3-8)所列。可见,断路器两端电压是一个脉动电压,波形如图 3-14 所示。

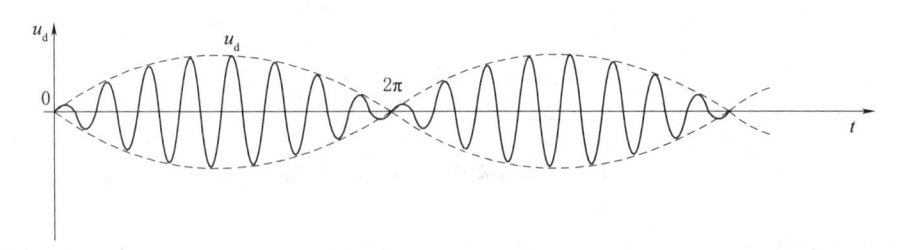

图 3-14 脉动电压波形

如果定义 $U_{dm}=2U_{Gm}\sin\left(\dfrac{\omega_G-\omega_S}{2}t\right)$,将其视作脉动电压的幅值,则脉动电压可以表示为

$$u_d=U_{dm}\cos\left(\dfrac{\omega_G+\omega_S}{2}t\right) \tag{3-9}$$

断路器两侧电压的频率差称为滑差,滑差角频率为 $\omega_d=\omega_G-\omega_S$,则两侧电压相量的相角差可表示为 $\delta=\omega_d t$。

此时脉动电压幅值为

$$U_{dm}=2U_{Gm}\sin\dfrac{\omega_d t}{2}=2U_{Gm}\sin\dfrac{\delta}{2} \tag{3-10}$$

可以看出,脉动电压 u_d 是频率接近工频、振幅作脉动变化的电压。如果以系统

电压 $\dot{U}_S$ 作为参考轴，则等待并网的发电机的电压相量 $\dot{U}_G$ 可以描述成以滑差角频率 ω_d 相对 $\dot{U}_S$ 旋转，当从 0 旋转到 π 再到 2π 时，脉动电压的幅值相应地从 0 变到最大值再回到 0，旋转一周的时间为脉动周期 T_d，即

$$T_d = \frac{1}{f_d} = \frac{2\pi}{\omega_d} \tag{3-11}$$

如果并列断路器两侧的电压幅值或相位不相等，从图 3-10 (b) 可知，应用三角公式可求得 $\dot{U}_d$ 的有效值为

$$U_d = \sqrt{U_G^2 + U_S^2 - 2U_G U_S \cos\omega_d t} \tag{3-12}$$

当 $\omega_d t = 0$ 时，$U_d = \sqrt{2}|U_G - U_S|$ 为两电压幅值差；当 $\omega_d t = \pi$ 时，$U_d = \sqrt{2}|U_G + U_S|$ 为两电压幅值和。

两电压幅值不等时脉动电压波形如图 3-15 所示，脉动周期 T_d 只与 ω_d 有关。图 3-14 和图 3-15 显示脉动电压波形包含准同期并列所需的信息，即电压幅值差、频率差及相角差随时间的变化规律。

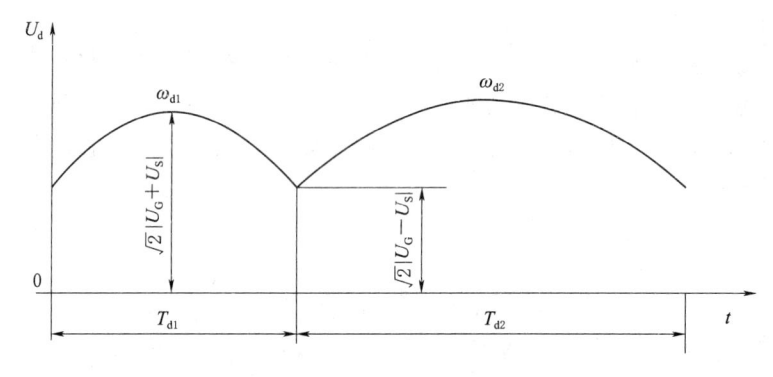

图 3-15 两电压幅值不等时脉动电压波形

电压幅值差 $\sqrt{2}|U_G - U_S|$ 对应于脉动电压波形的最小幅值，这说明并列操作的合闸时机即使掌握得非常理想，相角差为 0，并列点两侧有电压幅值差存在仍会导致冲击电流，其值与电压幅值差成正比。

（二）整步电压

脉动电压 u_d 经过整流并滤波后则可以获得脉动电压的半包络线 U_{db}，如图 3-16 所示。从 U_{db} 的波形图上看，可以发现其周期直接反映并网时的频差，最小值直接反映并网时的压差，最大最小值所对应的相差是 180°或 0°，也就是说整步电压中包含准同期的部分或全部信息。根据整步电压波形的不同，主要分为正弦整步电压和线性整步电压两种。

(1) 正弦整步电压。脉动电压经过整流、滤波后，得到如图 3-16 所示的正弦波电压，这就是正弦整步电压。δ 由 0°～360°变化所经历的时间称为整步电压周期（又称为滑差周期）。

正弦整步电压具有以下的特点：

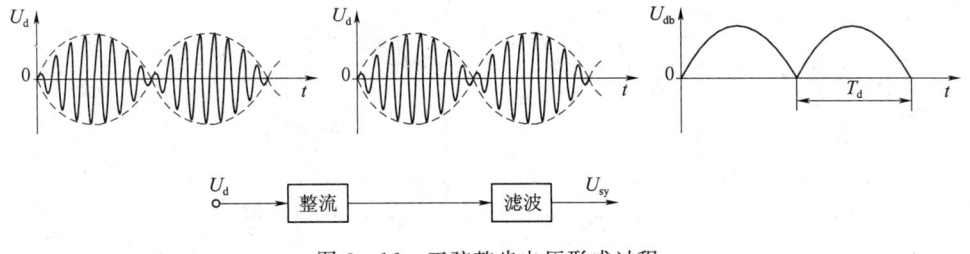

图 3-16 正弦整步电压形成过程

1) 正弦整步电压周期与频差绝对值成反比,反映频差大小。
2) 整步电压的最低点反映压差大小。
3) $\delta=0°$,整步电压出现最小值;$\delta=180°$,整步电压出现最大值。

通过分析可以发现,正弦整步电压 U_{db} 不仅是相角差 δ_e 的函数,而且还与电压差值有关。这就使得利用 U_{db} 检测并列条件的导前时间信号和频差检测信号引入了电压影响的因素,尤其是造成导前时间信号的时间误差,成为合闸误差的主要原因之一。因此,利用正弦整步电压检测并列条件的方法被线性整步电压的方法所替代。

(2) 线性整步电压。线性整步电压的获取一般由整形电路、相敏电路及滤波电路组成,其具体逻辑如图 3-17 所示。图中发电机电压与系统电压经过整形后,形成方波信号,方波信号先经过与门,然后再经过或门进行或运算,最后经过滤波器得到输出。

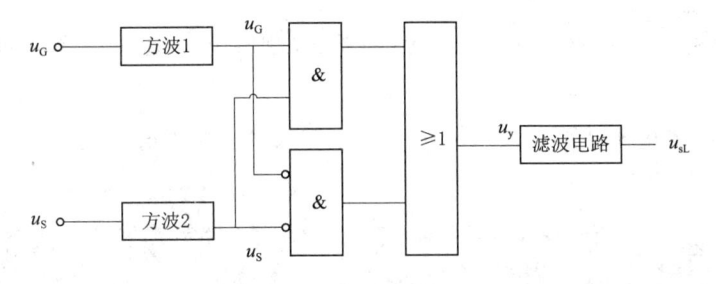

图 3-17 线性整步电压形成逻辑

脉动电压经过整流、滤波等处理后,得到如图 3-18 所示的线性三角波形的电压,称为线性整步电压。整形电路是将 $\dot{U}_G$ 与 $\dot{U}_S$ 的正弦波转换成与其频率和相位相同的一系列方波,如图 3-18(a)~(c) 所示。相敏电路是在两个输入信号的电平相同时,输出为高电平"1",两者不同时,则输出为低电平"0",如图 3-18(d) 所示。滤波电路是为了获得线性整步电压 U_{sL} 与相角差 δ_e 的线性关系,采用 LC 滤波器平滑波形,其特性如图 3-18(e) 所示。

线性整步电压具有以下的特点:

1) 当 $\dot{U}_G$ 与 $\dot{U}_S$ 完全反相,即 $\delta=180°$ 时,U_{sL} 的最低值为 0,当 $\dot{U}_G$ 与 $\dot{U}_S$ 完全同相,即 $\delta=0°$ 或 $360°$ 时,U_{sL} 出现最大值 U_{sLm}。U_{sL} 的最大值保持固定不变。
2) 整步电压的前半部分和后半部分均为直线,其斜率和频差绝对值成正比,反

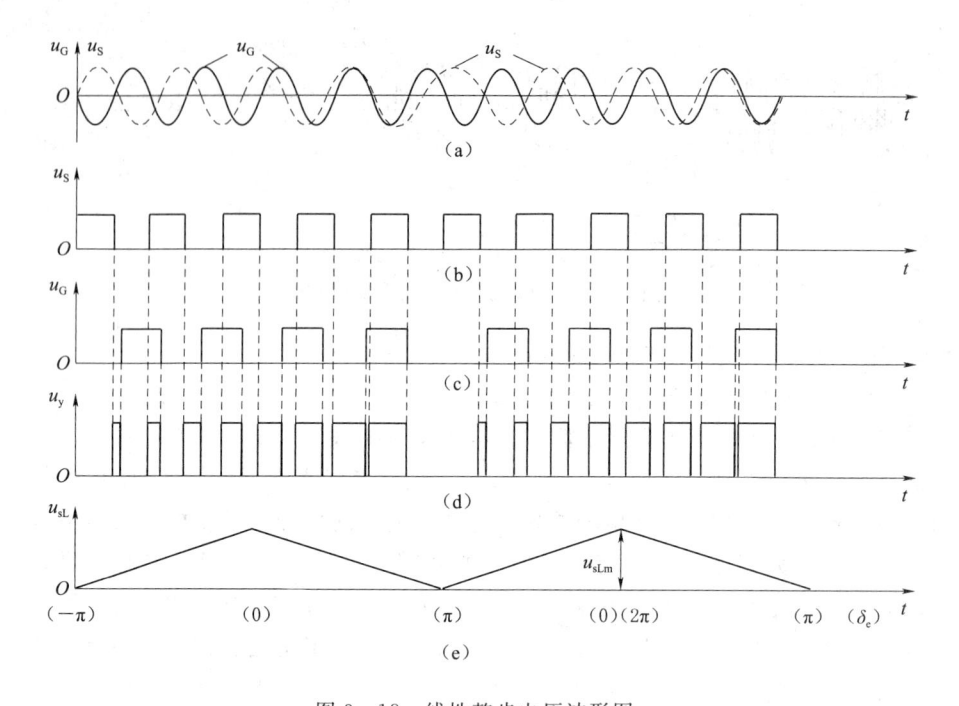

图 3-18 线性整步电压波形图

(a) 发电机电压和系统电压波形；(b) 系统电压整形后波形；(c) 发电机电压整形后波形；
(d) 相敏电路输出波形；(e) 滤波电路输出波形

映了频差的大小，如果在一个周期内频差不变，则 U_{sL} 以通过最高点的垂直线左右对称。

3）线性整步电压波形、顶值电压与电压 $\dot{U}_G$、$\dot{U}_S$ 的幅值无关，因而不包含压差信息。

【交流与思考】

线性整步电压不为 0 时，是否会对导前时间产生影响？如何利用线性整步电压检查同期的原理获得恒定导前时间？

（三）准同期合闸逻辑

前面已经分析，最理想的合闸瞬间是 $\dot{U}_S$ 与 $\dot{U}_G$ 两个相量重合的瞬间。考虑到断路器操作机构和合闸回路控制电路的固有动作时间，必须在两电压相量重合之前发出合闸信号，这就要求准同期装置采用一个提前量发出合闸命令。目前，准同期装置采用的提前量有恒定导前时间和恒定导前相角两种。在 $\dot{U}_S$ 与 $\dot{U}_G$ 两个相量重合之前恒定角度 δ_{YJ} 发出合闸信号，称为恒定导前相角并列装置，角度 δ_{YJ} 称为恒定导前相角；在两个相量重合之前恒定时间 t_{YJ} 发出合闸信号，称为恒定导前时间并列装置，时间 t_{YJ} 称为恒定导前时间。一般由于合闸回路都具有固定动作时间，因此恒定导前时间并列装置得到广泛应用，导前时间与合闸回路固定动作时间相等。

假设存在一个恒定的角频率 ω_{do}，它满足：

$$\frac{\delta_{YJ}}{t_{YJ}} = \omega_{do} \tag{3-13}$$

此时，按照导前时间并列，合闸瞬间相角差为零，ω_{do} 称为最佳滑差角频率。

从式（3-13）也可以看到，如果在并网时，滑差角频率很大，超出了并网的允许范围，由于一般合闸时间相对固定，所以它对应的导前相角就大；反之，如果滑差角频率在允许范围之内，得到的相角就小。因此，可以根据计算导前相角的大小判断合闸时机。

三、自动自同期基本原理

自同期并列是将一台未加励磁电流的发电机升速到接近系统频率，当将滑差频率调节到规定范围内时，就将发电机并入电网，然后再给发电机加励磁电流，在励磁电流逐渐增长的过程中，系统将发电机拉入同步。

由于在合闸时两侧电压的幅值相差很大，所以自同期并列不可避免地会引起很大的冲击电流。在自同期并列时，发电机需要从系统吸收大量的无功功率，这会导致电网电压大幅度下降，对其他用电设备的正常工作造成不利影响。经常使用自同期并列方式对发电机定子绝缘等也造成损害。因此自同期并列方式只在系统发生事故，需要迅速投入备用机组时才被采用。自同期时要求在冷状态下，冲击电磁力矩不超过发电机出口三相突然短路时由发电机供给的短路电流引起的电磁力矩数值的一半。同时冲击电流在定子绕组端部引起电动力，要求不超过出口三相突然短路时所产生的电动力的一半。

（一）冲击电流检验

应用自同期并列方式将发电机投入系统时，发电机不加励磁，这相当于系统经过很小的发电机直轴次暂态电抗 X_d'' 而短路，所以合闸时的冲击电流较大，这会引起系统电压的短时下降。自同期合闸时最大冲击电流的周期分量有效值可由下式求得

$$I_h = \frac{U_S}{X_d'' + X_S} \tag{3-14}$$

式中　X_d''——发电机直轴次暂态电抗；

　　　X_S——系统电抗；

　　　U_S——系统电压。

发电机母线电压 U_t 为

$$U_t = \frac{U_S X_d''}{X_d'' + X_S} \tag{3-15}$$

由此可以看出，自同期合闸时的最大冲击电流主要与系统的实际情况（即 U_S 和 X_S）相关，自同期瞬间的冲击电流总是小于发电机出口三相短路时的电流。一般来说，发电机是应该经受得起这一冲击电流的。但由于这种并列操作经常进行，为了避免多次使用自同期产生的积累效应而造成绝缘缺陷，所以应对自同期使用作一定的限制。对一切水轮发电机、同步调相机，以及发电机—变压器组方式连接的汽轮发电机

及小容量的汽轮发电机组，在其绝缘及端部固定情况良好、端部接头无不良现象时才可使用自同期并列方式。

要求自同期合闸冲击电流产生的电动力不超过发电机出口三相短路时所产生电动力的一半，以保证安全。按照这一要求，由于电动力与电流平方成正比，所以可用下式表示：

$$\left(\frac{I_\mathrm{h}}{I''}\right)^2 \leqslant \frac{1}{2} \text{ 或 } I_\mathrm{h} \leqslant \frac{1}{\sqrt{2}} I'' \tag{3-16}$$

其中

$$I'' = \frac{E_0''}{X_\mathrm{d}''} \approx \frac{1.05}{X_\mathrm{d}''} \tag{3-17}$$

式中 I''——发电机出口三相短路电流的周期分量；

E_0''——发生短路瞬间的发电机次暂态电势。

将式（3-17）代入式（3-16），可得

$$I_\mathrm{h} \leqslant \frac{1.05}{\sqrt{2} X_\mathrm{d}''} = \frac{0.742}{X_\mathrm{d}''} \tag{3-18}$$

按照式（3-14）所求出的冲击电流若能满足式（3-18），便可允许进行自同期并列。注意，自同期并列时，若发电机转子绕组经转子保护电阻（或灭磁电阻）短接，则其冲击电流的衰减要比短路电流的衰减快得多。

（二）自同期同步过程分析

自同期时，发电机能否被拉入同步，与作用在发电机大轴上的各种力矩有很大关系。自同期并列，从发电机投入到被拉入同步的过程中，作用在发电机大轴上的力矩及其转子的运动可用力矩平衡方程式表示：

$$(M - M_\mathrm{me}) - (M_\mathrm{syn} + M_\mathrm{asy} + M_\mathrm{re}) = T_\mathrm{i} \frac{\mathrm{d}\omega}{\mathrm{d}t} \tag{3-19}$$

式中 M——水轮机原动力矩，大小与导叶开度、水头等有关，方向与转子旋转方向相同；

M_me——水轮发电机的机械阻力矩，方向与转子转向相反，一般数值较小；

$M - M_\mathrm{me}$——剩余的机械力矩；

M_syn——发电机同步力矩；

M_asy——发电机异步力矩；

M_re——发电机反应力矩；

T_i——机组转动部分惯性常数；

ω——待并发电机与系统电压间的相对电角速度。

原动力矩的大小主要与水轮机导叶开度有关，其作用方向与转子旋转方向一致。机械阻力矩的作用方向与转子旋转方向相反，所占比重较小，一般将其与原动力矩合并，称为剩余机械力矩。

同步力矩是发电机转子磁场与定子旋转磁场相互作用而产生的，在发电机加上励

磁后才出现，并逐渐上升到稳定值，同步力矩可用下式表示：

$$M_{\text{syn}} = (1 - e^{-\frac{t}{T'_d}}) \frac{E_d U_S}{X_d + X_S} \sin\delta \tag{3-20}$$

式中　E_d——发电机空载电势；

　　　U_S——系统电压；

　　　X_d——发电机直轴电抗；

　　　X_S——系统电抗；

　　　T'_d——定子绕组短路时发电机转子回路的时间常数；

　　　δ——发电机空载电势和系统电压之间的相位差。

从式（3-19）、式（3-20）可以看出，如果发电机空载电势的相位超前于系统电压相位，即 δ 为正值，则同步力矩与原动力矩方向相反，起到平衡原动力矩的作用；反之，δ 为负值，同步力矩与原动力矩作用方向相同，对发电机起加速作用。由此可见，同步力矩能将转子拉入同步。但应注意的是，在滑差率很大时，过早加上励磁产生的交变同步力矩会引起发电机转子和定子电流振荡，使自同期条件变坏，所以不是越早加上励磁越好。一般只有在滑差率不大于3%时投入发电机，才能立即加上励磁。若在滑差率较大（如10%～20%）时投入发电机，则一般都是在断路器接通后经1～3s的延时再加上励磁。

异步力矩是指发电机转速不等于同步转速时，转子闭合回路中产生的感应电流和定子旋转磁场相互作用而产生的力矩，其大小与滑差率、转子结构及转子回路所处的状况等因素有关。当转子转速低于同步转速时，异步力矩的作用方向与原动力矩方向相同，对发电机起加速作用；反之，则方向相反，起平衡原动力矩的作用。因此异步力矩与同步力矩一样是将发电机拉入同步的重要因素。但由于滑差率为0时异步力矩消失，如图3-19所示，故紧靠异步力矩不能将发电机拉入同步。

因转子不是整块刚体，且气隙较大，故水轮发电机异步力矩较汽轮发电机小，而无阻尼绕组的水轮发电机更小，这就是无阻尼绕组水轮发电机自同期较为不利的原因。图3-19显示了平均异步力矩与滑差率的关系。

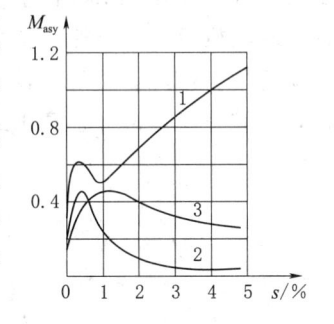

图3-19　异步力矩与滑差率的关系

1—有阻尼绕组的水轮发电机；
2—无阻尼绕组的水轮发电机；
3—无阻尼绕组水轮发电机
（当灭磁电阻等于5倍转子电阻时）

反应力矩由于转子上直轴和交轴磁阻不等而产生，因此又称为磁阻力矩。水轮发电机转子为凸极式，其直轴和交轴磁阻差别大，故反应力矩较汽轮发电机大，其最大值可能达额定力矩的30%左右。反应力矩可用下式计算：

$$M_{\text{re}} = \frac{U_S^2 (X_d - X_q)}{2(X_d + X_S)(X_q + X_S)} \sin 2\delta \tag{3-21}$$

式中　X_q——发电机交轴同步电抗。

可见，反应力矩与电压平方成正比，并与转子位置有关，且在发电机加上励磁前就存在。图 3-20 同时显示了反应力矩与 δ 角的关系。

发电机在自同期并列时，能否被拉入同步及拉入同步的过程完全取决于上述各种力矩作用的综合结果。

如果发电机投入系统时剩余力矩为零或者很小，则一般依靠异步力矩和反应力矩的作用就可将发电机拉入同步。若给发电机加上励磁，则能更可靠地拉入同步。如果剩余力矩很大，在发电机转速高于同步转速时超过了异步力矩的最大值，那么机组会不断加速，最终无法将机组拉入同步运行，一般在调速器的作用下，这种情况出现的可能性很小。

如果发电机投入时存在较大的剩余力矩，该剩余力矩小于异步力矩的最大值，那么无论发电机转速高于还是低于同步转速，则剩余力矩和异步力矩的作用结果会使发电机趋于同步。在接近同步转速以后，异步力矩会降低，如果仍存在剩余力矩且小于反应力矩，则靠反应力矩就可将发电机拉入同步；如果剩余力矩大于反应力矩，则必须在发电机加上励磁后，依靠同步力矩才能将发电机拉入同步。可以看出，机组在并网以后，需要经历一个复杂的动态过程才能稳定下来，而这取决于各种力矩的综合作用。

因此，自同期并列时，剩余力矩过大有可能使机组不断加速而给拉入同步造成困难，因此必须限制水轮机的输入力矩（原动力矩），即限制投入时的加速度。这一点对无阻尼绕组的水轮发电机更有必要。水轮发电机投入时的加速度与启动特性有关，启动特性是指在启动过程中，转速随时间变化的关系曲线，如图 3-21 所示。启动特性与水轮机型式、调速器特性等有关，分高、中、低三种。图 3-21 中的曲线 2 为中启动特性，按此启动时，转速的稳定值为额定转速；曲线 1、3 分别为高、低启动特性，其转速稳定值分别高于或低于额定转速的 10%。

图 3-20 同步力矩和反应力矩与 δ 的关系　　图 3-21 水轮机启动特性

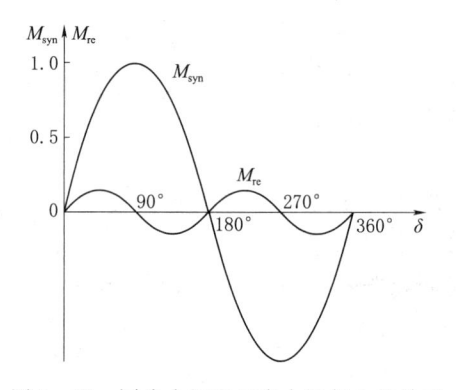

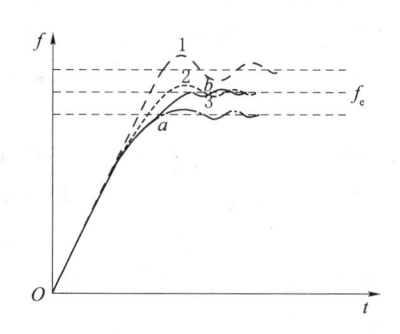

机组在启动过程中，速度调整机构要在机组达到某一定值后才能起调整作用，且要经过几个振荡周期才能达到稳定值。有阻尼绕组的水轮发电机因有较大的异步转矩，可选用中特性启动。对于无阻尼绕组的水轮发电机，因异步力矩小，必须采取措施来限制并列时的加速度不超过 $1Hz/s^2$。如按中启动特性启动，则发电机在达到同步转速时的加速度可能大于允许值，因此，一般采用低启动特性。即将调速机构整定

在下限位置，当机组转速到达曲线 3 的 a 点时，调速机构向"增速"的方向转动，机组的启动特性沿 ab 过渡到额定稳定值，进入允许加速度范围，如图 3-21 中实线所示。所需启动特性可通过水轮发电机组自动控制接线及调速机构启动开度位置的整定来获得。

【价值观】

"心心在一艺，其艺必工；心心在一职，其职必举。"机组启动特性告诉我们，只要目标明确，有强烈的敬业精神，追求坚持不懈，即使过程艰辛，有时甚至还有跌宕起伏（振荡），但"没有比人更高的山，没有比脚更长的路""山再高，往上攀，总能登顶；路再长，走下去，定能到达。"屠呦呦几十年如一日，守着清贫，耐着寂寞，甚至亲自服药试验，带领研究人员攻坚克难，不断探索，从祖国中医医学宝库中得到有益启示，敢于用乙醚提取青蒿素，在无数次失败中不服输，不断战胜前进道路上的各种艰难险阻，终于在第 191 次试验中成功获得青蒿素，为攻克世界医学难题发挥了不可替代的作用，"山重水复疑无路，柳暗花明又一村"，她也因此获得 2015 年诺贝尔生理学或医学奖。

第四节　数字式自动准同期装置

数字式自动准同期装置（digital automatic quasi-synchronization device）是用大规模集成电路中央处理单元（CPU）等器件构成的数字式并列装置，通过快速数字处理实现模型分析、逻辑判断、通信以及更为复杂的控制功能，并有长记忆特性和强大的数据处理能力，其优点是功能完善、使用及维护方便、智能化程度高、体积小、技术成熟，已成为当前自动并列装置的主流。

频率差、电压差、相角差都是影响同期并列的重要因素，而且直接影响发电机组的运行、寿命以及系统稳定。实际运行中电压差和频率差对发电机的伤害不是很严重，真正伤害发电机的是相角差。一般模拟式并列装置为了简化电路，在一个滑差周期 t 时间内，把 ω_d 假设为恒定。而数字式并列装置可以克服这一假设的局限性，采用较为严密的公式，考虑相角差 δ_e 可能具有加速运动等问题，能按照 δ_e 当时的变化规律，选择最佳的导前时间发出合闸信号，可以缩短并列操作的过程，提高自动并列装置的技术性能和运行可靠性。

资源 3-5　某水电站采用的 SID-2AS(B) 型自动准同期装置实物照片

在数字式同期装置中，断路器两侧电压的相角差可以表现为一定的脉冲宽度。宽度随时间变化的脉冲序列表征两侧电压相位差随时间的变化。可以采用直接测量脉宽的方式计算两侧电压的相角差。采用基于微机的测控系统能够方便地测量脉冲宽度，并进行处理。采用微机以后，可以分别测量两侧电压、频率，将两侧频率相减得到频率差。对于电压差，也可以通过分别测量两侧电压幅值，将测得的电压幅值进行比较获得电压幅值差。采用微机的数字式准同期装置脉络清晰，实现起来比模拟式装置简单明了。

一、数字式同期装置的硬件

自动准同期装置从控制功能上看主要包括频差控制单元、电压差控制单元、合闸信号控制单元及电源四部分，如图3-22所示。频差控制单元主要检测 $\dot{U}_S$ 与 $\dot{U}_G$ 滑差角频率，并调节发电机组的转速，使滑差角频率满足并网要求。电压差控制单元主要检测 $\dot{U}_S$ 与 $\dot{U}_G$ 的幅值差，并调节发电机电压 $\dot{U}_G$，使 $\dot{U}_S$ 与 $\dot{U}_G$ 的压差满足并网要求。合闸信号控制单元主要检查并网条件，当频差和压差满足并网条件时，合闸信号控制单元在合适的时机自动提前发出合闸命令，使断路器的主触头在发电机电压与电网电压相位差在零度附近闭合。数字式并列装置也具有这四部分，它们均由硬件和软件组成，软件硬件协调配合完成同步发电机的并列控制任务。

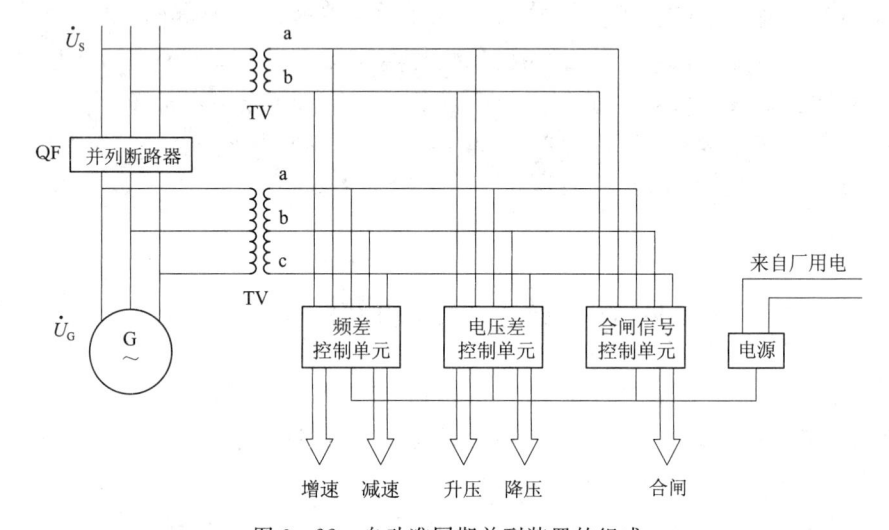

图 3-22 自动准同期并列装置的组成

以CPU为核心的数字式并列装置，从硬件的基本配置方面来看，由微计算机和输入、输出过程通道等部件组成，其硬件原理如图3-23所示。

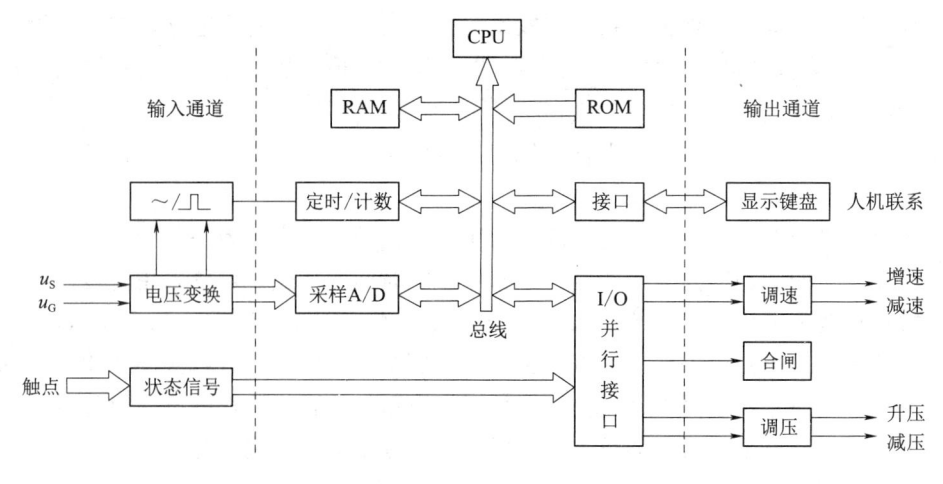

图 3-23 自动准同期并列装置硬件原理框图

第四节 数字式自动准同期装置

【价值观】
并列装置的软硬件协调配合完成同步发电机的并列控制告诉我们：个体的力量总是渺小的、有限的，一个团队（组合）的力量远大于单个个体的力量。团队不仅强调个人的工作成果，更强调团队的整体业绩。合作、协同有助于调动团队成员的所有资源与才智，为达到既定目标而产生一股强大而持久的力量。"合作共赢""协同创新""1+1＞2"之道于物、于人皆成立。

（一）微计算机

微计算机是控制装置的主要功能实现部分，主要由 CPU、存储器（RAM、ROM）和相应的输入输出接口构成。而 CPU 作为主要的处理部件，是该部分的核心。对采集到的控制对象相关变量存放在可读写的随机存储器 RAM 内，而固定的系数和设定值以及编制的程序则固化存放在只读存储器 EPROM 内。对于自动并列装置的重要参数，为了既能固定存储、又便于设置和整定参数值的修改，可存放在可擦存储器 EEPROM 中，这些重要参数包括断路器合闸时间、频率差和电压差允许并列的阈值、滑差角加速度计算系数、频率和电压控制调节的脉冲宽度系数等。

自动准同期程序作为实现准同期的重要组成部分，按照事先选用的控制规律（数学模型）进行信息处理（分析和计算）并作出相应的调节控制决策，以数码形式通过接口电路、输出过程通道作用于控制对象，编制的程序通常也固化在 EEPROM 内。

在计算机控制系统中，由于各种信号的不匹配，需要通过接口电路进行信号处理，将输入信号调理为微机能够接收的信号。现在各种型号的 CPU 芯片都有相应的通用接口芯片供其选用。这些芯片包括串行接口、并行接口、管理接口（计数/定时、中断管理等）、模拟量数字量间转换（A/D、D/A）等，接口芯片电路与微机总线相连接，供微机读写。

【方法论】
基于限定条件（问题边界），分析被研究对象的影响或关联因素，明确影响变量及其相互关系，先建立起具有普适性（或一般性）的系统理论（数学）模型，再理论推导、实例验证，最后得出规律性结论。在此基础上，以理论指导实践，以实践检验（或修正）理论，不断与时俱进，这正是事物波浪式前进、螺旋式上升的发展过程。

（二）输入、输出过程通道

由于自动并列操作需要比较电网电压和待并发电机电压的电压幅值、频率和相角差，因此必须将电网和待并发电机的电压、频率等按要求通过接口电路送入主机。主机在经过处理后，将调节量、合闸信号等通过输出接口电路将信号进行变换，然后输出调节量对待并机组进行调节，输出合闸操作信号控制待并机组合闸。过程输入、输出通道通常指的是在计算机接口电路和并列操作控制对象的过程之间设置的信息传递和变换设备，它是接口电路和控制对象之间传递信号的媒介。所以必须按控制对象的要求，选择与之匹配的器件为传输信号的通道。具体来说，输入通道和输出通道包含的如下信息：

(1) 输入通道。一般情况下，输入通道的信息有下列几项：

1) 电压量输入。并列点两侧电压互感器二次侧交流电压是并列最基本的信息源，其中载有电压幅值差、频率差、相角差等信息，经隔离及电路转换后送到接口电路。

2) 并列点选择。不论是单机型还是多机型自动准同期装置，在现场运行时，都需要输入具有并列点地址意义的信息参数。其参数存储器中都要预先存放好各台发电机的同期参数整定值，如导前时间（t_{YJ}）、允许滑差角频率（ω_{dz} 或 Δf_z）、允许电压幅值差（ΔU_z）、频率差控制和电压差控制的调整系数等。在确定即将执行并网的并列点后，首先要通过控制台上每个并列点的同期开关从同期装置的并列点选择输入端送入一个开关量信号，这样同期装置接入后（或复位后）即会调出相应的整定值，进行并网条件检测。

3) 断路器辅助触点信号。并列点断路器辅助触点用来进行实时测量断路器合闸时间（含中间继电器动作时间）。同期装置的导前时间整定值越接近断路器的实际合闸时间，并网时的相角差就越小。在同期装置发出合闸命令的同时，即启动内部的计时器，直到装置回收到断路器辅助触点的变位回馈信号后停止计时，这个计时值即为断路器合闸时间，一般为毫秒级。

微机型自动并列装置启动后一般都有自检，在自检或工作中可能由于硬件、软件或某种偶然原因，导致出错或死机，为此，需设置复位按钮，能使装置重新启动。操作复位后，装置重新运行，如正常，说明装置本身无故障，异常属偶然因素；也有可能仍旧出错或死机，说明装置确有问题，应检查排除故障。

(2) 输出通道。自动并列装置的输出主要为控制脉冲信号：

1) 调节发电机转速的增速、减速信号。

2) 调节发电机电压的升压、降压信号。

3) 并列断路器合闸脉冲控制信号。

这些控制信号可由并行接口电路输出，经过转换驱动继电器，用触点控制相应的电路。装置异常及失电信号也由继电器发出，同期装置的任何软件和硬件故障都将启动报警继电器动作，向外输出。

(三) 人机联系

为了方便人与装置的互动，必须配置相应的硬件。自动并列装置的人机联系主要用于设置或修改参数。装置运行时，用于显示发电机并列过程的主要变量，如相角差 δ_e、频率差、电压差的大小和方向以及调速、调压的情况。总之，为运行操作人员监控装置的运行提供方便。其常规的配置设备如下：

(1) 键盘。用于输入程序、数据和命令。

(2) 显示设备。采用液晶屏、数码和发光二极管 LED 等指示为操作人员提供直观的显示，以利于对并列过程的监控，例如，两电压间相角差做圆周运动显示，以及电压差及频差显示等。

(3) 操作设备。为运行人员提供控制的设备，如按钮、开关等。

二、并列信号检测

数字式准同期装置具有高速运算和逻辑判断能力,可以对相角差、频差、电压差进行精确的运算,并能考虑相角差可能具有加速运动的问题,按照相角差当时的变化规律,捕捉最佳的合闸时间,实现快速无冲击并网。数字式自动准同期装置形式较多,但其功能及装置原理是相似的,下面介绍数字式自动准同期装置一般性的工作原理。

(一) 频差检测

频差检测用来判别是否符合并列条件对于频差的要求,是在恒定导前时间之前完成的检测任务。在数字式自动并列装置中,由于相角差的轨迹中含有滑差角频率的信息,所以可以利用相角差得到频差的值:

$$\omega_{di} = \frac{\Delta \delta_e}{\Delta t} \tag{3-22}$$

ω_{di} 的值一般在固定的时间内计算一次,多以每一工频周期(约 20ms)计算一次,如果微计算机计算速度快,可以将计算的时间间隔变小,如 5ms 计算一次。由 ω_{di} 在已知时段 (Δt) 间的变化还可以求得 ω_{di} 的一阶导数 $\frac{\Delta \omega_{di}}{\Delta t}$,其值说明待并机组的转速变化(升速或减速)的快慢。如果该值过大,并网后进入同步运行的暂态过程就会较长甚至失步,因此也可作为并列条件之一加以限制。对于启动水轮发电机组要求快速并网运行的操作而言,有必要设置 $\frac{\Delta \omega_{di}}{\Delta t}$ 的限制,作为防止在转速变化大时操之过急的技术措施之一。

频差检测也可以采用直接测量两并列电压频率的方法,通过直接求得两个电压的频率值,从而求得频率插值以及频率高低的信息。数字电路测量频率的基本方法是测量交流信号的周期 T,其典型线路如图 3-24 所示。把交流电压正弦信号转换为方波,经二分频后,它的半波时间即为交流电压的周期 T。具体实施时可利用正半周高电平作为可编程定时计数器开始计数的控制信号,其下降沿即停止计数并作为中断申请信号,由 CPU 读取其中计数值 N,作好准备并使计数器复位,以便为下一个周期计数。如可编程定时计数器的计时脉冲频率为 f_c,则交流电压的周期 T 为

$$T = \frac{1}{f_c} N \tag{3-23}$$

于是求得交流电压的频率为

$$f = \frac{f_c}{N} \tag{3-24}$$

只有在频差允许的条件下,才进行恒定导前时间的计算。如果待并发电机的频率低于电网频率,则要求发电机升速,发升速脉冲;反之,则发减速脉冲。

图 3-24 中如果为 PCC 等新型设备进行测频,则可不需要虚框内的二分频,直接测量整形后的方波的上升沿或下降沿之间的计数值即可。

(二) 电压差检测

电压差检测也是同期时必须完成的任务,需在恒定导前时间之前做出电压幅值差

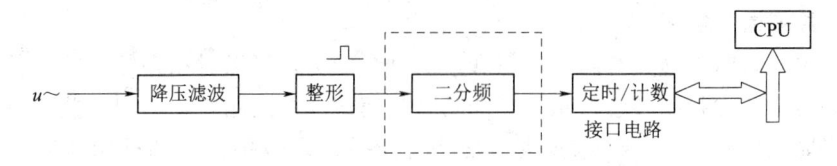

图 3-24 频率测量典型线路框图

是否符合并列条件的判断。由于在频差和相角差检测电路中并不包含并列点两侧电压幅值的信息,所以需要设置专门的电压差检测电路。

电压差检测一般采取直接读入 U_G 和 U_S 值,然后作计算比较。直接读入 U_G 和 U_S 值的方案很多,其中采用传感器是较为简单的办法之一,近年来传感器技术发展很快,有多种模拟传感器可供选择。这些器件把交流电压均方根值转换成低电平直流电压,因此可方便地通过接口电路把交流电压值读入主机,然后计算两电压间的差值,判断其是否超过设定限值,并获得待并发电机电压高于或低于电网电压的信息。如果待并发电机电压低于电网电压,则要求发电机升压,发升压脉冲;反之,则发降压脉冲。

(三)相角差检测

相位角是同期装置中最重要的参数,合闸指令就是根据实时测算的相位角值的变化来发出的,根据所计算出的频差、电压差以及允许的误差范围,计算出此时的合闸导前角,在相位角等于或者逼近合闸导前角的一个范围内,发出合闸指令,使得并网装置在相位角几乎为零的时刻完成并网操作,使发电机平滑安全地并入系统电网,减少对发电机造成的损伤。因此相位角检测的精度也决定了同期装置性能的好坏。

对于数字式同期装置,相角差测量的方法并不唯一,其中一种相角差 δ_e 的测量方法如图 3-25 所示。该方法将电压互感器二次侧 $\dot{U}_G$、$\dot{U}_S$ 的交流电压信号转换成同频、同相的两个方波,并将这两个方波信号接到异或门,当两个方波信号输入电平不同时,异或门的输出为高电平,用于控制定时计数器的计数时间,其计数值 N 即与两波形间的相角差 δ_e 相对应。CPU 可读取矩形波的宽度 N 值,求得两电压间相角差的变化轨迹 $\delta_e(t)$。另外也可以通过对方波的上升沿或下降沿进行检测等方法获取相角差。

图 3-25 相角差测量框图

相角差 δ_e 的测量波形如图 3-26 所示,系统电压频率相对稳定,可认为为 50Hz。图中,如果以系统电压作为基准,即系统电压方波周期为 20ms,则将发电机电压、异或门输出的电压矩形波的宽度与系统电压方波宽度相比,就可得到同期点两侧并列电源的相角差 δ_e。如把矩形波宽度(对应于 δ_e)实时记录下来,那么它就是

相角差的运动轨迹 $\delta_e(t)$。因此可以利用方波的宽度计算当前的相角差 δ_{e0}、滑差角频率 $\dfrac{\Delta\delta_e}{\Delta t}=\omega_s$、相角差加速度 $\dfrac{\Delta\omega_d}{\Delta t}$ 以及恒定导前时间的最佳合闸导前相角差 δ_{YJ} 等。

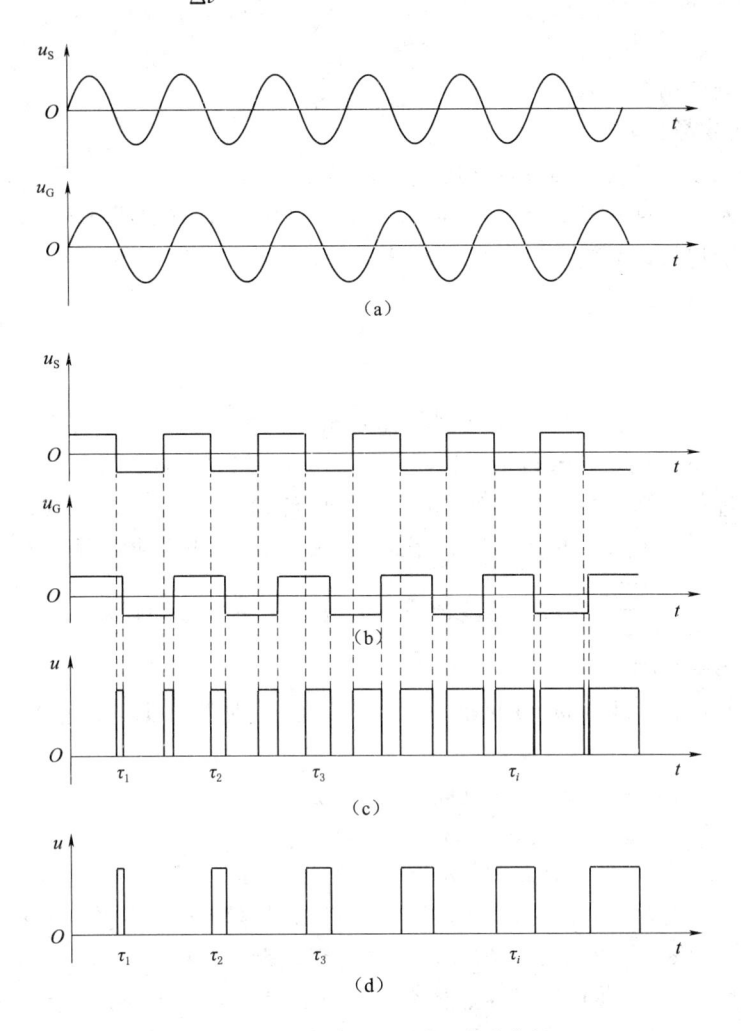

图 3-26 相角差 δ_e 测量波形分析
(a) 交流电压波形；(b) 交流电压经消波限幅后的方波；(c) 异或门输出的方波；
(d) 定时器计数时间 τ（图示为每一工频周期一次）

假设待并发电机的频率低于 50Hz 或高于 50Hz，其情况与上述类似。从电压互感器二次侧来的电压波形如图 3-26（a）所示，经过整形后得到如图 3-26（b）所示的方波，两方波异或门就得到图 3-26（c）中一系列宽度不等的方波。CPU 可读取 τ_i 对应的时间计数值 N_i，如图 3-26（d）所示。

系列方波的宽度 τ_i 均对应一个计数值 N_i，同时与相角差 δ_{ei} 相对应。系统电压方波的宽度 τ_s 为已知，它等于 1/2 周期（180°），其对应的计数值为 N_s，因此可按下式求得

$$\delta_{ei}=\frac{N_i}{N_s}\pi, \quad (\tau_i \geqslant \tau_{i+1})$$

$$\delta_{ei}=2\pi-\frac{N_i}{N_s}\pi=\left(2-\frac{N_i}{N_s}\right)\pi, \quad (\tau_i < \tau_{i+1}) \tag{3-25}$$

三、并列合闸控制

（一）恒定导前时间

微机型数字式自动并列装置利用恒定导前时间 t_{YJ}，按式（3-26）计算求得恒定导前时间所对应的最佳导前合闸相角 δ_{YJ}，还可计及 δ_e 含有加速度的情况，较符合脉动电压的实际规律，准确性比较高。如果需要更高的准确度，还可在公式中计及时间 t_{YJ} 的三次方。δ_{YJ} 计算式为

$$\delta_{YJ}=\omega_d t_{YJ}+\frac{1}{2}\times\frac{d\omega_d}{dt}t_{YJ}^2 \tag{3-26}$$

式中 t_{YJ}——导前时间，即中央处理单元发出合闸信号到断路器主触头闭合时需要的时间，一般包括出口断路器动作时间和断路器合闸时间。

微机在进行计算时，需要对式（3-26）进行离散化处理，即式（3-26）中的导前时间可通过测量得到，角频率差 ω_d 用 ω_{di} 代替，而 ω_{di} 通过频差测量获得，即 $\omega_{di}=2\pi\Delta f_i$，$\frac{d\omega_d}{dt}$ 可以用 $\frac{\Delta\omega_{di}}{\Delta t}$ 代替。这些值可以在每个工频信号周期获得，并在随机存储器中始终保留一个时段。

由于相邻计算点间的 ω_d 变化很小，因此 $\Delta\omega_{di}$ 一般可经过若干计算点后才计算一次，所以有

$$\frac{\Delta\omega_{di}}{\Delta t}=\frac{\omega_{di}-\omega_{di-n}}{2\tau_s n} \tag{3-27}$$

式中 ω_{di}、ω_{di-n}——本计算点和前 n 个计算点求得的 ω_d 值。

自动准同期装置在并网时，一般在同期电压相量随时间越来越接近的情况下才能发合闸命令，在图 3-26 中为方波宽度越来越窄，也就是相角差为 $\pi\sim2\pi$ 时，才发合闸命令。根据式（3-26）求得的最佳合闸导前相角值，与当前计算点的相角按照式（3-28）进行比较判断：

$$|(2\pi-\delta_{ei})-\delta_{YJ}|\leqslant\varepsilon \tag{3-28}$$

如果式（3-28）成立，则发合闸命令；若不成立，且

$$2\pi-\delta_{ei}>\delta_{YJ} \tag{3-29}$$

则继续计算下一点，直到 δ_{ei} 逐渐逼近 δ_{YJ} 满足式（3-28）为止。

在同期过程中，若出现式（3-28）和式（3-29）均不满足的情况，这就说明错过了合闸时机。为了避免出现这种情况，在进行当前点计算时，可同时对下一个计算点进行预测。估计导前相角 δ_{YJ} 是否介于当前计算点与下一个预测点 δ_{ei+1} 之间，以便及时处理，估算出 $\delta_{ei}\sim\delta_{YJ}$ 需要的时间。这样可以保证不失时机地在一个滑差周期内捕捉到合闸时机，一旦电压差和频差满足要求，就可以在导前相角 δ_{YJ} 的瞬间发出合闸信号。

(二) 同期装置工作流程

通过前面分析可知，在同期操作中，满足同期的三个条件后才允许发出合闸指令。为了保证并网的准确性和安全性，电压差、频差的计算间隔应不低于20ms。频差、电压差只要有一项越限，程序就不能进入恒定导前时间发合闸信号的计算。图3-27通过流程图的形式说明自动准同期原理在微机里的处理过程。

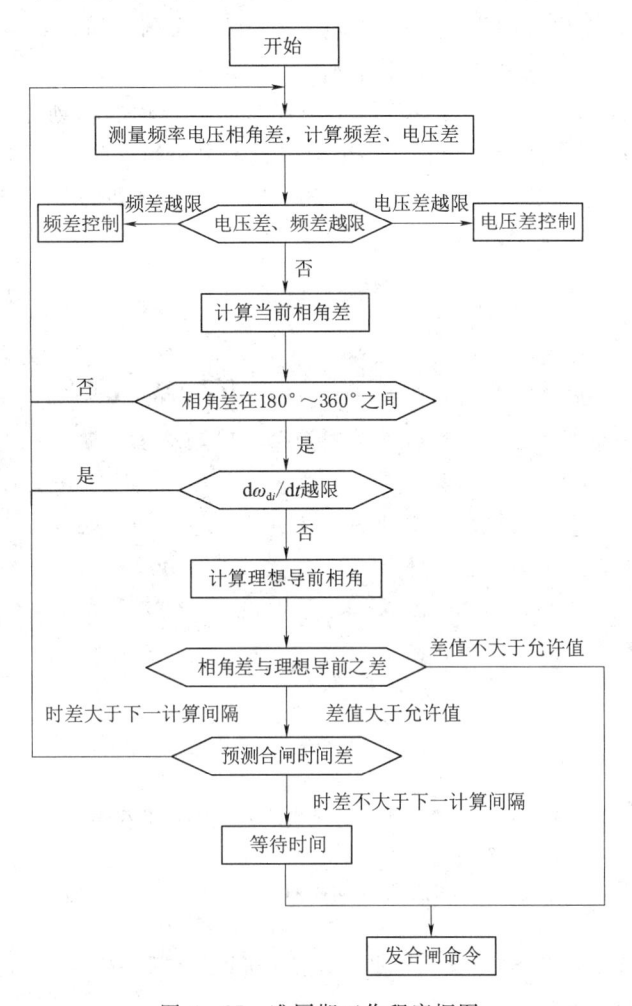

图 3-27 准同期工作程序框图

由于现在的调速系统和励磁系统的调节性能良好，通过调速系统和励磁系统的调节可以达到同期的条件，因此有的自动准同期装置不设电压或频率自动调节功能，仅输出 U_g（或 f_g）与 U_s（或 f_s）间差值的显示信息，供运行人员操作参考，以利于并列条件尽快实现。对于电压、频率都具有自动调节功能或其中一项具有自动调节功能的自动准同期装置，如频率、电压检测越限，就由频差调整、电压差调整按设定好的调整系数和预定调节准则，输出调节控制信号进行调节，促使其满足并列条件。

从图3-27可以看出，在频差、电压差满足并网条件时，只要相角差满足要求，就可完成合闸。因此对于相角差条件的判断是机组能否在最佳的时机进行并列合闸的关键。下面分析并网的步骤。

首先根据式（3-25）计算当前相角差 δ_e，了解当前并列点间脉动电压 U_d 的状况，判断 δ_e 是否处于 π—2π 区间，该区间是两相量间相角差逐渐减小区段，也是作为恒定导前时间 t_{YJ} 计算最佳导前相角 δ_{YJ} 的区间。如果 δ_e 处于 π—2π 区间，那么，就要设法捕捉在最佳导前相角 δ_{YJ} 时发出合闸指令。因为一旦错失时机，就得等到下一个脉动周期才能发出合闸指令，这样就错过了最佳合闸时间，对于在紧急状态下要求快速并网来说，争取几秒钟将是对电网的巨大贡献。

如果相角差加速度过大，表明转速不稳定，而且转轴的驱动能量较大，合闸后，其暂态过程变化剧烈、持续时间长，甚至会引起发电机组失步，所以需设置限值加以限制。在加速度小于设定值条件下，式（3-26）计算得到的 δ_{YJ} 与当前的 δ_{ei} 作比较，如果式（3-28）成立，则立刻发合闸脉冲。

【交流与思考】
自动准同期装置是专用的自动装置。自动监视电压差、频率差，分析计算出合适的周期时刻并提前一个导前时间发出合闸命令，完成同步并网。当前，数字式自动准同期装置有哪些公司生产制造？其对应的型号有哪些？

【学习拓展】
PCS-9659 数字式准同期装置生产于南京南瑞继保电气有限公司。通过查询该装置的技术和使用说明书，了解其技术参数、工作原理、定值、人机接口、运行说明、调试等内容。另外查询了解西门子 SIPROTEC 7VE6x 同期并列装置。对比分析两种同期装置的相同及不同之处。

课后阅读

[1] 周博闻，何宏江，李银斌. 白鹤滩水电站机组自动同期试验失败原因分析 [J]. 人民长江，2022，53（S1）：130-133.

[2] 刘松林，张鹏. 一起大型水电机组非同期并网事件分析及防范措施 [J]. 水电站机电技术，2022，45（4）：69-71.

[3] 李雨通，郭玉恒，王秀梅. 某大型水电站准同期并列参数整定分析 [J]. 云南水力发电，2021，37（11）：266-269.

[4] 赵博，张飞，刘仁. 导前时间对抽水蓄能机组同期并网的影响 [J]. 电测与仪表，2019，56（14）：83-88+129.

[5] 赵涌，张红芳，彭文才，等. 一种高精度同期并网控制方法 [J]. 水电自动化与大坝监测，2010，34（3）：8-10.

[6] 孙浩波. 大型发电机组同期回路的设计及防止非同期、误上电事故的应用分析 [J]. 电力系统保护与控制，2010，38（7）：109-111，131.

[7] 鲁文军，刘觉民. 同期装置导前时间误差分析 [J]. 电力自动化设备，2012，32（1）：112-115.

[8] 刘东文，王导，何平. 基于STM32单片机的微机自动准同期装置设计与应用 [J]. 现代信息科技，2018，2（3）：28-30.

[9] 辛鲁，李广品. 微机自动准同期装置在石家庄市农村水电站的推广应用 [J]. 小水电，

[10] 郭建,周斌. 新型微机自动准同期装置设计 [J]. 电力自动化设备,2005 (8):77-81.
[11] 韩超. 基于傅立叶测量算法的准同期并网装置的研究与设计 [D]. 沈阳:东北大学,2013.
[12] 张雪美. 基于 DSP2812 微机同期实验装置的研究与设计 [D]. 长沙:湖南大学,2009.
[13] 李芳灵. 基于 DSP 的微机准同期装置的研制 [D]. 武汉:武汉大学,2004.
[14] 张东利. 基于 PCC 的自动准同期装置设计与实现 [J]. 电网与清洁能源,2009,25 (10):87-89.
[15] 张伟. 某水电站同期装置故障分析与处理 [J]. 小水电,2022,227 (5):62-64.
[16] 余飞. GER500 型微机准同期装置在红林电站计算机监控中的应用 [J]. 贵州水力发电,2008,84 (3):61-63.
[17] 张鹏,杨勇,崔力心,等. 基于 STM32 自动准同期并列装置的设计 [J]. 机械研究与应用,2020,33 (6):187-191.
[18] 钟日平. PCC 微机型准同期装置的研究 [D]. 西安:西安理工大学,2007.
[19] Dudkin M M, Kushnarev V A, Grigoriev M A. Synchronization devices for active rectifiers [J]. Russian Electrical Engineering,2022,93 (2):81-88.

课后习题

1. 什么是并列运行？有什么好处？
2. 并列方式有哪两种？各自在系统中起什么作用？
3. 什么是准同期？什么是自同期？它们各自的优缺点是什么？
4. 什么是同期点？什么是同期电压？
5. 准同期并列的理想条件是什么？实际条件是什么？
6. 微机自动准同期的原理是什么？有什么优点？
7. 自动自同期的条件是什么？
8. 什么是滑差和滑差周期？它们与发电机电压和系统电压的相角差有什么关系？
9. 对发电机准同期并列操作有何要求？
10. 什么是脉动电压？如何利用脉动电压检测发电机同期并列的条件？
11. 什么是线性整步电压？如何利用线性整步电压检测发电机同期并列的条件？
12. 检查频差大小的方法有哪两种？试说明两种方法使用的差异。
13. 数字式微机并列装置硬件电路的基本配置有哪些？
14. 定性画出线性整步电压的波形,并说明其特点。
15. 画图比较利用脉动电压和利用线性整步电压检测发电机同期并列的特点。
16. 用相量图分析不满足理想准同步条件时冲击电流的性质和产生的后果。

第四章　水轮发电机励磁的自动调节

知识单元与知识点	1. 自动调节励磁装置的作用与分类 2. 调节励磁电流的方法 3. 发电机励磁系统的组成原理 4. 继电强行励磁、强行减磁和自动灭磁
重难点	重点：自动调节励磁装置以及调节励磁电流的方法 难点：三相全波全/半控整流电路工作原理
学习要求	1. 熟悉继电强行励磁、强行减磁和自动灭磁 2. 掌握自动调节励磁装置的作用、构成、任务以及调节励磁电流的方法 3. 三相全波全/半控整流电路工作原理

同步发电机励磁控制系统是同步发电机控制系统的重要组成部分，其主要任务是通过调节发电机励磁绕组的直流电流，控制发电机机端电压恒定，满足发电机正常发电的需要。同时控制发电机组间无功功率的合理分配，因此同步发电机励磁控制系统直接影响发电机的运行特性，在电力系统正常运行或事故运行中，同步发电机的励磁控制系统起着重要的作用。本章将详细论述同步发电机励磁控制系统在稳态运行和暂态过程中所担负的任务。

第一节　自动调节励磁装置的作用与分类

一、励磁装置的主要作用

励磁系统的主要任务是为发电机的励磁绕组提供一个可靠的励磁电流，励磁电流在运行中需要经常进行调节。调节励磁电流的必要性以及自动调节励磁装置的主要作用如下。

资源 4-1
某水电站的励磁系统实物照片

（一）维持发电机的端电压

同步发电机的简化电路图和向量图如图 4-1 所示。

发电机的空载电势 E_q、端电压 U_f 及负荷电流 I_f 之间有如下关系：

$$E_q = U_f + jI_f X_d \tag{4-1}$$

式中　X_d——发电机的纵轴同步电抗。

由向量图 4-1（b）可得下列关系：

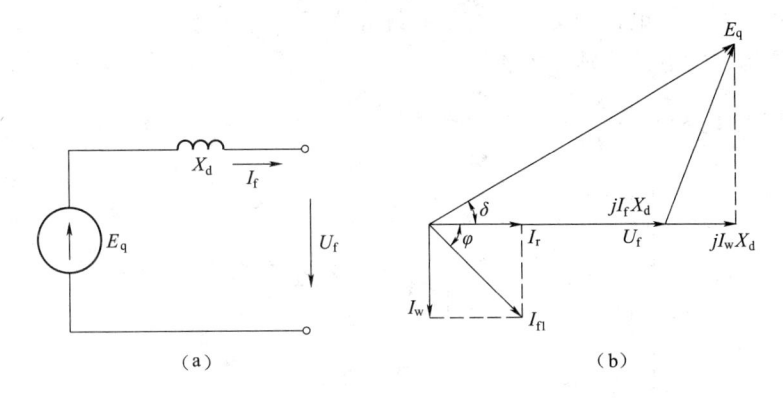

图 4-1 同步发电机的简化电路和向量图
(a) 电路图；(b) 向量图

$$E_q\cos\delta = U_f + I_w X_d \tag{4-2}$$

式中 δ——E_q 与 U_f 间的相位差；

I_w——发电机的无功电流。

在正常情况下，δ 比较小，即 $\cos\delta \approx 1$，故可近似认为

$$E_q \approx U_f + I_w X_d \tag{4-3}$$

式 (4-3) 说明，无功负荷电流是造成发电机端电压下降的主要原因，I_w 越大，U_f 下降越多。当励磁电流不变时，发电机的端电压随无功电流的增大而降低，故在发电机运行中，随着发电机负荷电流的变化，必须调节励磁电流来使发电机端电压恒定。

（二）控制无功功率的分配

(1) 无功功率的调节。当发电机并列于电力系统运行时，输出的有功功率取决于从原动机输入的功率，输出的无功功率则和励磁电流有关。为方便分析，可认为发电机并联在无穷大容量电源的母线上运行，显然，此时改变发电机的励磁电流将不会引起母线电压 U_x 变动。假如调速器不改变水轮机导叶的开度，且忽略发电机的凸极效应（即 $X_d = X_q$），则发电机满足如下关系：

$$P = \frac{E_q U_f}{X_d}\sin\delta = 常数 \tag{4-4}$$

$$P = U_f I_f \cos\varphi = 常数 \tag{4-5}$$

式中 φ——发电机的功率因数角；

δ——发电机的功率角；

P——发电机发出的有功功率。

电压 U_f、功率 P 恒定，意味着 $I_f\cos\varphi$ 和 $E_q\sin\delta$ 均为常数。改变励磁电流时，$E_q\sin\delta$ 和 $I_f\cos\varphi$ 应不变，即 $E_q\sin\delta = K_1$，$I_f\cos\varphi = K_2$，其中 K_1 和 K_2 均为常数。

在发电机的向量图上，如图 4-2 所示，虚线 BB' 为发电机的电流 I_f 的矢端轨迹，虚线 AA' 为空载电势 E_q 的矢端轨迹。改变发电机的励磁使发电机的空载电势 E_q 变化时，发电机的负载电流 I_f 随之变化，有功分量 $I_f\cos\varphi$ 恒定，变化的只是无功电流

I_w。由此可见,当发电机与无限大容量系统并联运行时,为了改变发电机输出的无功功率,必须调节发电机的励磁电流。

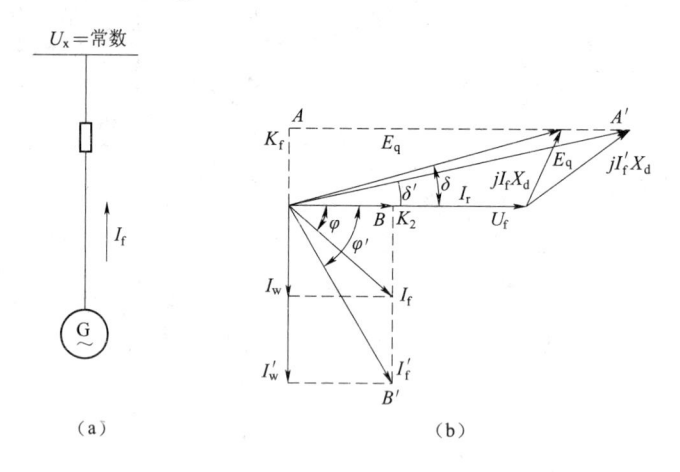

图 4-2 发电机与无限大容量系统并列运行
(a) 等效电路图；(b) 向量图

(2) 无功功率的分配。保证并联运行发电机间无功功率的合理分配是励磁调节系统的重要功能。为此,调节装置应给出适当的调节特性,一般用机端电压调差率来表示调节装置的调差特性。

1) 电压调差率。发电机机端电压调差率是指无功补偿器投入、同步发电机在功率因数等于零的情况下,无功功率从零变化到额定定子电流时发电机端电压的变化。发电机无功负载从零变化到额定值时,用百分数表示的发电机机端电压变化率由下式计算:

$$\delta_T = \frac{U_{f0} - U_{fe}}{U_{fe}} \times 100\% \tag{4-6}$$

式中 U_{f0}——发电机空载电压；

U_{fe}——发电机额定无功负载时的电压。

自动励磁调节器调差单元的接法不同,可能出现如图 4-3 所示的三种调差特性。

2) 控制无功功率的合理分配。如图 4-4 所示,两台不同调差特性的发电机并列运行,第一台调差率小,第二台调差率大,但是两者可工作在共同的母线电压 U_f 上,分别担负无功电流 I_{w1} 及 I_{w2}。如果负载的无功功率增加,两台发电机经过励磁装置的自动调节,母线电压变为 U'_f,分别担负 I'_{w1} 和 I'_{w2} 的无功电流。这时两台发电机无功电流都增加。可以看出：无功负荷增加时,调差率小的发电机无功电流增量 ΔI_{w1} 比调差率大的发电机无功电流增量 ΔI_{w2} 大。通常希望并列运行的发电机能根据各自的额定容量按比例进行无功电流的分配。这就是说,大容量的发电机调差率应小,使担负的无功电流增量大；小容量的发电机调差率应大,使无功电流增量小；相同容量的发电机,应使其调差特性尽量相同,这样,无功电流的分配及其增量也是相等的。

第一节 自动调节励磁装置的作用与分类

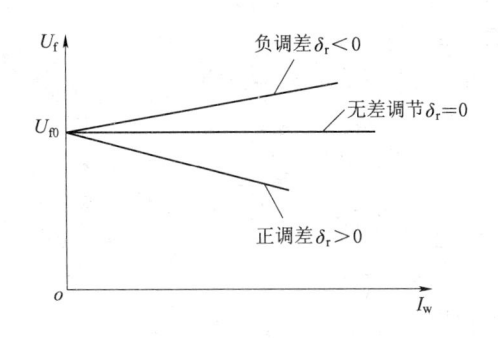

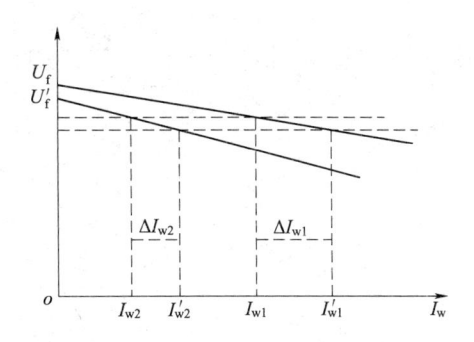

图 4-3 同步发电机的三种调差特性

图 4-4 两台不同调差特性的发电机并列运行

如果发电机经变压器并列于高压侧母线,因为变压器有较大的电抗,要求发电机有负的调差。负调差的作用是补偿无功电流在升压变压器上形成的压降,从而使电站高压母线电压更加稳定。

以上问题都可以通过调整励磁的自动调节装置,改变电压调差率来实现无功功率的合理分配来解决。

(三) 提高输送功率,有利于系统静稳定运行

发电机的输出功率是发电机空载电势 E_q、发电机端电压 U_f 及两者之间的相位差 δ 角的函数。以图 4-5 (a) 所示简单的电力系统为例,一台凸极同步发电机投入"无穷大"系统运行,其功角特性为

$$P = \frac{E_q U}{X_{d\Sigma}} \sin\delta + \frac{U^2}{2}\left(\frac{1}{X_{q\Sigma}} - \frac{1}{X_{d\Sigma}}\right)\sin 2\delta \qquad (4-7)$$

式中 $X_{d\Sigma}$、$X_{q\Sigma}$——包括外电路电抗的发电机纵轴、横轴总电抗;

E_q——发电机同步电势有效值;

U——电力系统电压有效值;

δ——发电机功率角。

如图 4-5 (b) 所示,曲线 1 是按式 (4-7) 作出的功角特性。可见,当 E_q、U 和电抗不变时,输送功率 P 只与 δ 角有关。此时,改变水轮机导叶开度即可改变 δ 角的大小,也会改变发电机的输出功率。当 $\delta = \delta_{jx}$ 时,输送功率达到最大值,称为极限功率 P_{jx}。当 δ 大于极限值 δ_{jx} 后,$\frac{dP}{d\delta} < 0$,发电机的输出功率随 δ 的增大而减小,当原动机输给发电机功率不变时,将出现剩余功率,导致发电机加速,结果 δ 不断增大,发电机的转速越来越高,最后势必使发电机从电网上解列。通常将 $\frac{dP}{d\delta}$ 作为电力系统静态稳定的判据,当 $\frac{dP}{d\delta} > 0$ 时,系统才是稳定的。

为保证电力系统静态稳定运行,通常发电机总是在 $\delta < \delta_{jx}$ 的某点运行。为了提高发电机的输出功率,可以适当增大励磁电流,这样就改变了发电机的功角特性曲线,如图 4-5 (b) 中曲线 2 所示。当负载突然增大,由于自动调节励磁装置能按扰动时电压降低的偏差信号灵敏地自动增加励磁电流,发电机功角特性过渡到另一功角特性(如

(a)

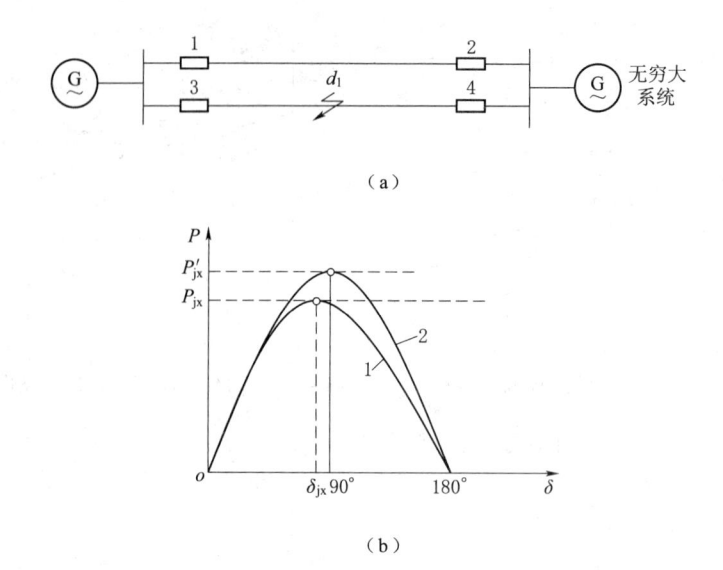

(b)

图 4-5 凸极发电机的功角特性
(a) 简单的电力系统；(b) 发电机的功角特性

从曲线 1 过渡到曲线 2），从而提高了最大输出功率（由 P_{jx} 增大到 P'_{jx}）。自动电压调节器按电压偏差自动增加励磁电流的放大倍数越大，发电机功角特性和最大输出功率提高幅度也越大，发电机能够抗拒更大的干扰，从而提高发电机运行的稳定性。

（四）提高系统暂态稳定

提高励磁系统的强励能力，通常被看作是提高电力系统暂态稳定性的最经济和最有效的手段之一。

电力系统发生事故时，发电机能否保持暂态稳定运行，可用等面积定则进行分析，如图 4-6 所示。图中曲线 1、2、3 分别为事故发生前、事故过程中和事故切断后的发电机功角特性。

事故发生前，电力系统的输出功率为 P_m，发电机在曲线 1 的 a 点运行，对应功角为 δ_0。在机端发生三相短路时，短路电流的电枢去磁效应使发电机的感应电势极度下降，从而过渡到功角特性曲线 2 上运行，但因转子的惯性，功角不能突变，短路瞬间功角仍为 δ_0，故在曲线 2 的 b 点

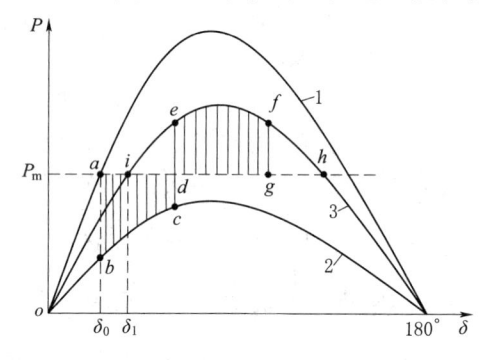

图 4-6 暂态稳定性等面积定则

运行。这时机组的调速机构来不及调节，输入机械功率仍为 P_m，因 $P_m > P_f$，故机组有剩余力矩沿曲线 2 加速。至 c 点时，若适逢继电保护动作切除故障，原来双回并联运行线路变为单回运行图 4-5（a），此时开关 3、4 跳闸，系统联系阻抗增大，使发电机过渡到事故后功角特性曲线 3 的 e 点运行。这时，虽然发电机的输出功率大于水轮机的输入功率，出现负的剩余功率，使转子制动，但由于转子在由 b 点到 c

点运动过程中储藏了与 abcd 面积成正比的动能,所以发电机转子虽然减速,但仍高于同步转速,结果 δ 角仍继续增大,沿曲线 3 减速至 f 点。加速期间储藏的动能全部耗尽,即 defg 面积与 abcd 面积相等,发电机达到同步转速,功角不再增大。此后,因输出功率仍大于输入功率,发电机继续减速,故 δ 角一直减小到 $δ_1$,经几次振荡后,在 i 点实现新的功率平衡,达到运行稳定。以上情况,系统发生的暂态过程是稳定的,称为暂态稳定。在上述过程中,若 f 点越过 h 点后才消耗转子在加速时储藏的动能,发电机输出功率又小于输入功率,转子继续加速,δ 角继续增大,结果发电机失去同步,稳定运行遭到破坏。因此,与 deh 面积对应的动能是最大减速动能。

很明显,为了保持暂态稳定,因尽量减小加速面积 abcd,增大减速面积 deh。以上是发电机励磁电流不变时的情形。若在发生短路的同时,快速增加发电机的励磁电流,则特性曲线 1、2、3 都会相应提高。这样,既减小了加速面积,又增加了减速面积,对提高系统的暂态稳定是非常有利的。其有效性取决于自动调节励磁装置强励顶值电压倍数和强励电压上升速度。

不难看出,加快继电保护动作时间、输电线路采用快速自动重合闸成功,使其恢复到故障前的功角特性,以及减小联系阻抗(如采用串联电容补偿)等,都会使功角特性提高,有利于系统的暂态稳定。

【价值观】

自动调节励磁装置的主要作用就是维持发电机的端电压、控制无功功率分配、提高输送功率、提高系统暂态稳定,而提高输送功率有利于系统静稳定运行。为了保证运行的经济性与可靠性,当电力系统发生事故时,需要快速地恢复稳定运行,这也告诉我们:内心的稳定很重要。所谓内心稳定,首先是内心对未来的坚定,不稳躁,不盲目,只要方向正确,步子稳定,何时抵达只是时间问题罢了。其次是对生活稳定的把握,明白什么是可以改变的,比如如何看待自己、看待世界,然后尽自己所能去改变;明白什么是自己不能改变的,然后在可控范围内任其发展。

(五)其他作用

自动调节励磁装置除上述作用外,还有以下作用:

(1)当电力系统发生短路时,对发电机进行强行励磁,加大了电力系统的短路电流而使继电保护的动作灵敏度得到提高。强行励磁也同时改善电网中异步电动机的自启动条件。

(2)在机组甩负荷、转速升高、发电机出现危险的过电压时,自动调节励磁装置能迅速发挥强行减磁作用,减小励磁电流,限制过电压。

【交流与思考】

有哪些公司生产制造自动调节励磁装置?市场上主流产品都有哪些,其对应的型号是什么?

二、励磁系统的分类

同步发电机的励磁系统种类很多，目前在电力系统中广泛使用的有以下几种类型。

(一) 它励交流励磁机系统 (三机它励励磁系统)

它励交流励磁机系统的原理如图 4-7 所示。交流主励磁机（ACL）和交流副励磁机（ACFL）都与发电机同轴。副励磁机采用自励式，其磁场绕组由副励磁机机端电压经整流后供电，也有采用永磁发电机作为副励磁机的。

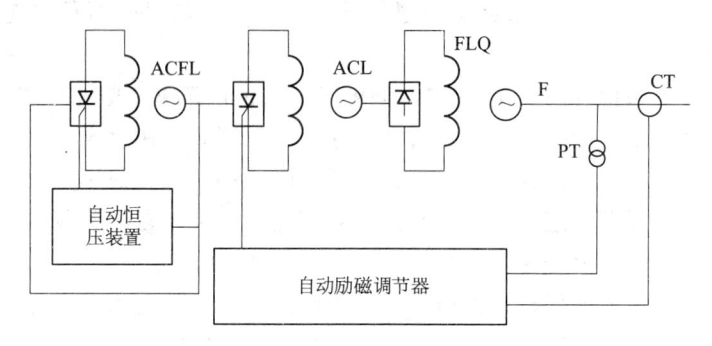

图 4-7 它励交流励磁机系统的原理图

CT—电流互感器；PT—电压互感器；ACFL—交流副励磁机；ACL—交流主励磁机；FLQ—励磁线圈

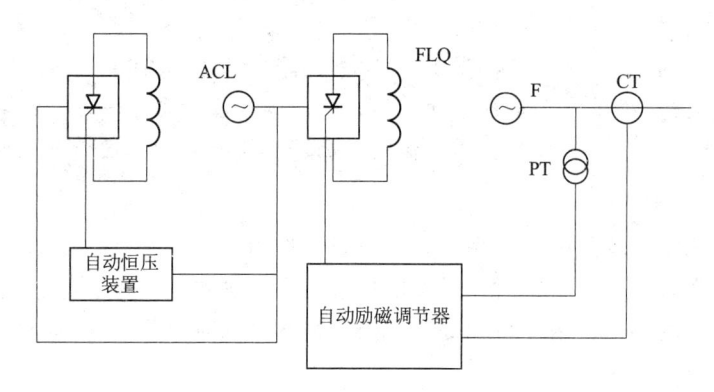

(二) 两机自励恒压励磁系统

两机自励恒压励磁系统的原理如图 4-8 所示。交流主励磁机经过可控硅整流装置向发电机转子回路提供励磁电流；自动励磁调节器控制可控硅的触发角，调整其输出电流。

图 4-8 两机自励恒压励磁系统的原理图

(三) 两机一变励磁系统

两机一变励磁系统没有副励磁机，励磁电源由发电机出口电压经励磁变压器后获得，自动励磁调节器控制可控硅的触发角，以调节交流励磁机励磁电流，交流励磁机输出电压经硅二极管整流后接至发电机转子。两机一变励磁系统接线原理如图 4-9 所示。

第一节 自动调节励磁装置的作用与分类

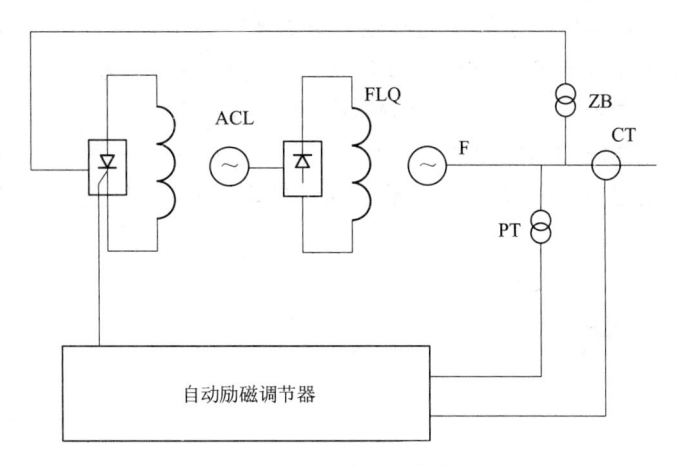

图 4-9 两机一变励磁系统接线原理图

(四) 自并励励磁系统

自并励励磁系统是自励系统中接线最简单的励磁系统，其接线原理图如图 4-10 所示。该系统只用一台接在机端的励磁变压器（ZB）作为励磁电源，通过可控硅整流装置（KZ）直接控制发电机的励磁。这种励磁方式又称为简单自励系统，目前国内比较普遍地称为自并励（自并激）方式。

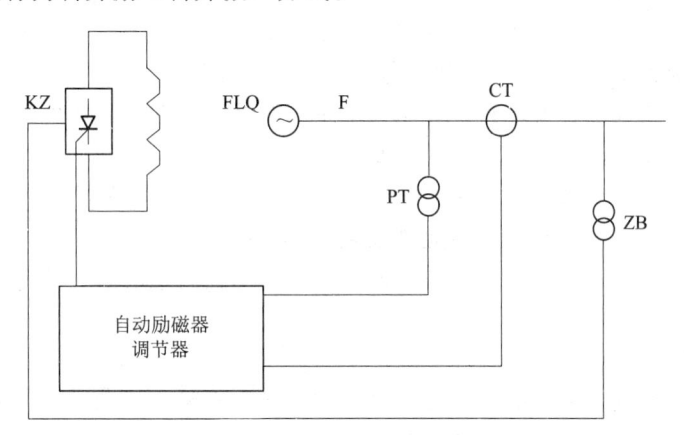

图 4-10 自并励励磁系统接线原理图

自并励方式的优点是：设备和接线比较简单；由于无转动部分，具有较高的可靠性；造价低；励磁变压器放置自由，缩短了机组长度；励磁调节速度快。但对是否采用这种励磁方式，普遍有两点顾虑：①发电机近端短路时能否满足强励要求，机组是否失磁；②由于短路电流的迅速衰减，带时限的继电保护可能会拒绝动作。但国内外的分析和试验均表明，这些问题在技术上是可以解决的。自并励方式越来越普遍地得到采用。国外某些公司甚至把这种方式列为大型机组的定型励磁方式。我国近年来在大型发电机上广泛采用自并励方式。

(五) 无刷励磁系统

上述励磁系统，励磁机的电枢与整流装置都是静止的。虽然由硅整流元件或可控

71

硅代替了机械式换向器，但是静止的励磁系统需要通过滑环与发电机转子回路相连。滑环是一种转动的接触部件，仍然是励磁系统的薄弱环节。随着巨型发电机组的出现，转子电流大大增加，可能产生个别滑环过热和冒火的现象。为了解决大容量机组励磁系统中大电流滑环的制造和维护问题，提高励磁系统的可靠性，出现了一种无刷励磁方式。这种励磁方式的整个系统没有任何转动接触元件，接线原理如图 4－11 所示。

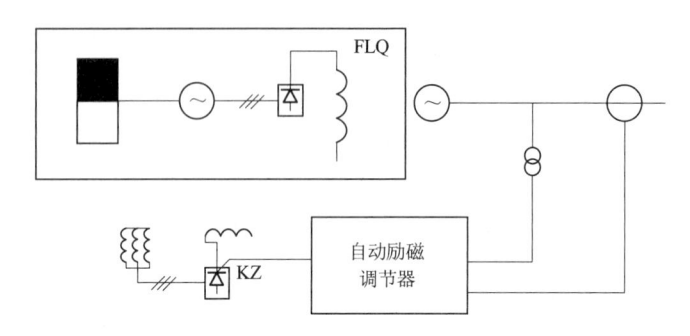

图 4－11 无刷励磁系统的接线原理图
FLQ—发电机励磁；KZ—可控硅整流装置

在无刷励磁系统中，主励磁机电枢是旋转的，发出的三相交流电经旋转的二极管整流桥整流后直接送入发电机转子回路。由于主励磁机电枢及其硅整流器与主发电机转子都在同一根轴上旋转，所以它们之间不需要任何滑环及电刷等转动接触元件。副励磁机是一个永磁式中频发电机，它与发电机同轴旋转。主励磁机的磁场绕组是静止的，即它是一个磁极静止、电枢旋转的交流发电机。

无刷励磁系统彻底革除了滑环、电刷等转动接触元件，提高了运行可靠性，减少了机组维护工作量。但旋转半导体无刷励磁方式对硅元件的可靠性要求高，不能采用传统的灭磁装置进行灭磁，转子电流、电压及温度不便直接测量，等等，这些都是需要研究解决的问题。

（六）谐波励磁系统

除了上述几种励磁系统外，还有一种介于自励与它励之间的谐波励磁系统，该励磁系统在主发电机定子槽中嵌有单独的附加谐波绕组。利用发电机合成磁场中的谐波分量，通常是利用三次谐波分量，在附加绕组中感应出的谐波电势作为励磁装置的电源，经半导体整流后供给发电机本身的励磁。谐波励磁系统有一个重要的、有益的特性，即谐波绕组电势随发电机负载变动而改变。当发电机负载增加或功率因数降低时，谐波绕组电势增高；反之，当发电机负载减小或功率因数增高时，谐波绕组电势降低。因此，这种谐波励磁系统具有自调节特性，与发电机具有复励的作用相似。当电力系统中发生短路时，谐波绕组电势增大，对发电机进行强励。这种励磁方式的特点是简单、可靠、快速。国内一些制造单位曾分别在 2.5 万 kW 及以下的小容量机组上进行研究试验。有些问题，例如不同的发电机三次谐波绕组及发电机参数应如何合理选择等，还待进一步研究。谐波励磁系统在我国一些小容量发电机上已经采用。

另外，励磁系统还包括 P 棒励磁、直流励磁机励磁等方式。

第二节 发电机励磁系统的组成及工作原理

本节重点介绍自并励励磁系统的基本结构组成、工作原理等。

一、自并励励磁系统的组成

自并励励磁系统主要由励磁变压器、可控硅整流桥、励磁控制装置、转子过电压保护与灭磁装置等组成。

（一）励磁变压器

励磁变压器为励磁系统提供励磁能源。对于自并励励磁系统的励磁变压器，通常不设自动开关，高压侧可加装高压熔断器，也可不加。对于励磁变压器的保护，可设置过电流保护、温度保护，容量较大的油浸励磁变压器还设置瓦斯保护，大多小容量励磁变压器一般自己不设保护。励磁变压器的高压侧接线必须在发电机的差动保护范围之内。

早期的励磁变压器一般都采用油浸式变压器。近年来，随着干式变压器制造技术的进步及考虑防火、维护等因素的影响，一般采用干式变压器。对于大容量的励磁变压器，往往采用三个单相干式变压器组合而成。励磁变压器的连接组别，通常采用Y/△组别，Y/Y—12组别通常不用。与普通配电变压器一样，励磁变压器的短路压降为 4%～8%。

（二）可控硅整流桥

自并励励磁系统中的大功率整流装置均采用三相桥式接法。这种接法的优点是半导体元件承受的电压低，励磁变压器的利用率高。三相桥式电路可采用半控桥或全控桥方式，两者增强励磁的能力相同，但在减磁时，半控桥只能把励磁电压控制到零，而全控桥在逆变运行时可产生负的励磁电压，把励磁电流急速下降到零，并将能量反馈到电网。在当今的自并励励磁系统中几乎全部采用全控桥。

可控硅整流桥采用相控方式。对三相全控桥，当负载为感性负载时，控制角在 0°～90°之间为整流状态（产生正向电压与正向电流）；控制角在 90°～150°（理论上控制角可以达到 180°，考虑到实际存在换流重叠角，以及触发脉冲有一定的宽度，所以一般最大控制角取 150°）之间为逆流状态（产生负向电压与正向电流）。因此当发电机负载发生变化时，通过改变可控硅的控制角来调整励磁电流的大小，以保证发电机的机端电压恒定。

对于大型励磁系统，为保证足够励磁电流，多采用数个整流桥并联。整流桥并联支路数的选取原则为：$N+1$（也有采用 $N+2$，但考虑现在可控硅以及可控硅整流桥制造技术的日益成熟，采用 2 桥冗余似乎已经没有必要）N 为保证发电机正常励磁的整流桥个数。即当一个整流桥因故障退出时，不影响励磁系统的正常励磁能力。

（三）励磁控制装置

励磁控制装置包括自动电压调节器和起励控制回路。对于大型机组的自并励励磁系统中的自动电压调节器，多采用基于微处理器的微机型数字电压调节器。励磁调节器测量发电机机端电压并与给定值进行比较，当机端电压高于给定值时，增大可控硅的控制角，减小励磁电流，使发电机机端电压回到设定值。当机端电压低于给定值时，减小可控硅的控制角，增大励磁电流，维持发电机机端电压为设定值。

（四）转子过电压保护与灭磁装置

对于采用线性电阻或采用灭弧栅方式灭磁时，须设单独的转子过电压保护装置。而采用非线性电阻灭磁时，可以同时兼顾转子的过电压保护。因此，非线性电阻灭磁方式在大型发电机组，特别是水轮发电机组中得到了大量应用。对于非线性电阻，国内使用较多的为高能氧化锌阀片；而国外使用较多的为碳化硅电阻。

二、可控硅整流桥原理

利用电力半导体器件可以进行电能的变换，其中整流电路可将交流电转变成直流电供给直流负载，逆变电路又可将直流电转换成交流电供给交流负载。某些可控硅装置既可工作于整流状态，也可工作于逆变状态，可称为变流或换流装置。同步发电机的半导体励磁是半导体变流技术在电力工业方面的一项重要应用。

同步发电机半导体励磁系统中整流电路的主要任务是将从发电机端或交流励磁机端获得的交流电压变换为直流电压，满足供给发电机转子励磁绕组或励磁机磁场绕组的励磁需要。对于接在发电机转子励磁回路中的三相全控桥式整流电路，除了将交流变换成直流的正常任务之外，在需要迅速减磁时还可以将储存在转子磁场中的能量，经全控桥迅速反馈给交流电源进行逆变灭磁。此外，在励磁调节器的测量单元中使用的多相（三相、六相或十二相）整流电路则主要是将测量到的交流信号转换为直流信号。

由于三相整流电路同步发电机半导体励磁应用得最普遍，故本节主要介绍三相半波全控和三相全波全控的整流电路。

（一）三相全波半控整流电路

三相全波半控整流电路如图 4-12（a）所示。共阳极组的硅整流二极管在任何瞬间都是阴极电位最低者导通，在自然换流点（如 e、g、i 处）依次换流；共阴极组的可控硅管则是阳极电位为正而又接受触发信号的可控硅管导通，因而不是在 d、f、h 等点自然换流，而是在触发脉冲送出的时刻触发换流。即每周期内的 6 次换流中，只有 3 次自然换流，另有 3 次触发换流。这是三相全波半控整流与不可控整流的区别。

现以 $\alpha=30°$ 的图 4-12 所示的波形为例，说明三相全波半控整流电路的工作过程。设在控制角 $\alpha=30°$ 的 ωt_1 时刻触发 SCR_1，SCR_1 因受正向阳极电压而触发导通。此时 a 相电位最高，b 相电位最低，线电压 u_{ab} 最大，电流从 SCR_1 流出，经负载电阻 R，由 D_6 流回电源。导通元件为 SCR_1 和 D_6，输出电压 u_d 为线电压 u_{ab}。到 ωt_2 时刻的 e 点，c 相电位开始低于 b 相电位，共阳极组元件间发生自然换流，电流从 b 相的 D_6 转移到 c 相的 D_2，导通元件为 SCR_1 和 D_2，输出电压 u_d 为线电压 u_{ac}。

同理，在 ωt_3 时刻触发 SCR_3，此时 b 相电位最高，SCR_3 承受正向阳极电压而触发导通。在 SCR_3 导通的同时，将反向电压加到 SCR_1 迫使它关断，电流从 SCR_1 转移到 SCR_3，发生触发换流。导通元件变为 SCR_3 和 D_2，输出电压为线电压 u_{bc}。在 ωt_4 的 g 点，a 相电位又开始低于 c 相电位，又发生自然换流，电流从 D_2 换至 D_4，导通元件为 SCR_3 和 D_4，输出电压为 u_{ba}。这样依次在 $\alpha=30°$ 的时刻，给阳极电压最高一相的可控硅管引入触发脉冲，使可控硅元件触发换流，共阳极组的二极管仍自然换流。在负载电阻上便得到 $\alpha=30°$ 时，如图 4-12（b）中画有阴影线的相电压导通部分，把它的下包络线拉平，就得到图 4-12（d）所示的输出电压 u_d 波形。

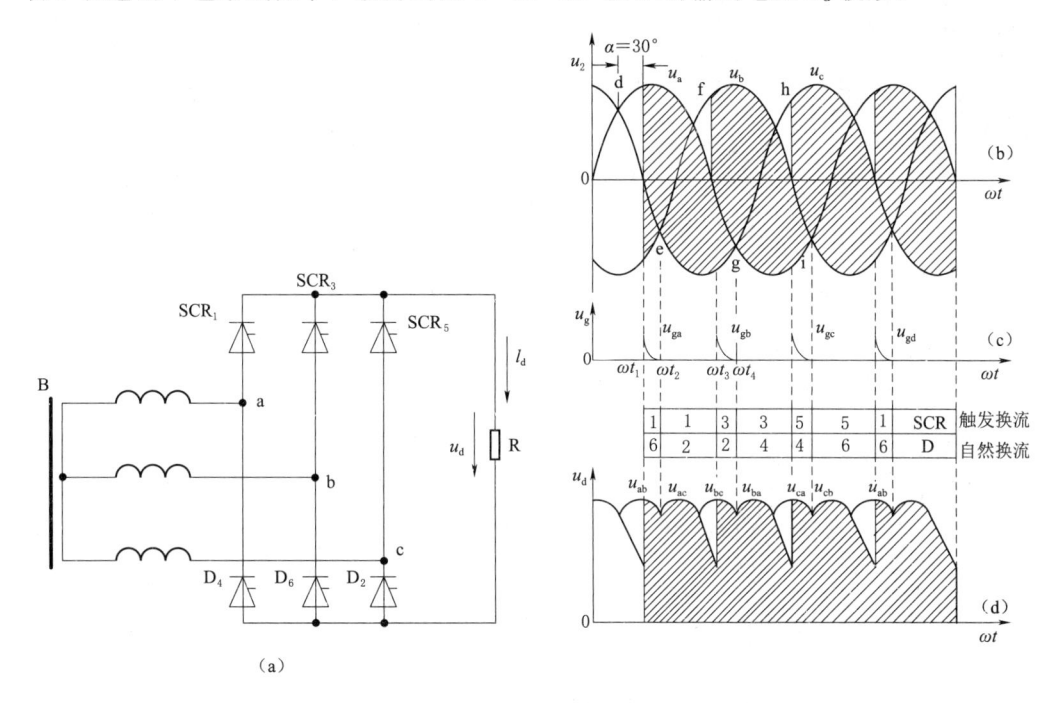

图 4-12　三相全波半控整流
(a) 电路图；(b) 相电压波形；(c) 触发脉冲；(d) 直流电压波形
SCR—可控硅整流器（可控硅管）

图 4-13 是 $\alpha=60°$ 时的波形。在控制角 $\alpha=60°$ 的 ωt_1 瞬间，a 相的 SCR_1 和受触发而导通。在 $\omega t_1 - \omega t_3$ 期间，a 相电位高，b 相的 SCR_3 未加触发，c 相电位最低，输出电压 u_d 的波形就是 u_{ac}。同理，在 ωt_3 时 b 相的 SCR_3 触发换流，a 相的 D_4 自然换流，在 $\omega t_3 - \omega t_5$ 期间，u_d 的波形就是 u_{ba}。依此类推，输出电压 u_d 的波形处于连续的临界情况，每周期内有 3 个波头。平均电压 U_d 则比 $\alpha=30°$ 时降低了。

图 4-14 是 $\alpha=120°$ 时的波形。在 $\alpha=120°$ 的 ωt_2 时刻，a 相的 SCR_1 接受触发信号而导通，这以后 b 相的电位虽高于 a 相，但 b 相的可控硅管 SCR_3 尚未被触发，仍是截止的。$\omega t_2 - \omega t_3$ 期间 c 相电位最低。但在 ωt_3 的 g 点之后，c 相电位高于 a 相，故导通的 SCR_1 受反向电压而截止，输出电压 $u_d=0$。一直持续到 ωt_4 时刻，b 相才触发导通。以下类似上述情况。输出电压如图 4-12（c）所示是不连续的，每个可控硅元件每周期的导通角是 60°。这时输出电压的平均值 u_d 大幅度下降。

（二）三相全波全控整流电路

在三相全波整流接线中，6 个桥臂元件全都采用可控硅管，就是图 4-15（a）所示的三相全波全控整流电路。不同于三相全波半控整流电路，它的可控硅元件都要靠触发换流，并且一般要求触发脉冲的宽度应大于 60°且小于 120°，一般取 80°～100°，即所谓的"宽脉冲触发"。这样才能保证整流电路刚投入的时候，例如共阴极组的某

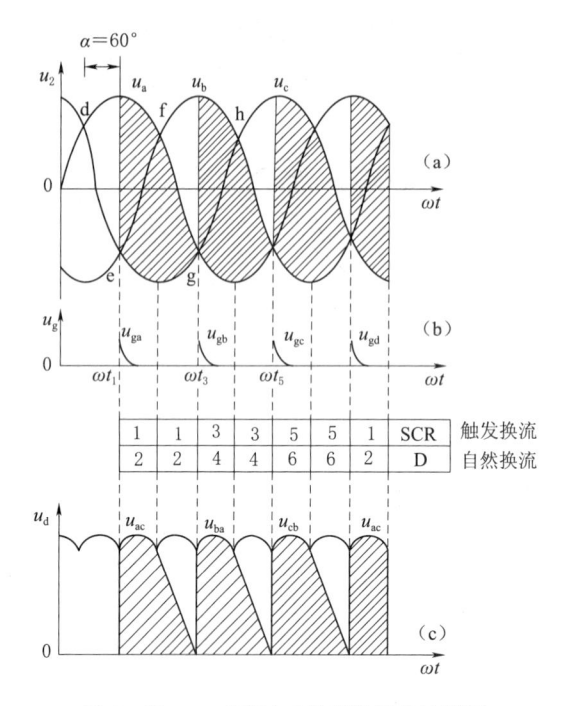

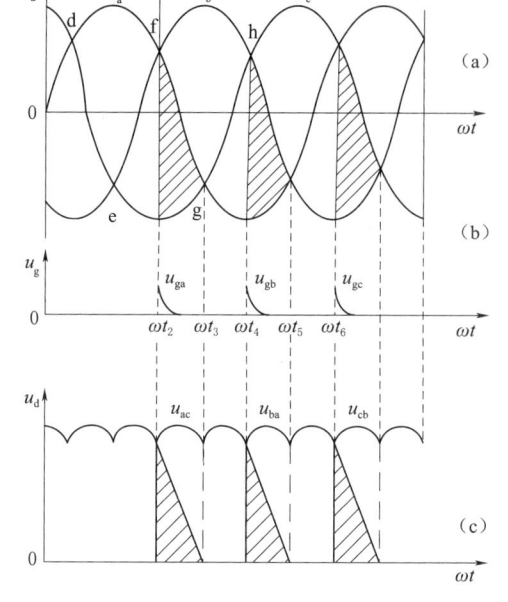

图 4-13 α=60°时三相半控桥的波形图

图 4-14 α=120°时三相半控桥的波形

一元件被触发时，共阳极组的前一元件的触发信号依然存在，共阴极组与共阳极组各有一元件同时处在被触发状态，才能构成电流的通路。投入时一经触发通流，以后各元件则可依次触发换流。另外也可以采用"双脉冲触发"的方式，即本元件被触发的同时，还送一个触发脉冲给前一元件，以便整流桥刚投入时构成电流的最初通路，其后整流电路便进入正常工作状态。双脉冲触发电路较复杂些，但它可以减小触发装置的输出功率，减小脉冲变压器的铁芯体积。

图 4-15（c）为宽脉冲触发方式的各臂触发脉冲。由于工作于整流状态时通常共阴极组是在相电压的正半周时触发，共阳极组是在负半周时触发，故接在同一相上的两个可控硅的触发脉冲，例如 a 相的 u_{g1} 与 u_{g4}，b 相的 u_{g3} 与 u_{g6}，c 相的 u_{g5} 与 u_{g2}，相位应该差 180°。全控整流电路的工作特点是既可工作于整流状态，将交流转变成直流；也可工作于逆变状态，将直流转变成交流。下面详细说明这两种工作状态。

1. 整流工作状态

先讨论控制角 α=0°的情况。如图 4-15 所示，在 $\omega t_0 - \omega t_1$ 期间，a 相的电位最高，b 相的电位最低，有可能构成通路。若在 ωt_0 以前共阳极组的 SCR_6 的触发脉冲 U_{g6} 还存在，在 ωt_0（α=0°）时给共阴极组的 SCR_1 以触发脉冲 u_{g1}，则可由 SCR_1 与 SCR_6 构成通路：交流电源的 a 相→SCR_1→R→SCR_6→回到电源 b 相，可在负载电阻 R 上得到线电压 u_{ab}。此后只要按顺序给各桥臂元件以触发脉冲，就可依次换流。例如在 $\omega t_1 - \omega t_2$ 期间，c 相电位最低，在 ωt_1 时间向 SCR_2 输入触发脉冲 u_{g2}，共阳极组的 SCR_2 即导通，同组的 SCR_6 因承受反向电压而截止。电流的通路换成：a→SCR_1→R→SCR_2→c。在负载电阻 R 上得到线电压 u_{ac}。其余类推，每隔 60°依次向共阴极组或共

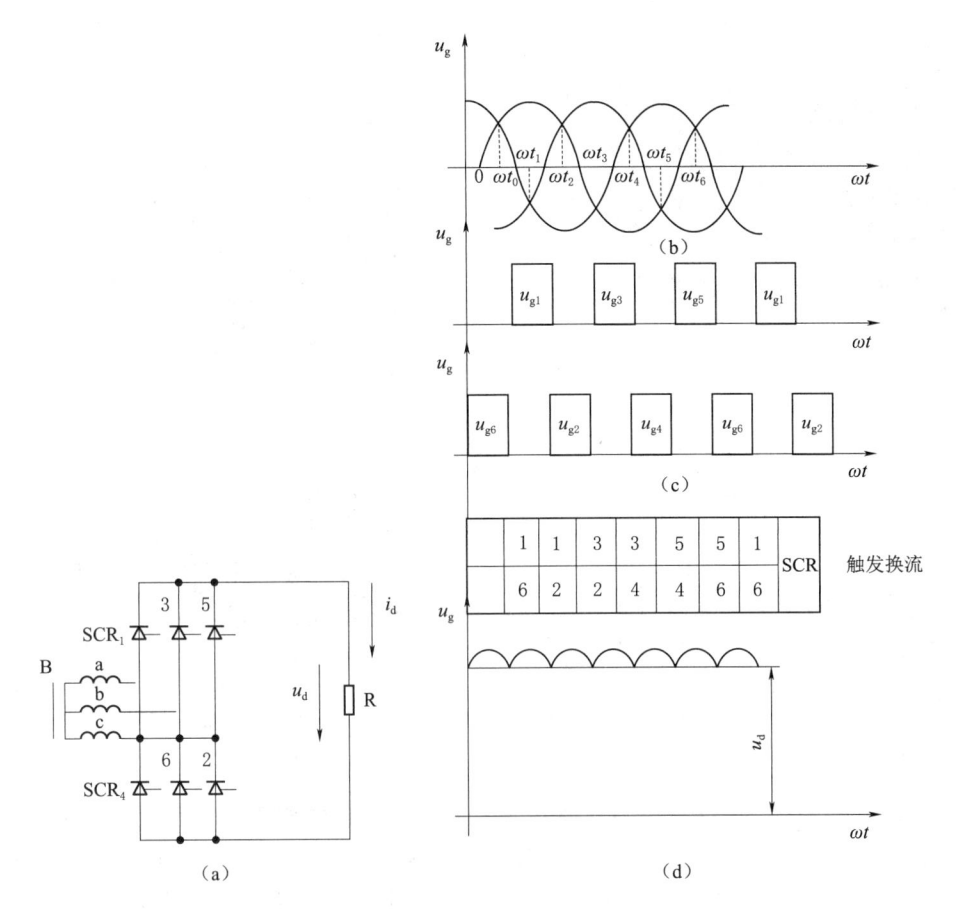

图 4-15　三相全波全控整流（$\alpha=0°$时）
(a) 电路图；(b) 相电压波形；(c) 触发脉冲；(d) 直流侧电压波形

阳极组的可控硅元件以触发脉冲，则每隔60°有一个臂的元件触发换流，每周期内每臂元件导电120°。

控制角$\alpha=0°$时负载电阻R上得到的电压波形u_d如图4-15 (d) 所示，它与三相桥式不可控整流电路的输出波形相同。这时三相桥式全控整流电路输出电压的平均值最大，为U_{do}。

图4-16是$\alpha=30°$时三相全控桥的电压波形，图4-17是$\alpha=60°$时的电压波形。其中，图 (a) 交流相电势画阴影线的部分表示导通面积，如把底线拉平，就成为图 (b) 所示的输出电压u_d的波形，它是由线电压波形的相应各部分组成的。

在控制角$\alpha<60°$的情况下，共阴极组输出的阴极电位在每一瞬间都高于共阳极组的阳极电位，故输出电压u_d的瞬时值都大于0，波形是连续的。

然而当$\alpha>60°$后，输出电压u_d的瞬时值将出现负的部分，如图4-18 (c) 和 (d) 所示。这主要是由于电感性负载产生的反电势，维持负载电流连续流通而产生的。设在$60°<\alpha<90°$的ωt_1时刻，给a相的SCR_1以触发电压，如图4-18 (b) 所示，这时a相电位最高，SCR_1导通；c相电位虽然最低，但SCR_2尚未被触发而不会

77

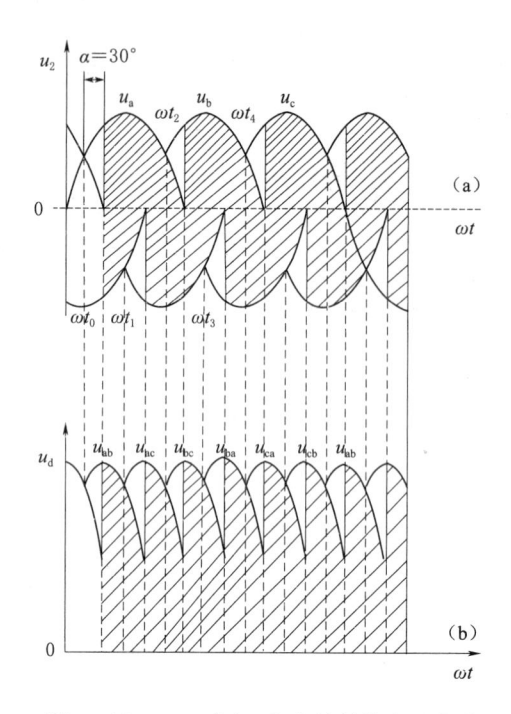

图 4-16 α=30°时三相全控桥的电压波形
(a) 相电压波形；(b) 直流侧电压

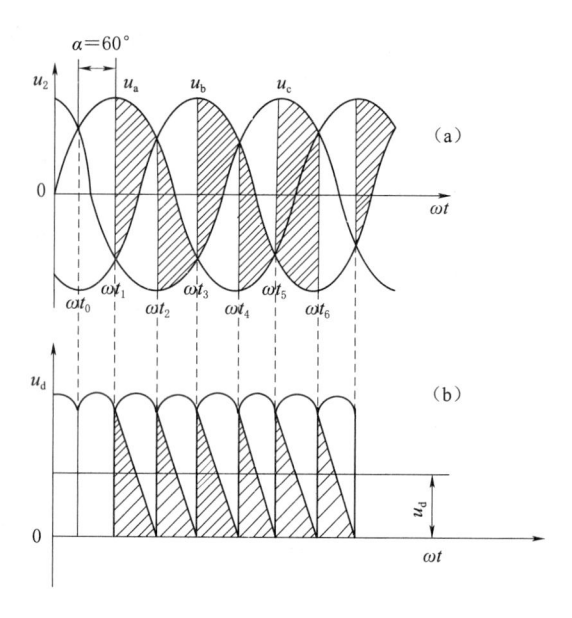

图 4-17 α=60°时三相全控桥的电压波形
(a) 相电压波形；(b) 直流侧电压波

导通，由 b 相的 SCR_6 继续保持导通状态。即由 SCR_1 与 SCR_6 构成通路，输出电压为 u_{ab}。到 ωt_2 时刻 $u_{ab}=0$，输出负载电流 i_d 有减小的趋势。负载电感 L 中便产生感应电势企图阻止 i_d 的减小，其方向与 i_d 的流向一致，即整流桥输出的下端 n 点为正，上端 m 点为负，维持 i_d 的继续流通。在 ωt_2 时刻以后，虽然 b 相电位高于 a 相电位，即 $u_{ab}<0$，但电感 L 上的感应电势的绝对值高于 u_{ab} 的绝对值，实际加在 SCR_1 与 SCR_6 元件上的阳极电压仍然为正，维持原来电流 i_d 的通路。故在 $\omega t_2 - \omega t'_2$ 这段时间内，输出电压 u_d 呈现负值。到 $\omega t'_2$ 时刻，SCR_2 接受触发脉冲，此时 c 相电位最低，故 SCR_2 导通并将 SCR_6 关断，电流从 SCR_6 换流到 SCR_2。SCR_1 此时仍继续导通，b 相电位此时虽高于 a 相，但因 b 相的 SCR_3 尚未加触发脉冲而不会导通。电流在 SCR_1 与 SCR_2 构成的回路中流通，使输出电压 $u_d=u_{ac}>0$。到 ωt_3 时刻以后，$u_{ac}<0$，又由电感电势维持电流 i_d，使输出电压 u_d 又呈现负的部分，直到触发换流后，u_d 才又为正。

这样，输出电压 u_d 将按图 4-18（c）中线电压的波形（画有阴影线的部分）交替出现正负部分。正的部分表示交流线电压产生负载电流 i_d，交流电源向负载供电；负的部分表示电感性负载中的感应电势 L 维持负载电流 i_d 的流通，将原电感中储存的能量释放一部分。输出电压 u_d 在一周内出现正负波形，其平均值 u_d 将减小。随着控制 α 的增大，正值部分的面积渐减，负值部分的面积渐增，u_d 平均值越来越小。当 α=90°时，如图 4-18（d）所示，u_d 波形正负两部分面积相等，输出平均电压 $u_d=0$。

2. 逆变工作状态

在 α>90°时，输出平均电压 u_d 则为负值，三相全控桥工作在逆变状态，将直流

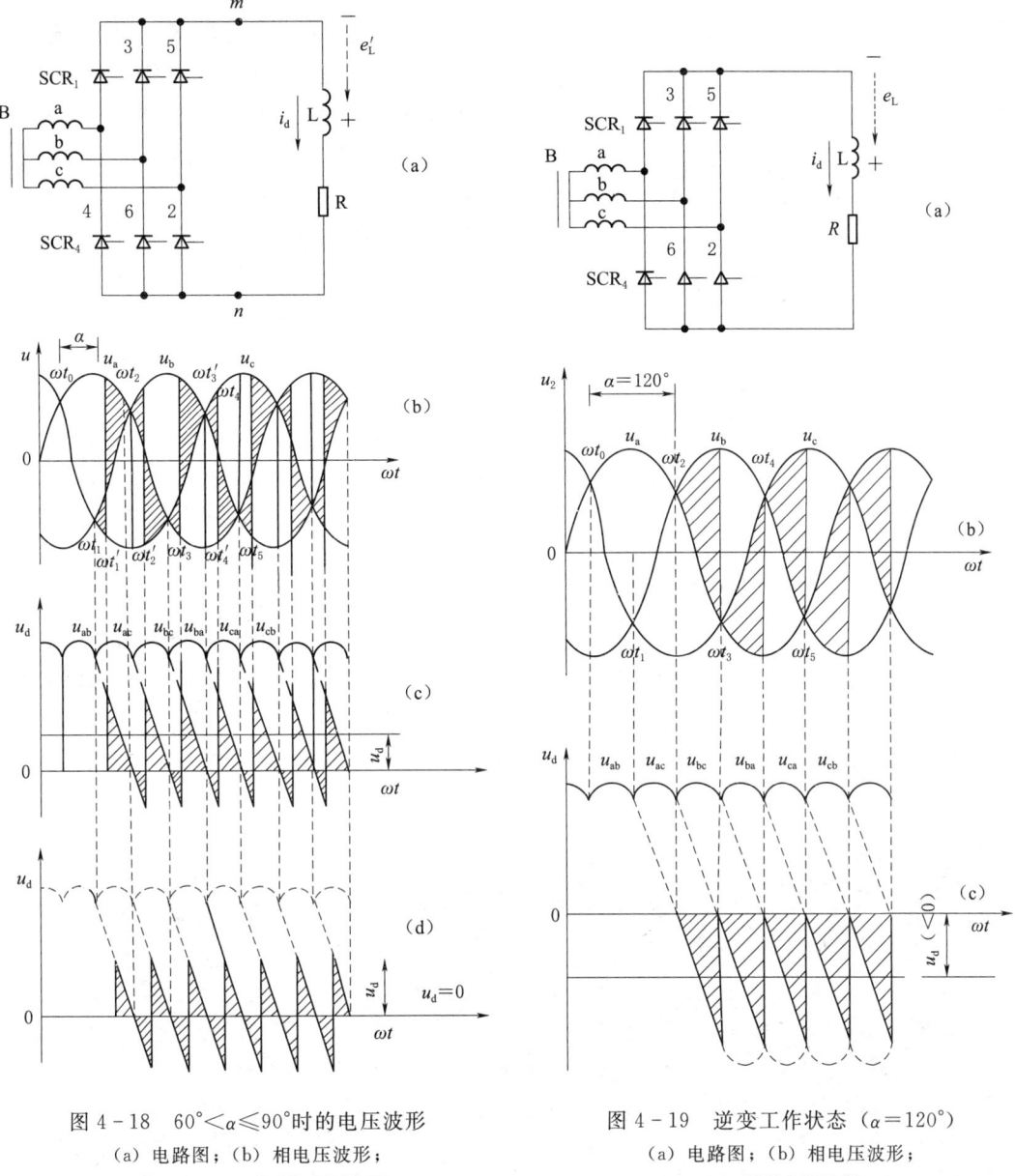

图 4-18 60°<α≤90°时的电压波形
(a) 电路图；(b) 相电压波形；
(c) 当 60°<α<90°时的电压波形；
(d) 当 α=90°时的输出电压波形

图 4-19 逆变工作状态 (α=120°)
(a) 电路图；(b) 相电压波形；
(c) 逆变电压波形

转变为交流。在半导体励磁装置中，如采用三相全波全控整流电路，当发电机内部发生故障时能进行逆变灭磁，将发电机转子磁场原来储存的能量迅速反馈给交流电源去，以减轻发电机损坏的程度。此外，在调节励磁过程中，如使 α>90°，则加到发电机转子的励磁电压变负，能迅速进行减磁。图 4-18 与图 4-19 分别为 α=120°、α=150°、α=180°时逆变输出电压的波形。

设原来三相桥工作在整流状态，负载电流 i_d 流经励磁绕组而储存有一定的磁场

79

能量。如图 4-19 所示，在 ωt_2 时刻控制角 α 突然后退到 120°时，SCR_1 接受触发脉冲而导通，这时 u_{ab} 虽然过零开始变负，但电感 L 上阻止电流 i_d 减小的感应电势 e_L 较大，使 $e_L - u_{ab}$ 仍为正，故 SCR_1 与 CR6 仍在正向阳极电压下工作。这时自感线圈上的自感电势 e_L 与电流 i_d 的方向一致，直流侧电压的瞬时值 u_{ab} 与电流 i_d 的方向相反，交流侧吸收功率，将能量送回送流电网。

到 ωt_3 时刻，对 c 相的 SCR_2 输入触发脉冲，这时 u_{ab} 虽然进入负半调，但电感电势 e_L 仍足够大，可以维持 SCR_1 与 SCR_2 的导通，继续向交流侧反馈能量。这样一直进行到电感线圈原储存的能量释放完毕，逆变过程才结束。

图 4-20（a）和（b）分别为 $\alpha = 150°$ 和 $\alpha = 180°$ 时输出电压的波形。这时逆变电压 u_d 的平均值 u_d 负得更多。从这些波形可以看到，6 个桥臂上的可控硅元件，每个元件都是连续导电 120°，每隔 60°有一个可控硅元件换流。每个元件在一个周期内导电的角度是固定的，与 α 角的大小无关。

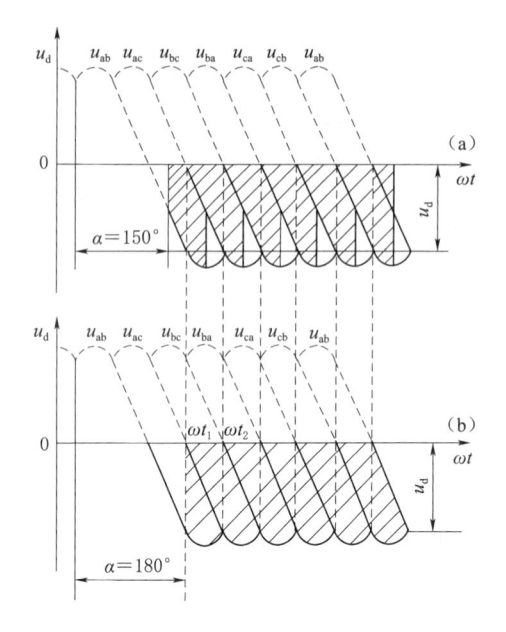

图 4-20 $\alpha = 150°$ 及 $\alpha = 180°$ 时的逆变波形
(a) $\alpha = 150°$（$\beta = 30°$）；(b) $\alpha = 150°$

【交流与思考】

常用的三相整流电路有三相桥式不可控整流电路、三相桥式半控整流电路和三相桥式全控整流电路。由于整流电路涉及交流信号、直流信号以及触发信号，同时包含晶闸管、电容、电感、电阻等多种元件，采用常规电路分析方法对三相整流电路分析显得相当烦琐，在高压情况下，实验也难以顺利进行，因此得出分析结果。Matlab 提供的可视化仿真工具 Simulink 可直接建立电路仿真模型，随意改变仿真参数，并且可立即得到任意的仿真结果，直观性强，进一步省去了编程的步骤。请同学们利用 Simulink 对三相桥式全控整流电路进行建模，对不同控制角、桥故障情况下进行仿真分析，既进一步加深了解三相桥式全控整流电路的理论，同时也为现代电力电子实验奠定良好的实验基础。

第三节 自动调节励磁装置的任务和对调节装置的要求

一、自动调节励磁装置的任务

最初使用 AVR 是为了维持发电机的端电压在给定的范围内，因此，当时称为自

第三节 自动调节励磁装置的任务和对调节装置的要求

动电压调整器。如前所述，AVR 的作用要广泛得多，它对提高电力系统运行的稳定性起着重要作用。在现代电力系统中，发电机的 AVR 担负如下任务：

（1）维持发电机端或系统中某一点的电压水平并且合理分配各机组的无功负荷。正常运行时，随着发电机电压、电流或功率因数的变化，AVR 将相应地调节发电机的励磁电流，以保持发电机端电压为额定值或维持系统中某点的电压于一定水平。同时，利用 AVR 改变发电机的励磁电流，可使发电机间的无功负荷得到合理分配。

（2）提高电力系统运行的稳定性和输电线路的传输能力。如前所述，灵敏而又快速动作的调节装置可大大提高运行的静态稳定和输电线路的传输能力。在故障情况下，AVR 通过提高励磁电压，可使励磁电流上升到比额定值大得多的数值（即强励），从而改善暂态稳定性。这是现代自动调节励磁装置的主要任务。

（3）提高带时限动作继电保护的灵敏度。系统发生短路时，由于调节装置将强行增加励磁电流，使短路电流增大，故相应继电保护的灵敏度可得到提高。由于调节装置的动作和励磁电流的增大需要一段时间，因此只能对延时动作继电保护的灵敏度产生影响。

（4）加速短路切除后的电压恢复过程和改善异步电动机的启动条件。发生短路时，由于电压下降，大多数电动机被制动。短路切除后，随着电压的上升，电动机将开始自启动。由于启动电流较大，电压恢复较慢，又反过来影响自启动过程的完成。发电机装有 AVR 后，由于它能提高发电机电压，因而可缩短电动机的自启动时间，避免过多的影响用户工作，并使电力系统较快地恢复正常运行状态。

（5）改善自同期或发电机失磁运行时电力系统的工作条件。发电机自同期并列或因失磁而转入异步运行时，将从系统吸收大量的无功功率，使系统电压下降，严重时甚至可能导致系统瓦解。在这种情况下，装有 AVR 的其他发电机将自动加大励磁电流，以提高系统电压，弥补系统中无功功率的不足。这样可改善发电机的自同期并列或异步运行时的条件，并可减少对用户工作的影响。

（6）防止水轮发电机突然甩负荷时电压过度升高。机组由于各种原因突然甩负荷时，随着转速上升，发电机定子回路的电压可能上升到危险的程度。由于水轮发电机一般均装有强行减磁装置，可以在机组突然甩负荷时减小励磁电流，故可防止电压过度升高。

【价值观】

稳定性是电力系统的最重要特性，反映了系统抗干扰的能力，即在受到扰动后，重新恢复到运行平衡状态的能力。对人而言，则是定力，即处变和把握自己、保持内心的意志力，"不管风吹浪打，胜似闲庭信步。"

定力源于信念坚定，是成就自我的关键，正所谓"每临大事有静气"；定力，意味着专注，坚定立场、坚持真理、坚守大义；没有定力，就会摇摆不定，随波逐流，经不起各种风险和诱惑的考验，最终难免偏离目标，误入歧途。"每个优秀的人，都有一段沉默的时光。那段时光，是付出了很多努力，却得不到结果的日子，我们把它叫作扎根"。阳光总在风雨后，我们要做的，就是保持定力，努力前行。

二、对自动调节励磁装置的基本要求

为了完成上述任务，自动调节励磁装置应满足下列要求：

(1) 有足够的输出容量。AVR 的容量既要满足正常运行时调节的要求，又要满足发生短路时强磁的要求。正常运行时，应能按要求自动而平稳地调节励磁电流，以维持电压不变，并稳定地分配机组间的无功负荷；发生短路时，应能迅速地将发电机的励磁电流加大到顶值，实现强行励磁作用，以提高系统运行的稳定性。

(2) 工作可靠。AVR 装置本身发生故障，可能迫使发电机停机，甚至可能对电力系统造成严重影响，故要求其工作应十分可靠。

(3) 动作迅速。如前所述，AVR 动作的快慢与系统的稳定问题密切相关，因此要求其反应速度要快。水电站往往经长距离输电线路与系统的负荷中心连接，此时，采用快速动作的调节装置对改善系统的稳定性和提高输送容量具有重要意义。AVR 的反应速度既与装置本身的元件和电路有关，又与励磁机的时间常数有关。对于具有励磁机的励磁方式而言，他励励磁机的时间常数小于自励励磁机的时间常数。

(4) 无失灵区。没有失灵区的 AVR 有助于提高静态稳定。此外，要求装置应简单，运行维护和调整实验应方便。

【交流与思考】
自动调节励磁装置的任务主要有哪些？

第四节 继电强行励磁、强行减磁和自动灭磁

一、继电强行励磁

发生短路时，电力系统和水电站的电压可能大幅度降低。此时，为保证系统稳定运行和加快切除故障后的电压恢复，应使发电机的励磁电流迅速加大到顶值，即实现强行励磁。一般具有直流励磁机的发电机，若调节装置本身的强励作用不够，即需加装专门的继电强行励磁装置。采用可控硅整流的他励和自励发电机，通常可不再设置专门的继电强行励磁装置。

继电强行励磁的原理接线、继电强行减磁的接线如图 4-21 所示。图中分别用接在两组电压互感器上的低电压继电器 1～2K 反应发电机电压的降低。当发电机端电压降低到某一数值时，继电器动作，使强磁接触器 5K 的线圈接通。其接点 $5K_1$ 闭合后，将励磁机的磁场变阻器 R_m 短接，励磁电压上升至顶值，便实现了强行励磁。为了防止电压互感器熔断器熔断时强励装置误动作，采用两只低电压继电器，它们的接点串联，而线圈则接入不同的互感器。同样，为避免在发电机投入系统以前或事故跳闸以后强励装置误动作，在强励接触器的线圈回路中串联有断路器的辅助常开接点。有的电站将低电压继电器经正序电压滤过器后再接入电压互感器，由于发生不对称短路时正序电压降低较多，故这种接线可提高反应不对称短路的灵敏度。

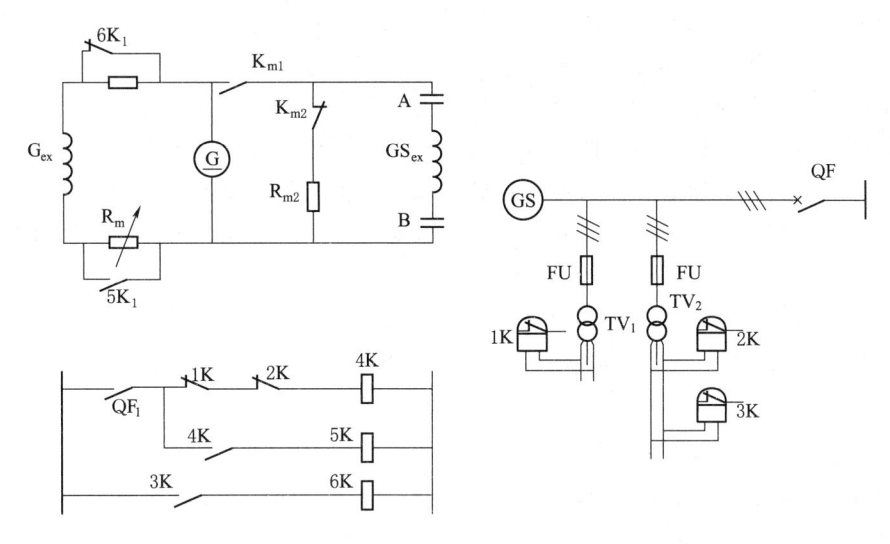

图 4-21 继电强行励磁、强行减磁和自动灭磁原理接线图

为了使低电压继电器在发电机电压恢复正常时能可靠地返回，强励继电器的动作电压 U_{pu} 应按下式整定：

$$U_{pu} = \frac{U_{g,n}}{K_{re}K_{rel}} \tag{4-8}$$

式中　$U_{g,n}$——发电机额定电压；

　　　K_{re}——继电器返回系数，一般取 1.1～1.2；

　　　K_{rel}——可靠系数，取 1.05。

因此可得

$$U_{pu} = (0.8 \sim 0.85)U_{g,n} \tag{4-9}$$

确定低电压继电器的接线方式时一般应考虑下列因素：并联运行各机组的强励装置应分别接入不同的相别，以便在发生任何类型的相间短路时均有一定数量的机组进行强励；当 AVR 对某种类型的短路无法实现强励时，应优先考虑对此类短路实现强励。

由于发电机转子磁场建立的快慢取决于励磁机端电压的上升速度，故强励时要求励磁电压上升速度要快，且强励倍数要大，这两点是衡量强励作用的重要指标。

励磁电压上升速度是指强励开始（即从发生短路开始，对继电强行励磁是从强磁接触器接点闭合开始）后的 0.5s 内，励磁电压上升的平均速度，通常以励磁机额定电压 $U_{ex,n}$ 的倍数表示。此值越大越好，对现代励磁机而言，一般为 $(0.8 \sim 1.2)U_{ex,n}$ (V/s)。随着快速励磁系统的发展和应用，用 0.5s 定义励磁电压上升速度已太慢。此时，可改用 0.1s 定义其上升速度。

强励倍数是指强励时实际可达到的最高励磁电压 $U_{ex,max}$ 与额定励磁电压 $U_{ex,n}$ 的比值，即

$$K_q = \frac{U_{ex,max}}{U_{ex,n}} \tag{4-10}$$

很明显，K_q 越大效果越好。由于励磁机磁路饱和等原因，要得到很高的强励倍数有一定困难。采用直流励磁机的强励倍数为 1.8～2.0。

励磁电压上升速度与励磁机励磁回路及发电机转子回路的时间常数等因素有关，即与励磁机的励磁方式（他励或自励）有关。强励倍数则与励磁机饱和程度和励磁机励磁回路的电阻等因素有关。采用可控硅整流器和相应调节装置的他励和自励静止励磁的发电机，其强励倍数可提高到 4 倍，励磁电压上升速度也大大提高，对提高运行的稳定性具有良好作用。

长期的运行经验表明，继电强行励磁的工作是十分有效的。为防止发电机过热，强励时间一般为 1min 左右。若超过这段时间装置仍不返回，则可由值班人员加以解除。

二、继电强行减磁

继电强行减磁的原理接线如图 4-21 所示。图中 6K 为强减接触器，它具有一对动断接点。3K 为过电压继电器，其动作值一般整定为 $(1.15\sim1.2)U_{R,n}$。当发电机电压上升到动作值时 3K 动作，接通 6K 线圈，其动断接点打开，结果将附加电阻 R_{m1} 接入励磁机励磁回路，使发电机减磁，从而使发电机定子回路不产生危险的过电压。

三、自动灭磁

发电机内部或其出口与断路器之间发生短路时，除了断开发电机断路器外，还必须迅速切断发电机的励磁电流，以使转子磁场消失，使短路电流不复存在。发电机的转子具有很大电感，在切断其电流时，如何在很短时间内使转子磁场中储存的大量能量迅速消释，而不致产生危及转子绝缘的过电压，是一个重要的问题。解决这个问题的方法一般有以下两种：

（1）在断开转子回路前先接入灭磁电阻。如图 4-21 所示，为了切断转子电流，设置了灭磁开关 K_m。K_m 与一般接触器或自动空气开关相似，具有动合接点 K_{m1}（一般为两对）和动断接点 K_{m2}（一般为一对），并附有一定的辅助接点。当 K_{1m} 闭合、K_{2m} 断开时，发电机处于正常的励磁状态。发电机内部或出口发生短路时，在继电保护的作用下，发电机断路器和灭磁开关将同时断开。此时，灭磁开关的动作顺序是：接点 K_{2m} 先闭合，将灭磁电阻 R_{m2} 并入转子回路；然后 K_{m1} 断开，切断发电机转子电流。R_{m2} 先投入并消耗了转子储存的能量，因而避免了在转子绕组中产生过高的电压，并使 K_{m1} 能可靠地切断转子电流。R_{m2} 的阻值一般为转子绕组热状态电阻的 4～5 倍，灭磁时间为 5～7s。阻值过大将产生过高的电压，但灭磁时间可缩短；阻值过小则相反，转子绕组较安全，但灭磁时间较长。

上述灭磁方法的特点是：限制了转子绕组的过电压，保证了转子绕组的安全；转子绕组的端电压在灭磁过程中是变化的（越来越小）；转子电流在灭磁过程中按指数曲线规律衰减，灭磁时间较长。

（2）采用具有灭弧栅的快速灭磁开关。在灭磁过程中，转子绕组的端电压与绕组电感和转子电流的减小速度有关。设转子绕组电感为 $L_{gs、ex}$，转子电流为 $i_{gs、ex}$，灭磁

开始时转子绕组两端电压等于其最大允许值 $U_{gs,ex,max}$，则

$$U_{gs,ex,max}=L_{gs,ex}\frac{di_{gs,ex}}{dt} \qquad (4-11)$$

式中 $\dfrac{di_{gs,ex}}{dt}$ ——灭磁开始时转子电流的减小速度。

采用前述灭磁方法时，灭磁过程中转子电流并不是以相同速度减小，故转子绕组的端电压并不是保持最大允许值不变。换言之，转子绕组绝缘强度所提供的允许灭磁条件并未得到充分利用，因此灭磁时间较长。从式 (4-11) 可知，若转子电流 $i_{gs,ex}$ 在灭磁过程中按等速减小，则转子绕组的端电压将保持 $U_{gs,ex,max}$ 不变，显然，这将使灭磁过程缩短。两种情况下转子电流的变化曲线如图 4-22 所示。其中曲线 1 是采用灭磁电阻时的变化曲线，此时转子绕组的端电压不是定值，而是越来越小。曲线 2 为转子电流按等速减小时的曲线，在这种情况下，转子绕组的端电压保持 $U_{gs,ex,max}$ 不变。

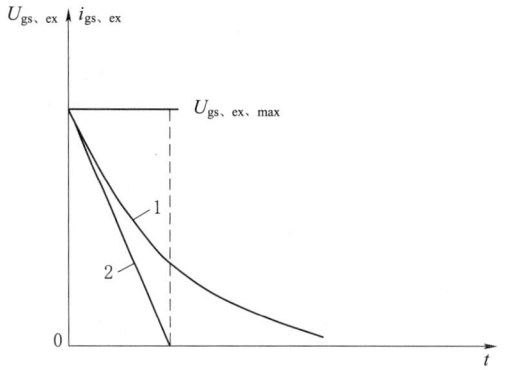

图 4-22 不同灭磁方法的灭磁过程比较
1—采用灭磁电阻；2—转子电流按等速减小

大型发电机采用的 DM 型具有灭弧栅的灭磁开关就是按照上述原理构成的，其原理接线如图 4-23 所示。图中 K_m 为 DM 型快速灭磁开关，动作时，K_{m1} 先断开，K_{m2} 后断开，并在 K_{m2} 接点间产生电弧。电弧受设在开关中电磁铁产生的磁场 H 的作用而进入灭弧栅，并被分割成许多短弧。当转子电流降到零时，电弧熄灭，灭磁过程结束。

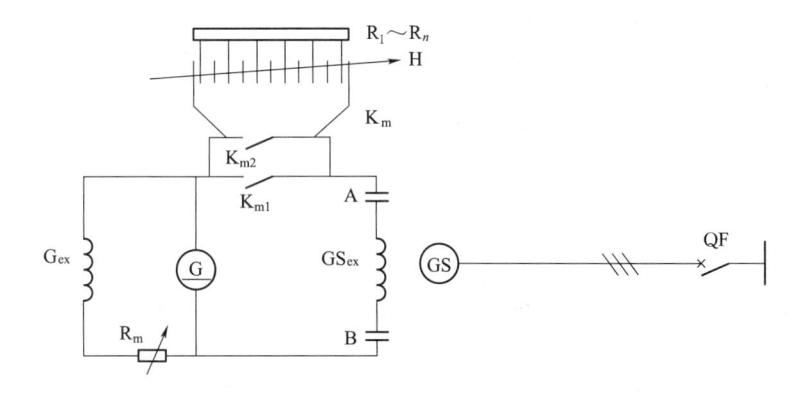

图 4-23 采用 DM 型灭磁开关的原理接线图

电弧被分割成许多短弧后，由于定长电弧的阻值与电弧电流成反比，故电弧两端的电压不变，结果使转子绕组两端的电压在灭磁过程中也保持不变。

如图 4-23 所示，$R_1 \sim R_n$ 为分流电阻，它们是为防止电流在接近于零时突然中断产生过电压而设置的。由于电阻值 $R_1 < R_2 < R_3 < \cdots < R_n$，所以与阻值小的电阻并联的短弧先熄灭，即各个短弧将依并联电阻阻值大小的顺序依次熄灭。适当选择电阻的阻值可将产生的电压降低到预定值。

上述灭磁方法的优点是不用体积很大的灭磁电阻，灭磁时间较短。缺点是转子电流较小时，电磁铁磁场的强度将减弱，对电弧的作用力减小，可能不足以将电弧完全拉入灭弧栅内，故可能延长灭磁时间。同时，在灭磁过程中励磁机继续输出能量，增加了灭磁负担，且缺少有效的过电压保持措施。

限制转子绕组过电压较为理想的办法是在绕组两端并联非线性电阻（压敏电阻），并配以可迅速切断转子电流的灭磁开关。灭磁时，转子绕组对非线性电阻放电，以维持稳定的放电电压。国外一般采用碳化硅非线性电阻，我国采用氧化锌压敏电阻，并已在几十台大型机组上采用了这种灭磁方式。

对于采用他励和自励静止励磁的发电机，如采用三相全控桥可控硅整流装置，则可用可控硅逆变灭磁，此时可不再设置灭磁开头；也可设置灭磁开关作为事故状态下的灭磁。

最后必须指出，在发电机转子回路灭磁的同时，直流励磁机也应同时灭磁，以防励磁机端电压过高。为此，可在其励磁回路中设置灭磁开关，也可采用接入电阻的方法进行灭磁。

【交流与思考】
为什么要进行强行减磁？其作用是什么？常发生在什么样的场景中？

课后阅读

[1] 高海翔，伍双喜，苗璐，等. 发电机组引发电网功率振荡原因及其抑制措施研究综述 [J]. 智慧电力，2018，46（7）：49-55.

[2] 张文韬，王渝红，丁理杰，等. 变压器励磁涌流的抑制方法综述 [J]. 四川电力技术，2018，41（5）：56-62.

[3] 陈俊，王凯，袁江伟，等. 大型抽水蓄能机组控制保护关键技术研究进展 [J]. 水电与抽水蓄能，2016，2（4）：3-9.

[4] 韩力，欧先朋，高友，等. 同步发电机励磁绕组匝间短路故障在线分析方法综述 [J]. 重庆大学学报，2016，39（1）：25-31.

[5] 崔连峰. 同步发电机励磁控制研究的现状与走向 [J]. 内燃机与配件，2020（7）：100-101.

[6] 王镇道，张乐，彭子舜. 基于 PSO 优化算法的模糊 PID 励磁控制器设计 [J]. 湖南大学学报（自然科学版），2017，44（8）：106-111+136.

[7] 许国瑞，厉璇，蒲莹，等. 同步调相机励磁及阻尼电阻对动态运行特性的影响 [J]. 华北电力大学学报（自然科学版），2018，45（6）：52-58+67.

[8] 翁汉琍，陈皓，万毅，等. 基于巴氏系数的变压器励磁涌流和故障差流识别新判据 [J]. 电力系统保护与控制，2020，48（10）：113-122.

[9] 李俊卿，陈雅婷. LSTM-CNN 网络在同步电机励磁绕组匝间短路故障预警中的应用 [J].

华北电力大学学报（自然科学版），2020，47（4）：61-70.

[10] 常鲜戎，张海生，崔赵俊. 基于微分几何和扩张状态观测器的励磁控制［J］. 电力系统及其自动化学报，2015，27（8）：87-91.

[11] DANG NGOC HUY（邓玉辉）. 主动配电网中分布式电源的虚拟同步发电机控制技术研究［D］. 北京：华北电力大学，2015.

[12] 董霞. 变压器直流偏磁研究［D］. 济南：山东大学，2013.

[13] 黄弘扬. 交直流电力系统暂态稳定分析与控制问题研究［D］. 杭州：浙江大学，2014.

[14] 何玉灵. 发电机气隙偏心与绕组短路复合故障的机电特性分析［D］. 北京：华北电力大学，2012.

[15] 乔东伟. 新型混合励磁无刷爪极发电机的研究［D］. 济南：山东大学，2013.

[16] 郝思鹏，黄贤明，刘海涛. 1000MW超超临界火电机组电气设备及运行［M］. 南京：东南大学出版社，2014.

[17] 骆皓，林明耀，侯立军. 双馈风力发电机交流励磁控制技术［M］. 南京：东南大学出版社，2018.

[18] Sulaiman E, Kosaka T, Matsui N. Design and analysis of high-power/high-torque density dual excitation switched-flux machine for traction drive in HEVs［J］. Renewable and Sustainable Energy Reviews，2014，34：517-524.

[19] Chilabi H J, Salleh H, Al Ashtari W, et al. Rotational piezoelectric energy harvesting: a comprehensive review on excitation elements, designs, and performances［J］. Energies，2021，14（11）.

[20] Kumar D N, Ramappa N, Khincha P C. A review of generator loss of excitation protection schemes［J］. Journal of The Institution of Engineers (India): Series B，2019，100（2）.

[21] Obaid Z A, Cipcigan L M, Muhssin M T. Power system oscillations and control: Classifications and PSSs' design methods: A review［J］. Renewable and Sustainable Energy Reviews，2017，79，839-849.

[22] Singh R R, Chelliah T R, Agarwal P. Power electronics in hydro electric energy systems - A review［J］. Renewable and Sustainable Energy Reviews，2014，32.

[23] Rahi O P, Chandel A K. Refurbishment and uprating of hydro power plants - A literature review［J］. Renewable and Sustainable Energy Reviews，2015，48.

[24] Laghari J A, Mokhlis H, Bakar A H A, et al. A comprehensive overview of new designs in the hydraulic, electrical equipments and controllers of mini hydro power plants making it cost effective technology［J］. Renewable and Sustainable Energy Reviews，2013，20.

课后习题

1. 什么是励磁电流？什么是励磁方式，有哪些类型？
2. 什么是自并励？什么是自复励？两者有什么区别？
3. 什么是发电机电压调节特性？
4. 什么是发电机功角特性？调节励磁电流对系统稳定性有何作用？
5. 自动调节励磁装置的任务是什么？对自动励磁调节装置的基本要求有哪些？
6. 什么是强行励磁？分析强行励磁的工作原理。
7. 自动励磁调节器有哪些主要作用？
8. 一般自动励磁调节器由哪几部分构成？

9. 同步发电机的励磁系统有哪几种？各有何特点？
10. 强励的基本作用是什么？衡量强励性能的指标是什么？
11. 当发电机出线内部故障时，强励装置能否动作？为什么？
12. 什么是灭磁？灭磁的方法有哪几种？

第五章　频率和有功功率的自动控制

知识单元与知识点	1. 电力系统的频率特性 2. 电力系统自动调频方法（一次调频、二次调频） 3. 水电站自动发电控制（有功功率调节、机组优化运行） 4. 电力系统频率异常的控制（自动低频减载、低频解列、低频自启动）
重难点	重点：电力系统自动调频方法、水电站自动发电控制 难点：电力系统频率异常的控制
学习要求	1. 熟悉电力系统的频率特性 2. 掌握电力系统的一次调频、二次调频 3. 掌握水电机组有功功率调节方式、机组优化运行 4. 了解电力系统频率异常的控制

电力系统频率，是依靠电力系统内并联运行的所有发电机组发出的有功功率（active power）总和，与系统内所有负荷有功功率及网络损耗有功功率总和之间的平衡来维持的。当系统内并联运行的机组发出的有功功率总和等于系统内所有负荷在额定频率下所消耗的有功功率总和时，系统就在额定频率运行。如果功率不平衡，系统的频率就会偏离额定值。因此电力系统有功功率控制的重要任务之一，就是要及时调节系统内并联运行机组原动机的输入功率，维持发电功率等于用电功率，以保证电力系统频率在允许的范围之内。

第一节　电力系统的频率特性

频率和电压是衡量电能质量的两个重要指标，而且对频率的要求比对电压的要求还要严格。例如，电力系统各点的电压允许在±5%～±10%范围内波动，而现代电力系统的频率偏差最大不得超过±1%（我国某些电力系统以±0.1Hz作为频率偏差合格范围的考核指标）。同时，电力系统中各点的电压不一定是相等的，为了减少能量损耗，系统的无功平衡与电压调整没有必要采用集中调度和校正的方法，可以采用就地平衡和分别调压的方法，从而使解决的方法得以简化。而电力系统的频率则不同，系统内各点的频率稳定值应随时维持相等，不得出现"失步"现象，这就使调频成了整个系统要统一调度和解决的问题。

电力系统的频率稳定与否，取决于系统有功功率是否平衡。若系统总的发电功率等于用户总的耗用功率（包括线损），则系统频率维持在额定值；若总发电功率大于总耗用功率，则频率将高于额定值；反之，则低于额定值。

调度中心所制定的计划日负荷曲线（图 5-1）是基于统计资料，而实际的日负荷曲线与前者存在差别，其差值称为计划外负荷，也称无规律变化负荷，它一般不超过系统最大负荷的±2%，系统容量越大，所占比例越小。计划外负荷主要是由某些生产机械（如大型水泵电动机组、电气机车、轧钢设备等）的启停引起的。它是系统频率波动的根本原因。要始终维持系统频率在额定值，技术上有一定困难，也没有必要。但频率波动若超过允许值，则会使用户电动机转速变化过大，不但影响工业产品的质量，有时还会造成损失和事故，并使电钟产生误差。例如，系统频率下降会造成火电站很多辅机（供水泵、排水泵、风机等）的工况剧烈恶化，使汽轮发电机组的出力大幅下降，严重时甚至不能工作。若频率过分降低，还将严重威胁汽轮机的安全。

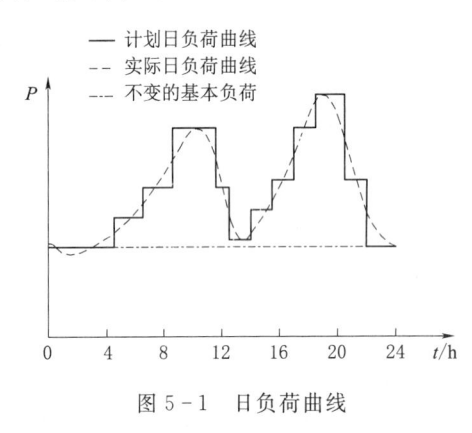

因此，应采取必要的技术手段将电力系统的频率维持在预定水平上，这就必须在系统中划出一部分机组甚至一个或几个电站执行调频任务，使系统的总发电功率随时追踪用户的总耗用功率（包括线损），这些机组或电站称为调频机组或调频电站。调频容量的大小取决于系统在 10min 内最大负荷上涨的速度和频率的允许偏差值，一般为系统最大负荷的 8%～10%。

图 5-1 日负荷曲线

电力系统的调频，实质就是系统有功功率的自动控制，手动调节是不能完成这一任务的，只有采用自动发电控制（AGC）才能胜任。在电力系统运行中，当用一台或几台机组来调节频率时，会引起机组间负荷分配的改变，同时全电网的潮流分布以致系统中的网损也都随之改变，这就涉及电力系统经济运行问题。因此，自动发电控制必须具备以下功能：

(1) 能维持系统频率在预定水平上。例如，对 3000MW 及以上的系统，必须维持在 $(50±0.2)$Hz 的范围内。

(2) 能防止输电线路过负荷运行，控制区域电力系统间联络线的交换功率与计划值相等，实现各区域电力系统有功功率的就地平衡。

(3) 能在 AGC 所控制的范围内，实现机组间有功功率的最优化分配。

(4) 保证电钟的准确性，在任何时间电钟的偏差不应大于 30s。

(5) 保证一部分机组有旋转备用容量。

在电力系统运行中，负荷是不断变化的，而发电机输出功率的改变相对较缓慢，因此系统频率的波动不可避免。当系统频率变化时，整个系统的有功负荷也要随之改变，即 $P_L = F(f)$。这种有功负荷 P_L 随频率 f 而改变的特性称为负荷的功率-频率特性，是负荷的静态频率特性。

电力系统中的部分有功负荷与频率变化无关，如照明、电阻炉、整流负荷等。部分与频率成正比，如卷扬机、切削机床、往复式水泵等。也有与频率的二次方或更高次方成比例的负荷，如变压器的涡流损耗、通风机等。电力系统负荷的功率-频率特性一般可表示为

$$P_L = a_0 P_{LN} + a_1 P_{LN}(f/f_N) + a_2 P_{LN}(f/f_N)^2 + \cdots + a_n P_{LN}(f/f_N)^n \quad (5-1)$$

式中　　f_N——额定频率；

　　　　P_L——系统频率为 f 时，整个系统的有功功率；

　　　　P_{LN}——系统频率为额定值时，整个系统的有功功率；

$a_0, a_1, \cdots, a_n$——各类负荷占的比例系数。

将式（5-1）除以 P_{LN}，用标幺值形式表示为

$$P_{L*} = a_0 + a_1 f_* + a_2 f_*^2 + \cdots + a_n f_*^n \quad (5-2)$$

当 $f = f_N$ 时，$P_{L*} = 1$，$f_* = 1$，于是有

$$a_0 + a_1 + a_2 + \cdots + a_n = 1 \quad (5-3)$$

式（5-1）或式（5-2）称为电力系统负荷的静态频率特性方程。当系统负荷的组成和性质确定后，负荷频率特性方程也就确定了。一般情况下，上述方程取到三次方即可，因为系统中与频率更高次方成比例的负荷很小，可忽略。

【方法论】

电力系统负荷的静态频率特性方程与频率的 4 次方或更高次方成比例的负荷很小，因而可以忽略，取到 3 次方即可。其中蕴含着抓住主要矛盾、忽略次要矛盾的科学方法，从而有利于简化问题、降低解决问题的复杂性和成本，其与牵住"牛鼻子"、抓"关键少数"有异曲同工之妙。

负荷的静态频率特性也可以用曲线来表示，如图 5-2 所示。在额定频率 f_N 时，系统负荷功率为 P_{LN}；当频率下降到 f_b 时，系统负荷功率由 P_{LN} 下降到 P_{Lb}；如果频率升高，负荷功率将增加。

显然，负荷的频率特性对系统频率的稳定有利。当系统总的发电功率与负荷功率失去平衡，引起频率波动时，系统中的负荷也参与调节，而且这种调节有利于系统中有功功率在另一频率值下重新平衡。这种现象称为负荷的频率调节效应。频率调节效应的大小，通常用负荷的频率调节效应系数 K_{L*} 来衡量。

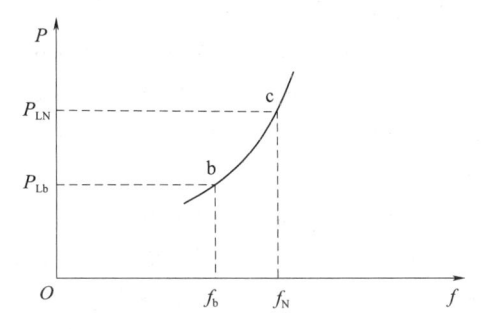

图 5-2　有功负荷的静态频率特性

$$\begin{aligned} K_{L*} &= dP_{L*}/df_* \\ &= a_1 + 2a_2 f_* + 3a_3 f_*^2 + \cdots + na_n f_*^{n-1} \\ &= \sum_{m=1}^{n} m a_m f_*^{m-1} \end{aligned} \quad (5-4)$$

由式（5-4）可知，系统的 K_{L*} 值取决于频率的性质，它与各类负荷所占总负荷的比例有关。

根据国内外一些系统的实测，有功负荷与频率的关系曲线在允许频率变化范围内接近于直线，如图5-3所示。

图5-3中直线的斜率为

$$K_{L*} = \tan\beta = \Delta P_{L*}/\Delta f_* \quad (5-5)$$

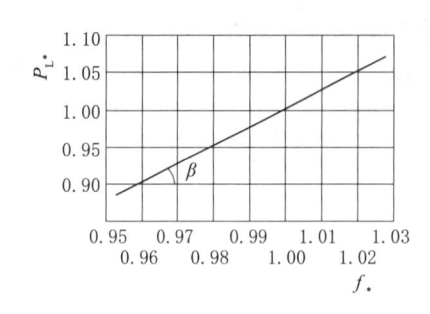

图5-3 负荷的静态频率特性

K_{L*} 值一般为 1～3，它表明系统频率变化 1%时负荷变化为 1%～3%。K_{L*} 是系统调度部门要求掌握的一个数据，除实测求得外，也可根据负荷统计资料分析估算确定。

【交流与思考】

当系统的有功功率和无功功率都不足，因而频率和电压都偏低时，应该首先解决有功功率平衡的问题，使频率得到提高，而频率的提高能减少无功功率的缺额，有利于电压的调整。

电力系统有功功率的平衡对频率有什么影响？系统为什么要设置有功功率备用容量？

第二节 电力系统自动调频方法

电力系统调频不仅维持系统频率在预定水平上，还要实现机组负荷的经济分配。电网调度在确定各发电站的发电计划和安排调频任务时，根据日负荷曲线和机组性能，将运行电站分为调频电站、调峰电站和带基本负荷的发电站。如图5-1所示，全天不变的基本负荷由带基本负荷的发电站承担，其机组一般为高参数火电机组、热电机组及核电机组。计划日负荷曲线的变动负荷按计划下达给调峰电站，调峰电站一般由水电机组和中小型火电机组担任。计划外负荷由调频电站承担。

由于系统计划外负荷是不可预测的，且变化迅速，因此，要求调频机组的调节性能要好，在追踪系统负荷时应迅速、灵敏。水电机组控制程序简单，启动和停机迅速，自动化程度较高，功率调节迅速，而且高效区较宽，因此，具有年调节、多年调节水库的水电站以及枯水期的水电站特别适宜作为调频电站。

电力系统的调频是在发电机组调速器调节的基础上，按一定的调节准则自动完成的。调频方法可分为电力系统的一次调频（primary frequency control）、电力系统的二次调频（secondary frequency regulation）和联合电力系统调频。

资源5-1 电力系统一次调频、二次调频下的有功功率变化曲线

一、电力系统的一次调频

在电力系统运行中，调频问题实质上是控制发电机的发电功率和负荷所需功率之间的平衡问题。图5-4是电力系统频率特性图，其中 $P_L = F(f)$ 是负荷的静态频率

特性曲线，$P_G=F(f)$是发电机组的功率频率特性曲线，两条曲线的交点就是电力系统频率的稳定运行点，如图中 a 点，机组的发电功率和负荷所取用的有功功率均为 P_L。

如果系统中的负荷增加 ΔP_L，则总负荷静态频率特性变为 P_{L1}，假设这时系统内所有机组的调速器均不调节，机组的发电功率恒定为 P_L，则系统频率将逐渐下降，负荷所取用的有功功率也逐渐减小。依靠负荷调节效应系统达到新的平衡。运行点移到图 5-4 中的 b 点，频

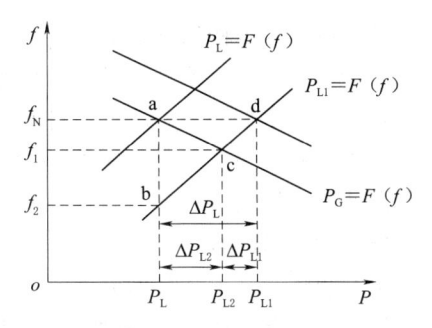

图 5-4 电力系统频率特性图

率稳定值下降到 f_2，系统负荷所取用的有功功率仍然为原来的 P_L 值。此时频率偏差值 Δf 取决于值的大小，一般是相当大的。但是，实际上当系统负荷增加时，频率下降，调速器开始调节，机组的发电功率增加。经过一段时间后，运行点稳定在 c 点，这时系统负荷所取用的有功功率和机组的发电功率都为 P_{L2}，频率稳定在 f_1，此时的频率偏差要比调速器不调节时小得多。调速器的这种调节作用称为电力系统的一次调频。若要使频率恢复到额定值，则需要调整发电机组的功率频率特性，运行点由 c 点移动到 d 点，频率恢复到额定值，这一调节过程称为电力系统的二次调频。

一次调频后，系统频率会产生偏差，原因是发电机组的功率频率特性以有差特性运行。为减小系统的频率偏差值，可将各机组调速器的调差系数整定得小一些，减小机组功率特性曲线的下倾度斜率，以使系统频率变化较小时，能适应机组负荷的较大变化。但是，由于调速器存在转速死区，调差系数不宜整定得太小，否则会造成并列运行机组间负荷分配不稳定的现象。

对小容量的电力系统，为使系统频率满足要求，也可让系统中一台容量较大的机组以无差特性运行，由它来承担系统全部计划外负荷，维持系统频率在额定值，其余的机组则按有差特性运行。前者称为主导发电机组，后者称为基载机组。所以，这种调频法又称为主导发电机法。其调节方程组为

主导发电机组 $\Delta f=0$
基载机组 $\Delta P_i=0 \quad (i=2,3,\cdots,n)$ (5-6)

显然，主导发电机组的容量必须足够大（不得小于系统容量的 8%～10%），才有能力补偿系统计划外负荷。但对现代大型电力系统来说，用一台主导发电机组是难以完成调频任务的。

【交流与思考】

电力系统一次调频的基本原理：电网的频率是由发电功率与用电负荷大小决定的，当发电功率与用电负荷大小相等时，电网频率稳定；当发电功率大于用电负荷时，电网频率升高；当发电功率小于用电负荷时，电网频率降低。

为什么频率的一次调整是有差的？是否能够做到无差调节？

二、电力系统的二次调频

由于一次调频后系统频率存在偏差，现代电力系统都要进行二次调频。通过不断地检测系统频率偏差 Δf 信号，自动改变调速器功率给定值，用移动机组功率频率特性的方法，使频率恢复到额定值。电力系统实现二次调频的方法目前主要有积差调频法和自动发电控制。

（一）积差调频法

积差调频法又称同步时间法，是根据频差对时间的积分进行调节的。下面先讨论单台机组积差调频的工作原理，其调节方程式为

$$\int \Delta f \mathrm{d}t + K_\mathrm{P} P = 0 \qquad (5-7)$$

式中 Δf——系统频率偏差，$\Delta f = f - f_\mathrm{N}$，Hz；

P——机组承担的功率，MW；

K_P——功率比例系数，Hz/MW。

工作过程可用图 5-5 加以说明。在 $0 \sim t_1$ 时段内，$f = f_\mathrm{N}$，$\Delta f = 0$，$\int \Delta f \mathrm{d}t = 0$，$P = 0$，式（5-7）成立。在 t_1 时刻，出现计划外负荷 ΔP_Σ，频率开始下降，$\Delta f < 0$，$\int \Delta f \mathrm{d}t$ 向负值方向增加；为使方程式成立，机组须增加出力，并应足以补偿计划外负荷，即 $P_M = \Delta P_\Sigma$。至 t_M 时刻，$\Delta f = 0$，$\int \Delta f \mathrm{d}t = M$ 并维持不变，且 $P_M = -M/K_\mathrm{P}$，调节过程结束。在 t_Z 时刻，系统负荷减小（即计划外负荷为负值），系统频率开始上升，$\Delta f > 0$，$\int \Delta f \mathrm{d}t$ 从负值向零值方向回升。为满足式（5-7），机组须减小负荷，至 t_N 时刻频率降至额定值，$\Delta f = 0$，$\int \Delta f \mathrm{d}t = N > M$ 并维持不变，且 $P_N = -N/K_\mathrm{P} < P_M$。

对于 n 台机组采用积差调频时，调节方程为

$$\int \Delta f \mathrm{d}t + K_{\mathrm{P}i} P_i = 0 \quad (i = 1, 2, \cdots, n) \qquad (5-8)$$

式中 P_i——第 i 台机组承担的功率，MW；

$K_{\mathrm{P}i}$——第 i 台机组功率比例系数，Hz/MW。

由于系统各点频率相同，所以各机组调节方程中的 $\int \Delta f \mathrm{d}t$ 值相同，各机组同时进行调节。

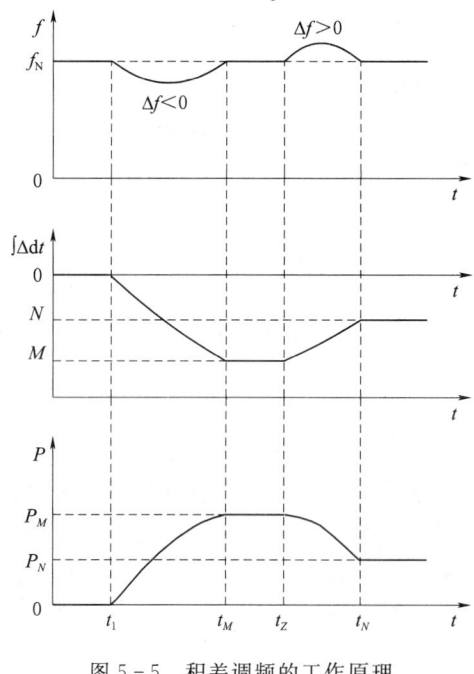

图 5-5 积差调频的工作原理

将式 (5-8) 的各式相加,并整理得

$$\int \Delta f \mathrm{d}t = -\sum_1^n P_i / \sum_1^n \frac{1}{K_{Pi}} \qquad (5-9)$$

将式 (5-9) 代入式 (5-8),得每台机组的负荷为

$$P_i = \frac{1}{K_{Pi}} \sum_1^n P_i / \sum_1^n \frac{1}{K_{Pi}} = \Delta P_\Sigma / K_{Pi} \sum_1^n \frac{1}{K_{Pi}} \qquad (5-10)$$

由式 (5-10) 可知,调节结束后,机组间按比例分配计划外负荷。由于 $\int \Delta f \mathrm{d}t$ 信号滞后于 Δf 信号,调节速度慢,不能保证频率的瞬时偏差在规定范围内。为克服这一缺点,可在式 (5-8) 中再加入频率瞬时偏差信号 Δf,这样在频差较大时,能加快调节过程,而频差较小时则可保持积差调频法灵敏度高、调节精度高的优点。其调节方程组为

$$\Delta f + K_i(P_i - a_i \int k' \Delta f \mathrm{d}t) = 0 \quad (i = 1, 2, \cdots, n) \qquad (5-11)$$

式中 a_i——为第 i 台机组的功率分配系数,$\sum_{m=1}^n a_i = 1$;

K_i——第 i 台机组的比例系数,Hz/MW;

k'——功率频率换算系数,MW/Hz。

调节过程结束后,Δf 必须为零,否则积分项 $\int k' \Delta f \mathrm{d}t$ 就会不断变化,调节过程不会结束。因此调节过程结束后每台机组的负荷出力为

$$P_i = a_i \int k' \Delta f \mathrm{d}t \quad (i = 1, 2, \cdots, n) \qquad (5-12)$$

总的计划外负荷为

$$\Delta P_\Sigma = \sum_{i=1}^n P_i = \sum_{i=1}^n a_i \int k' \Delta f \mathrm{d}t = \int k' \Delta f \mathrm{d}t \qquad (5-13)$$

可见,功率分配原则仍是按一定比例关系进行分配。如果功率分配系数 a_i 按等流量微增率原则设计,即可实现调频机组间负荷的最优分配。

积差调频法能维持系统频率不变,可就地取得频差积分信号。为了使各调频厂测得的值尽可能一致,避免频差积分的差异而造成功率分配上的误差,各调频厂需设置高稳定性晶体振荡标准频率发生器。

为克服频差积分信号分散产生的不一致性,也可在电网调度中心设置一套高精度频率发生器,产生频差积分信号,确定各调频厂的负荷调节量,通过信号通道送至各调频厂,各调频厂再根据运行方式分配给各调频机组,如图 5-6 所示。

(二) 自动发电控制 (AGC)

自动调频除了维持系统频率为额定值外,还必须使系统的潮流分布符合经济安全原则。积差调频法由于信号分设在各地,很难综合考虑优化控制,因而无法全面完成调频经济功率分配的任务。随着电网调度 SCADA (supervisory control and data acquisition) 系统技术的成熟和广泛应用,调度中心实时监控计算机系统都安装了能量管理系统 (energy management system, EMS),通过在 EMS 中配置自动发电控制的

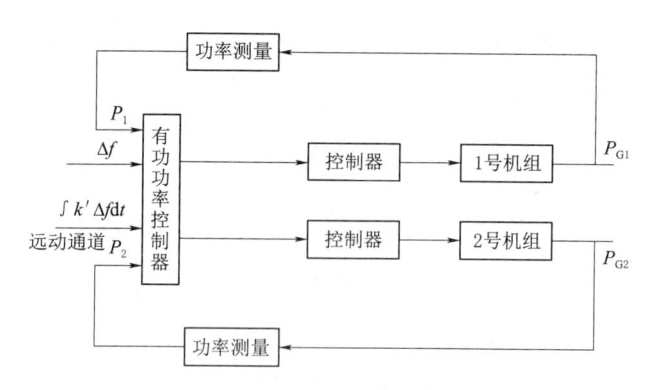

图 5-6 积差集中调频示意图

子功率软件，采用集中式联合调频的方法，实现调频经济功率分配的任务。

自动发电控制是一个闭环反馈控制系统，如图 5-7 所示。调度中心根据遥测得到的发电机组实际功率值和频率偏差等信号，按一定的调节准则确定各调频厂（或机组）的功率设定值 P_C，并通过远动下行通道将功率指令信号传递到相应机组的控制器。控制器根据功率设定值和实发功率值 P_G 之差，采用 PID 控制规律控制机组，最终使机组的实发功率与设定值相一致。

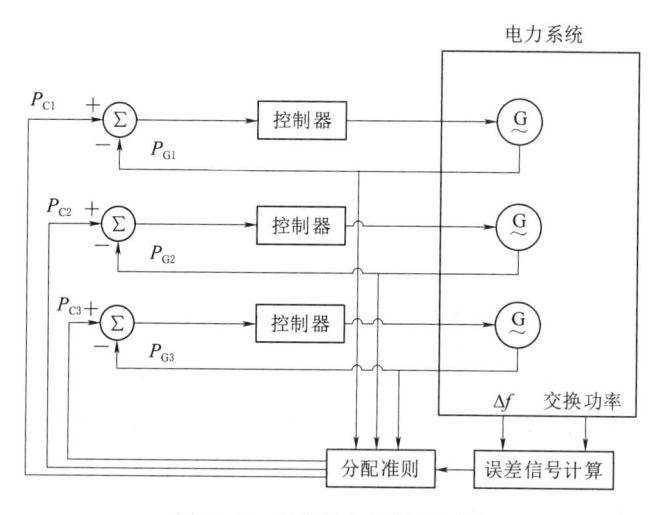

图 5-7 自动发电控制示意图

【方法论】

在测控领域，反馈是将系统的输出返回到输入端，以增强或减弱输入信号的效应，进而影响系统功能的过程。增强输入信号的效应称为正反馈，减弱输入信号效应称为负反馈。正反馈常用于产生振荡，用来接收微弱信号；负反馈能稳定放大，减少失真。反馈是一种十分重要的方法论，在工程控制和社会管理等领域都有广泛的应用，如教师对学生作业的批阅评讲就是一种反馈，用好反馈方法可以提升工作质量。

第二节 电力系统自动调频方法

AGC 决定各调频机组调节功率 ΔP_{Ci}，最简单的关系式为

$$\Delta P_{Ci} = a_i \left(\sum_1^n \Delta P_{Gi} - B \Delta f \right) \tag{5-14}$$

式中 B——频率偏差系数，MW/Hz；

a_i——分配系数，$\sum a_i = 1$。

因此，系统调频机组总的调节功率为

$$\sum_1^n \Delta P_{Ci} = \sum_1^n a_i \left(\sum_1^n \Delta P_{Gi} - B \Delta f \right) = \sum_1^n \Delta P_{Ci} - B \Delta f \tag{5-15}$$

当调节结束后，频率偏差 $\Delta f = 0$，系统各调频机组调节前的功率加上调节功率与它们的实发功率相等，分配至各调频机组的调节功率 ΔP_{Ci} 由分配系数 a_i 确定。

电网调度中心 AGC 实现调频，传递给调频电站的调节指令有以下两种形式：

（1）调节指令直接下达给各调频机组，控制各机组的调速器进行调节。而经济功率分配计算，包括调频厂内机组间的负荷分配，计算工作量全部集中在电网调度中心。汽轮发电机组作为调频机组时，因功率调节涉及机、炉热力系统的协调控制，常采用这种方法。

（2）调节指令为全站总调节量，调频电站内机组间的经济功率分配计算由发电站 AGC 完成。水电站作为调频电站时，因机组能快速启动，系统调频时机组启动频繁。为了减少机组损耗和维护费用，减轻调度中心计算机的负担，简化遥调指令，可采用这种方法。

调度中心用 AGC 实现调频，传递信息有以下两种方式：

（1）利用调度中心与水电站的微波通道进行通信，这也是水电站过去采用的传统通信方式。水电站内的远动装置 RTU（remote terminal unit）通过调制调解器经远动微波通道与调度中心的计算机通信。它把机组、线路及母线等运行参数送往调度端的控制计算机系统。调度端将功率给定值等有关指令传送给水电站的 RTU，以实现对机组的调节控制。图 5-8 是调度中心由远动微波通道直接控制发电机组示意图，调度端发给 RTU 的指令是单机控制指令，通过 RTU 的脉冲输出模块发出增、减负荷脉冲，对各机组的调速器功率给定值直接控制，从而达到调整机组负荷的目的。

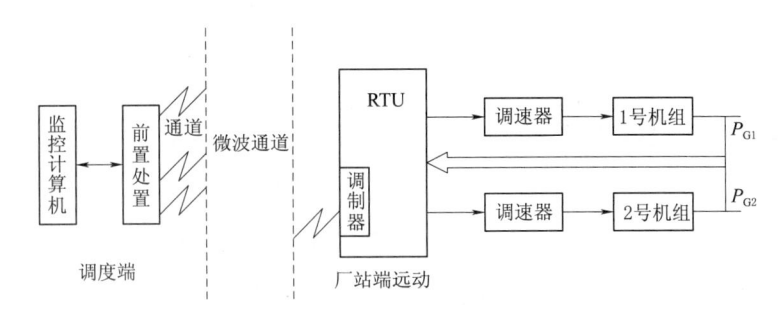

图 5-8 调度中心由远动微波通道直接控制发电机组示意图

图 5-9 是调度中心由远动微波通道发给 RTU 指令，指令是全站有功给定值，RTU 经 D/A 转换后，送入电站计算机监控系统上位机，由电站 AGC 经济分配负荷

后，再对各机组进行调节控制。

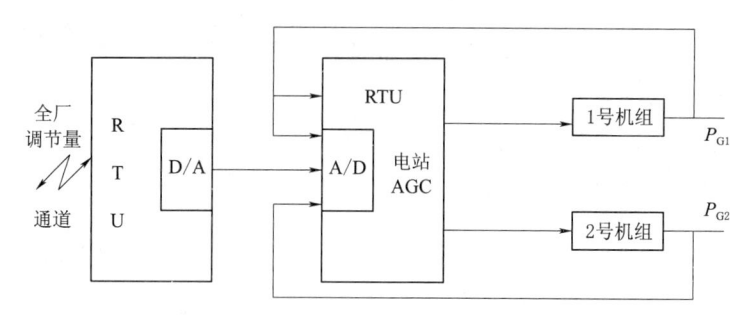

图 5-9 调度中心由远动微波通道给定全站总有功示意图

（2）利用电力系统计算机系统专用的广域网进行网络通信。调度中心计算机一般通过高速光纤通道，把发电机功率给定值发送给水电站计算机监控系统。由于光纤通信速度比较快，现在水电站逐渐采用这种方式。如图 5-10 所示，电网调度的计算机与水电站监控系统之间采用 104 通信协议（或 101 通信协议）进行通信，将功率给定值下发到水电站监控系统上位机，上位机内的电站 AGC 软件按优化原则进行功率分配，再分送到受控机组的现地控制单元（LCU）；LCU 收到命令后，由其内部的 PID 控制器周期性地根据调速器对上次命令的相应情况计算并确定本次调节命令，并将其发送到增、减负荷继电器，控制机组的调速器功率给定值，最终使机组实发功率等于给定功率。

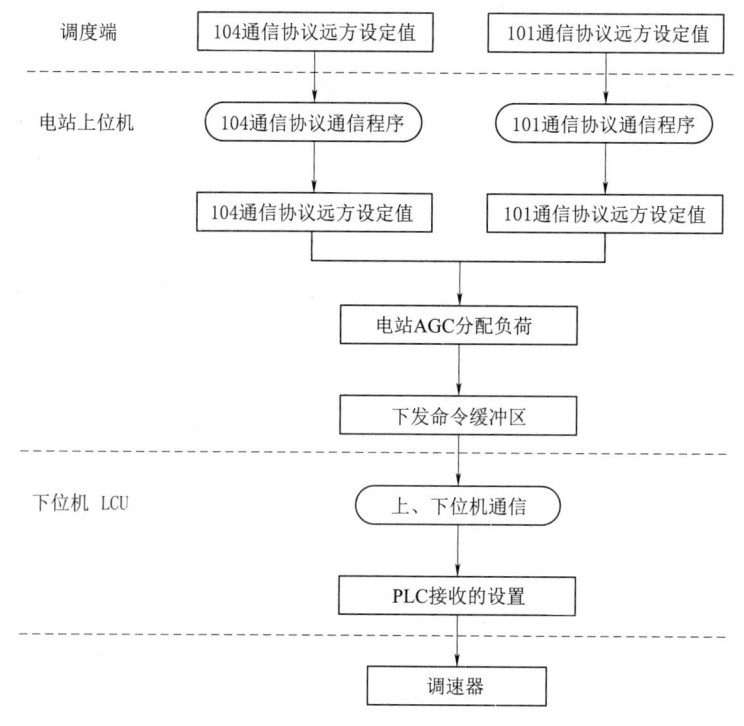

图 5-10 水电机组远方控制过程

随着计算机监控技术和通信技术的发展，调速器的功率跟踪能力和通信能力不断提高，AGC的功能也不断丰富，可用通信方式直接写入微机调速器内部变量区。对于电网调度单机控制方式，网调可通过104通信协议，将单机设定值发送到电站监控系统通信主机，并直接写至"下发命令缓冲区"，通信主机接收到缓冲区的设定值写至上、下位机通信程序，最终送至机组的调速器，由于减少了计算环节，从而缩短了机组对AGC命令的响应时间，调频质量也得到提高。

【学习拓展】

数据采集与监视控制系统（supervisory control and data acquisition，SCADA）是以计算机为基础的DCS与电力自动化监控系统，它应用领域很广，可以应用于电力、冶金、石油、化工、燃气、铁路等领域的数据采集与监视控制以及过程控制等。

在电力系统中，SCADA系统应用最为广泛，技术发展也最为成熟。它在远动系统中占重要地位，可以对现场的运行设备进行监视和控制，以实现数据采集、设备控制、测量、参数调节以及各类信号报警等各项功能，即我们所知的"四遥"功能。

三、联合电力系统的调频

随着电力系统的规模越来越大，大型电力系统由几个区域电力系统相互连接构成。对于这种联合电力系统，调频时如果仅按频率偏差 Δf 进行调节，而对联络线路上的交换功率不加控制，其结果可能引起联络线上的功率超出允许值，危及系统稳定。因此，联合电力系统实行分区控制，将每个区域电力系统看成一个控制区域，每个控制区域的负荷由本区域内的发电站和从其他控制区域中经过联络线输送功率来平衡，联络线按协议输送功率。系统调频时，既按频率偏差 Δf 调节又按联络线中的交换功率偏差 ΔP 调节，最终维持系统频率稳定和各地区电力系统负荷波动就地平衡。这种以频率联络线功率偏差控制的调频方式实际上是多系统调频观点，大型电力系统或联合电力系统常采用这种调频方法。

现以最简单的两个地区的联合电力系统为例来说明它的调节特点，如图5-11所示。采用频率联络线功率偏差控制的调频方式，不仅要消除频差，还要消除联络线路中的交换功率偏差 ΔP_L，其调节方程组为

$$\Delta P_A = -K_{IA} \int (\Delta P_{LA} + K_A \Delta f_A) dt$$

$$\Delta P_B = -K_{IB} \int (\Delta P_{LB} + K_B \Delta f_B) dt \qquad (5-16)$$

式中 K_{IA}、K_{IB}——积分增益常数；

K_A、K_B——频率修正系数，MW/Hz；

负号表示本区域的调频机组功率增量 ΔP 与联络线路功率增量 ΔP_L 和频差 Δf 的方向相反，即当 Δf 或 ΔP_L 为负值时，本区域的调频机组增加输出功率。

由式（5-16）可见，任一控制区域内的负荷变动都会引起频率波动，导致系统

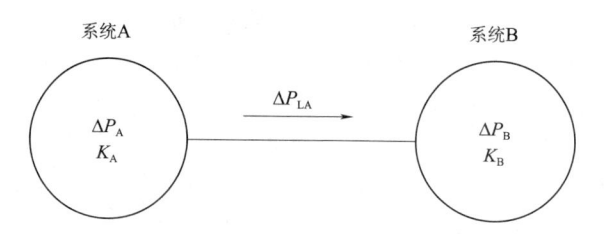

图 5-11 简单的联合电力系统

调频。调整结果在稳定情况下，必须使 $\Delta f=0$，$\Delta P_{LA}=\Delta P_{LB}=0$，联络线路中交换的功率保持原有的协议功率，达到分区调频的目的。

> 【交流与思考】
>   一次调频是有差调节，不能维持电网频率不变，只能缓和电力系统频率的改变程度。所以还需要利用同步器增减某些机组的负荷，以恢复电力系统频率，这一过程称为二次调频。只有经过二次调频后，电力系统频率才能精确地保持恒定值。
>   电力系统的二次调频是否能够做到无差调节？如何做到？

第三节 水电站自动发电控制

水电站自动发电控制的主要任务是接受电网调度下达的全站有功功率总调节量，实行站内机组间经济功率分配，其功能软件安装是在水电站计算机监控系统上位机中。水电站机组间的经济分配比火电站简单，一般小型计算机就可胜任。

一、水电站机组有功功率调节方式

水电站机组有功功率调节方式按水电站 AGC 控制权来分，可分为电网调度控制方式和水电站控制方式。电网调度控制又分为网调给定全站总有功和网调单机控制方式。水电站控制分为全站给定总有功和负荷曲线方式。

全站给定总有功可以由电网调度直接给定，也可以由水电站运行人员接收调度负荷指令后，在 AGC 控制画面上设置。按负荷曲线方式控制全站有功功率时，由电网调度给定或水电站运行人员设定日负荷曲线，AGC 以日负荷曲线当前小时的功率值作为全站有功负荷的给定值。

在系统频率正常的情况下，水电站 AGC 按给定总有功运行，按有功偏差信号 $\sum P_i - P_{set}$ 调节有功。$\sum P_i$ 为水电站的实发有功，而 P_{set} 为按日负荷曲线所规定的应发有功（或电网调度中心下达的应发有功），并通过最优负荷分配使水电站在总有功一定的条件下，机组耗水量最小，其调节方程组为

$$\sum_{i=1}^{n} P_i - P_{set} = 0$$

$$\min Q = \sum_{i=1}^{n} Q_i(P)_i$$

$$P_{i\min} < P_i < P_{i\max} \tag{5-17}$$

式中 P_i——第 i 台机组有功功率，MW；

Q——相应于水电站给定总有功的总耗水量，m^3/s；

Q_i——第 i 台机组引用流量，m^3/s；

n——水电站机组总台数；

$P_{i\min}$——第 i 台机组有功出力的最小值，MW；

$P_{i\max}$——第 i 台机组有功出力的最大值，MW。

但是，在特殊情况下，当系统频差超过了预定水平时，为了系统能安全稳定运行，电站 AGC 的总有功设定值也相应变化。其有功功率与频差的关系如图 5-12 所示。

电站 AGC 的总有功设定值按下式计算：

$$P_{set} = P_{实发} - K_f \Delta f \tag{5-18}$$

其中 $\Delta f = f - f_N$

式中 P_{set}——电站 AGC 的总有功设定值，MW；

K_f——系统调频系数，MW/Hz；

$P_{实发}$——当前时刻全站实发总有功，MW；

f_N——额定频率，Hz。

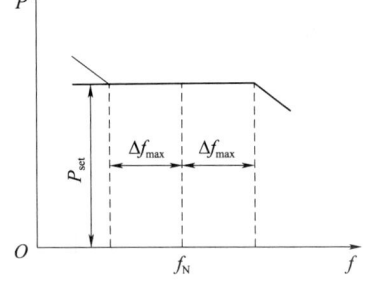

图 5-12 电站有功功率与频率的关系曲线

AGC 调节方程组不变，仍为式（5-17），所以，在电站 AGC 内不但 $\sum_{i=1}^{n} P_i - P_{set}$ 信号产生调节作用，同时频率偏差信号也产生调节作用，并按等流量微增率分配机组负荷。

为保证电站 AGC 的正常运行和机组设备安全，电站 AGC 的运行有一定的条件限制。当机组无事故、LCU 无故障时，机组才可参加电站 AGC 运行。当机组调相运行、机组处于常规位置时，机组自动退出 AGC。无机组参加 AGC 时全站 AGC 自动退出。为了防止电站 AGC 控制权切换过程中负荷发生扰动，在电站控制方式下，网调给定值将跟踪电站额定值。在电网调度控制方式时，如果到网调的通信通道发生故障，将自动切换到站控方式。

二、水电站机组的优化运行

水电站机组的优化运行是指在给定电站负荷的情况下，确定投入机组的顺序和投入机组的台数，使得水能消耗最少。

例如，在最简单的两台机组的情况下，其 1 号机、2 号机和 1 号机＋2 号机的流量特性如图 5-13 所示。显然，给定负荷在 $0 \sim P_a$ 间，应投入 1 号机；在 $P_a \sim P_b$ 间，应投入 2 号机；而在 $P_b \sim P_d$ 间，则 1 号机和 2 号机应并列运行。

对于多台机组，可按上述解决问题的原则实现优化运行。但是，随着机组台数的增加，机组组合方案相应增加，其工作量则迅速增大。

由经济运行理论得知，最经济的负荷分配方式是按等微增率分配负荷。微增率是指输入耗水量微增量与输出功率微增量的比值。对水电机组来说，为水流消耗量的微增量与发电机输出功率微增量的比值。等微增率法则就是运行的水电机组按微增率相等的原则分配负荷,这样就可使水电站总的水流消耗量为最小,从而最为经济。

水电机组在单位时间内所消耗的水量(流量)与输出功率之间的关系,如图 5-14 所示。对应于某一输出功率时的流量微增率就是曲线上对应该功率点切线的斜率。即

$$q=\frac{\Delta Q}{\Delta P} \tag{5-19}$$

式中　q——流量微增率;

　　　ΔQ——流量微增量;

　　　ΔP——输出功率微增量。

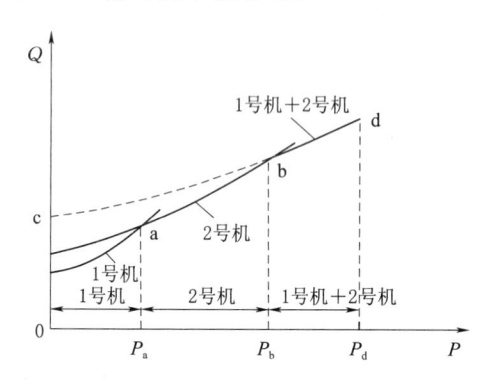

图 5-13　两台机组的流量特性曲线

图 5-14　水电机组单位时间内流量与输出功率的关系曲线

为使水电站耗水量最小,各机组的流量微增率应相等,即

$$q_1=q_2=\cdots=q_n \tag{5-20}$$

或

$$\frac{\mathrm{d}Q_1}{\mathrm{d}P_1}=\frac{\mathrm{d}Q_2}{\mathrm{d}P_2}=\cdots=\frac{\mathrm{d}Q_n}{\mathrm{d}P_n} \tag{5-21}$$

通常,同一个水电站的所有水轮发电机组的型号和容量是相同的,其流量微增率曲线也是相同的。显然,在这种情况下的最优分配方案就是机组间的负荷平均分配。此时,只要确定并列运行的机组台数就行了。

然而,AGC 在分配有功功率时需考虑以下问题:

(1) 水头及运行机组数的影响。当水轮机的作用水头高于计算水头时,机组出力受发电机出力限制线的影响;当作用水头低于计算水头时,出力则受水轮机 5% 出力限制线或空蚀等因素的影响。在水头较高和机组较少时,影响尤其明显。因此 AGC 分配给机组的有功功率必须满足:

$$P_{i\min}<P_i<P_{i\max} \tag{5-22}$$

式中　P_i——AGC 分配给第 i 台机组的出力;

　　　$P_{i\min}$、$P_{i\max}$——第 i 台机组在当前水头下的最小出力和最大出力。

(2) 机组不能运行在振动区和空蚀区,并使机组跨越振动区次数最少。为了减少机组跨越振动区次数,程序可设置跨越振动区死区值。由于在当前运行区域机组功率

无法跟踪给定值,因此需要跨越振动区。当功率缺额减少值大于跨越振动区死区值时,机组跨越振动区。

(3) 尽可能减少调节次数和开/停机次数,减少机组的磨损。系统的负荷随时波动,AGC机组调节比较频繁,如果仅考虑水的经济性而调用全站机组去适应并不是特别大的随机负荷,必然导致大量机组频繁启动,无疑会增加机组损耗和维修费用,与用水的经济性相比反而得不偿失。尤其是对机组台数众多的大型水电站,如三峡水电站,不仅不经济,而且会带来安全隐患。

为避免频繁调节机组,水电站AGC可设置有功功率死区。当全站有功设定值增量大于死区值时,AGC重新分配或调整参加AGC机组负荷;否则,负荷分配情况不变。

为避免调用全站机组去适应并不是特别大的随机负荷,可在预定功率范围内仅改变1台或2台机组的有功功率设定值,预先定义每台机组适当的有功功率调节步长。当全站有功给定值有变化(如增负荷)时,选择实发有功值占总容量比例最小的机组增加有功,如果增量在调节步长范围内,且不进入振动区和不越有功上限,则只分配1台机即可完成调节量;否则,将剩余负荷分配给实发值占总容量比例小的机组,进行同样的判断,如果分配不完,再换下一台机组,直至分配完有功增量;减有功时,首先减实发有功占总容量比例最大的机组,其他采取相同策略。设置适当的有功调节步长,可减少一次有功设定值变化而参加调节的机组台数,从而减少机组磨损。如果设置的有功调节步长很小,则变为等容量比例分配。但是,调节步长不能设置过小,因为每台机组调速器都有一定的死区,调节幅度过小,调速器可能不动作。所以设置每台机组调节步长时,既要考虑减少机组调节频率,又要很好地跟踪有功功率目标值。

为防止频繁开/停机,程序可设置开/停机死区值,只有当总有功给定值大于当前可发最大容量,且差值大于开/停机死区时,程序才会开机;当总有功给定值小于当前停掉一台机组的可发最大容量,且差值大于开/停机死区时,程序才会停机。开/停机顺序根据机组的效率和状况等因素人工设定,如"1"为最高优先级,优先级数字小的机组先开机,优先级数字大的机组先停机;也可按发电时间长的机组先停机,备用时间长的机组先开机的原则选择开/停机。

电网调度对水电站AGC的功率跟踪能力要进行考核。因此,当机组出现事故停机时,其他AGC机组必须立即尽可能补偿由事故停机造成的功率缺额。当未加入AGC的机组有功实发值发生变化造成全站实发有功偏离目标值时,AGC机组必须立即补偿这种偏差。

(4) 水轮发电机组承担系统一定的旋转备用容量。

第四节 电力系统频率异常的控制

电力系统正常运行时,对于计划外负荷所引起的频率波动,系统动用发电站热备用容量,即系统运行中的发电机容量足以满足用户的需要。但当系统发生较大事故时，如区域电力系统间联络线因故障断开，系统内大型机组突然故障导致的退出运行等，系统出现严重的功率不平衡，超出正常热备用调节能力，此时，若不迅速采取措施就会产生频率异常现象，系统频率值远远超出系统安全运行所允许的范围，电力系统的安全运行受到威胁，严重时甚至使整个系统崩溃，造成更大的损失。

一、自动低频减载

当系统发生事故而导致严重功率缺额时，频率急剧下降。当频率下降到某一定值时，自动低频减载装置启动，自动切除相应数量的非重要用户负荷，使系统频率恢复至某一允许值（49.5～50Hz），有功功率重新达到平衡。以确保电力系统安全运行，防止事故的扩大。

自动低频减载装置是防止电力系统发生频率崩溃的系统性事故的保护装置，它安装在各个地区变电站中。为使系统频率恢复在可运行的水平，接至自动低频减载装置的用户总功率是按系统在最严重事故情况下实际可能发生的最大功率缺额来考虑的。然而，系统的运行方式很多，事故的严重程度也差别很大，为尽可能少地切除负荷，自动低频减载装置在电力系统发生事故系统频率下降过程中，按照频率的不同数值分批切除负荷，以适应不同功率缺额的需要。当频率下降到第一级启动频率时，自动低频减载装置切除在第一级上的用户负荷；若频率回升，下一级就不再动作；若频率继续下降，下面各级相继动作，直到频率恢复。

第一级启动频率选择很高，事故后能及早切除负荷，对延缓频率下降有利，但考虑到电力系统动用旋转备用容量所需的延时，避免因暂时性频率下降而不必要地切除负荷，因此，第一级启动频率一般整定在48.5～49Hz。最末一级的启动频率受电力系统允许最低频率限制，一般不低于46Hz。高温高压的火电站，在频率低于46Hz时，厂用电已不能正常工作。在频率低于45Hz时，系统电压水平受到严重影响，系统运行稳定性将遭到破坏，最终导致系统瓦解。

二、低频解列

当系统事故引起频率大幅度下降时，发电站厂用电动机出力下降，锅炉给水泵等常用机械的出力相应减少，致使锅炉出力减少，发电站输出功率下降，电力系统功率缺额更为严重，频率进一步下降，这种恶性循环将使发电站运行遭受破坏。如能使厂用电系统供电频率维持在额定值附近运行，则可避免上述事故进一步恶化。因此，在发电站中装设低频解列装置，当系统频率大幅度下降时，将厂用电系统与系统解列，由本站某台或几台机组单独供电，不受系统低频率的影响，确保发电站自身的安全运行，这样有助于系统频率的稳定。

在联合电力系统运行中，各区域电力系统之间经联络线路相连。若某区域电力系统由于事故发生了严重的功率缺额，引起整个系统频率下降，系统开始联合调频。由于联络线路的输送功率存在极限值，其他区域电力系统的支援有限，这时如果频率下降严重，必将威胁整个电力系统的安全运行。为了控制事故范围，被迫将事故区域电力系统解列是有利的。

三、水轮发电机组低频自启动

电力系统运行时，出于对运行的经济性考虑，机组的旋转备用容量不是很大。当系统发生事故引起功率缺额导致频率下降时，通过迅速启动备用机组并入系统运行，保证系统运行的可靠性。水轮发电机组启动快，常作为系统事故备用机组，当系统频率低于某一定值时，通过装设在机组上的低频自启动装置，迅速启动机组投入电力系统运行，以恢复系统频率。

此外，当系统频率下降时，通过低频继电器启动装置，使处于调相运行的发电机组迅速转为发电运行，或使抽水蓄能电站的可逆机组由抽水运行方式迅速转为发电运行方式。当系统频率高于某一定值时，利用高频继电器启动，将工作发电机组从母线上切除，以减少系统功率过剩。这些措施都有利于系统频率的稳定。

【交流与思考】

我国规定的频率额定值为多少？允许偏移值为多少？系统低频运行有什么危害？

课后阅读

［1］周克良，曾光明，龚达欣. 基于改进磷虾群算法的水电站频率控制［J］. 传感器与微系统，2021，40（4）：59-62.

［2］陈德海，朱正坤，王超. 基于模糊神经网络 PID 的水轮机组频率控制［J］. 现代电子技术，2020，43（23）：99-102.

［3］白永福. 西北电网并网水电站自动发电控制分析研究［J］. 西北水电，2016，161（6）：81-84.

［4］何常胜，舒荣，刘兴福，等. 水电站机组一次调频与 AGC 性能优化［J］. 云南电力技术，2014，42（1）：106-109.

［5］张江滨，李华，谢辉平. 水电机组一次调频控制系统分析与功能完善［J］. 水力发电学报，2009，28（6）：206-213.

［6］田涛，张雷，唐国平. 葛洲坝水电厂 AGC 调节与机组一次调频配合缺陷的解决方法［J］. 水电自动化与大坝监测，2009，33（6）：34-35+39.

［7］卢舟鑫，涂勇，叶青. 水电机组一次调频与 AGC 协联控制改造及试验分析［J］. 水电与抽水蓄能，2020，6（2）：82-86+120.

［8］熊小峰，方飚，秦毓毅，等. 水电站一次调频与监控系统有功功率调节协调控制建模与仿真［J］. 水力发电，2022，48（2）：96-105.

［9］吕金花. 水电机组快速调节负荷控制策略的应用研究［D］. 北京：华北电力大学，2018.

［10］陈艳，李学礼. 基于自适应 PID 控制的水电站有功功率调节［J］. 大电机技术，2016，244（1）：62-64.

［11］李涛，田敏. 基于模糊自适应 PID 控制的水电站有功功率调节［J］. 石河子大学学报（自然科学版），2009，27（5）：650-653.

［12］Gezer D, Taşcıoğlu Y, Elebiolu K. Frequency containment control of hydropower plants using different adaptive methods［J］. Energies，2021，14（8）：2082-2082.

［13］Korassaï, Tamtsia A, Djalo H, et al. Synthesis of a digital corrector for frequency control in hydroelectric power plants［J］. Control Science and Engineering，2019，2（1）：36-49.

[14] Korassaï, Tamtsia A, Djalo H, et al. Comparative analysis of PID, IMC, infinite H controllers for frequency control in hydroelectric plants [J]. Control Science and Engineering, 2019, 2 (1): 16-26.

[15] Ruswandi Djalal M, Yusuf Yunus M, Andi I, et al. Capacitive energy storage (CES) optimization for load frequency control in micro hydro power plant using imperialist competitive algorithm (ICA) [J]. EMITTER International Journal of Engineering Technology, 2017, 5 (2): 279-297.

[16] Djalal M R, Setiadi H, Imran A. Frequency stability improvement of micro hydro power system using hybrid SMES and CES based on Cuckoo search algorithm [J]. Journal of Mechatronics, Electrical Power, and Vehicular Technology, 2017, 8 (2): 76-76.

[17] Mureşan V, Abrudean M, Coloşi T, et al. Real power and frequency control–case study for a synchronous generator from the structure of a hydroelectric power plant [J]. Applied Mechanics and Materials, 2016, 4244 (841-841): 122-129.

[18] G Martínez-Lucas, J I Sarasúa, J A Sánchez-Fernández, et al. Power-frequency control of hydropower plants with long penstocks in isolated systems with wind generation [J]. Renewable Energy, 2015, 83: 245-255.

[19] Yang W, Yang J, Guo W, et al. Frequency stability of isolated hydropower plant with surge tank under different turbine control modes [J]. Electric Power Components and Systems, 2015, 43 (15): 1707-1716.

[20] Sinha A, Ding X. Hydropower plant frequency control via feedback linearization and sliding mode control [J]. Journal of Dynamic Systems, Measurement, and Control, 2013, 138 (7): 074501.

[21] R Hooshmand, M Ataei, A. Zargari. A new fuzzy sliding mode controller for load frequency control of large hydropower plant using particle swarm optimization algorithm and Kalman estimator [J]. European Transactions on Electrical Power, 2012, 22 (6): 812-830.

课后习题

1. 电力系统有功功率的平衡对频率有何影响？
2. 什么是电力系统负荷的有功功率—频率静态特性？什么是有功功率负荷的频率调节效应，它和哪些因素有关？
3. 什么是发电机组的功率—频率特性？发电机的单位调节功率是什么？
4. 什么是电力系统的调差系数？它与发电机单位调节功率的标幺值有什么关系？
5. 电力系统的一次调频是什么？是否能够做到无差调节？
6. 电力系统的二次调频是什么？是否能够做到无差调节？如何做到？
7. 实现频率和有功功率自动调节的主要方法有哪几种？它们的作用如何？
8. 装设调速器的机组为何还需设置调频装置？
9. 试述有功功率成组调节的基本条件。
10. 简述自动低频减负荷的工作原理。

第六章　水电站辅助设备的自动控制

知识单元与知识点	1. 水电站控制系统中的自动化元件（信号元件、执行元件） 2. 水电站辅助设备的液位控制系统 3. 水电站辅助设备的压力控制系统 4. 水电站主阀和快速阀门的自动控制系统
重难点	重点：水电站辅助设备的液位、压力控制系统，主阀和快速阀门的自动控制系统（机械系统图、电气接线图、任务与操作流程） 难点：水电站控制系统中的自动化元件
学习要求	1. 熟悉水电站控制系统中的自动化元件 2. 掌握水电站辅助设备的液位控制系统 3. 掌握水电站辅助设备的压力控制系统 4. 掌握水电站主阀和快速阀门的自动控制系统

水电站的辅助设备是水轮发电机组正常工作的保障，主要包括油系统、水系统、气系统、主阀等。为保证机组完成自动化操作，辅助设备的自动化就必不可少。例如，自动保持压力油槽内的压力和油面，自动投入工作油泵和备用油泵；压缩空气装置的自动控制和保护；站内集水井的水位监视，自动投入排水泵和备用水泵；水电站机械液压系统的自动操作等。现代水电站的辅助设备控制广泛采用可编程控制器（programmable logic controller，PLC），控制方程常有自动和手动两种方式，主/备设备自动轮换，控制对象中的全部液位、压力、位置、状态量采用通信方式送至计算机监控系统。本章主要讲解水电站辅助设备的自动控制。

资源 6-1 水电站油、气、水管路系统实物照片

第一节　控制系统中的自动化元件

水电站是以水轮发电机组为核心的自动控制系统，水电站运行需要许多自动化元件配合。例如，对机组在甩负荷过程中的过速保护、同期并列和停机都需要转速信号器；机组轴承温度监测要有温度信号器；使调速器和主阀的油压和储气罐气压保持一定压力要有压力信号器；保证机组供水和排水的自动控制要有液位信号器；监视导水叶被卡要有剪断信号器等信号元件。此外，为了达到自动控制的目的，在油、气、水管道上还必须装设电磁阀、电磁空气阀、电磁配压阀和磁力启动器（或交流接触器）等执行元件。

资源 6-2 交流接触器实物照片

一、信号元件

（一）转速信号器

转速信号器用于测量机组的转速，以反映机组的不同工况，可根据不同的转速发出各种信号，对机组进行保护和自动操作。例如，当机组转速达到额定转速的140%时，发出使机组紧急停机的过速信号，命令机组停机和关主阀；当机组转速达到额定转速的115%时，发出使机组事故停机的报警信号，命令机组停机；当机组转速达到额定转速的95%时，采用转速信号器的自动准同期装置发出同期信号，命令发电机断路器合闸；机组作调相运行时，当机组转速下降到额定转速的85%，则命令断路器跳闸，机组与电网解列；在机组停机过程中，当机组转速下降到额定转速的35%时，发出制动信号，对机组进行刹车。

中小型水电站常用电压型转速信号器，该转速信号器由永磁发电机供电。永磁发电机发出的电压与机组转速成正比，不同的转速使响应的电压继电器启动或返回，以达到上述保护和自动操作的目的。ZZX－3型转速信号器原理如图6－1所示。图中1YJ、2YJ、3YJ和4YJ等电压继电器的整定值分别为相应于95%、85%、140%和115%额定转速时的电压。图中ZJ的整定值为相应于35%额定转速时的电压，ZJ的电源由永磁发电机经整流而得，为避免永磁发电机的电压过低，导致交流电压继电器的接点发生振动而不稳定，应选用直流电压继电器。电阻R_2的阻值可以调节，R_2的阻值越大，ZJ的启动电压越高。

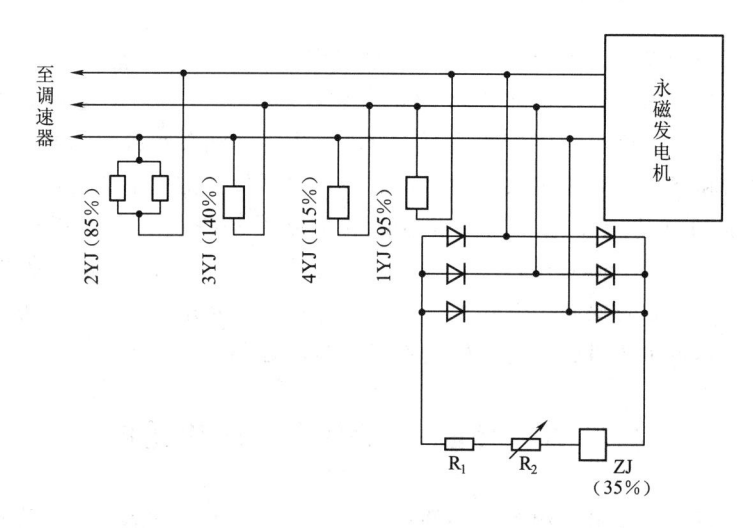

图6－1 ZZX－3型转速信号器原理图

小型水轮发电机组往往没有配永磁发电机，可采用机械型转速信号器作过速保护。ZX－5型转速信号器（它是原来ZX－7型的改型）如图6－2所示，它采用鼠笼型转子及永磁定子作为测量单元，以月牙形钢环及封闭型干簧接点（CM_1－1型）作为发信单元，在不同的位置上装了5对接点，可分别在机组35%～140%额定转速范围内调整。转速适应范围为30～300r/min，但是，该转速信号器还存在一些问题，如定值有变化（尤其发生在机组转速突变时），接点调整困难，接点还有误动现象等。

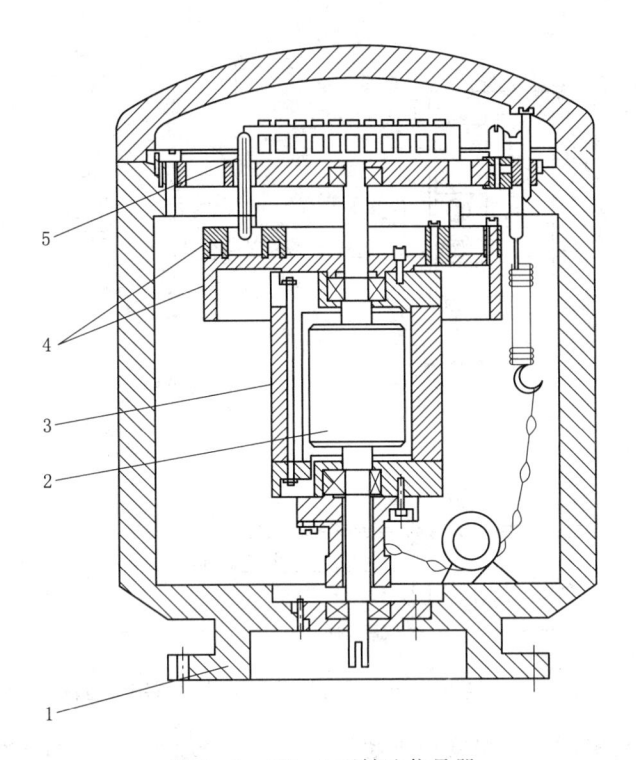

图 6-2　ZX-5型转速信号器
1—壳体；2—转子；3—磁钢；4—"月"形磁钢环；5—干簧接点

(二) 温度信号器

温度信号器用于监测发电机推力轴承、上导轴承和下导轴承、监视水轮机导轴承的轴承温度、发电机定子线圈、铁芯和空气冷却器前后气温及油槽的油温等，当工作温度达到整定温度值时能自动发出信号。

(1) WTZ-288型电接点压力式温度信号器。WTZ-288型电接点压力式温度信号器的作用原理基于一定容积的密闭系统内的气体或液体饱和蒸汽（如氯甲烷 CH_3Cl、氯乙烷 C_2H_5Cl 或丙酮 C_3H_6O 蒸汽）的压力与温度之间的关系。测温系统由弹簧管、感温包和毛细管组成。感温包内气体或液体的饱和蒸汽压力随感温包附近的温度变化而变化，使弹簧管产生位移，带动杠杆传动指示机构使指针指示出温度的读数。仪表为圆形结构，直径为173mm，其传动系统如图6-3所示。

电接点压力式温度信号器有下列缺点：仪表反应迟钝、毛细管易坏且无法修复、接点容量小、接点压力不够、易产生接触不良等。

(2) XCZ-102型电阻式测温计。水电站常用热电阻测温度，配 XCZ-102型电阻式测温计，采用不平衡电桥原理进行测量。桥臂上的电阻 $R_2 \sim R_4$ 为不随温度变化的锰铜电阻，第四个桥臂除接入 R_1 外，还接入测温电阻及连接导线。当被测对象的温度为0℃时，电桥处于平衡状态。当被测对象温度升高时，测温电阻的阻值增大，电桥的平衡被破坏并产生不平衡电势，在检流计L中有电流流过，根据电流的大小便可确定被测对象的温度值。

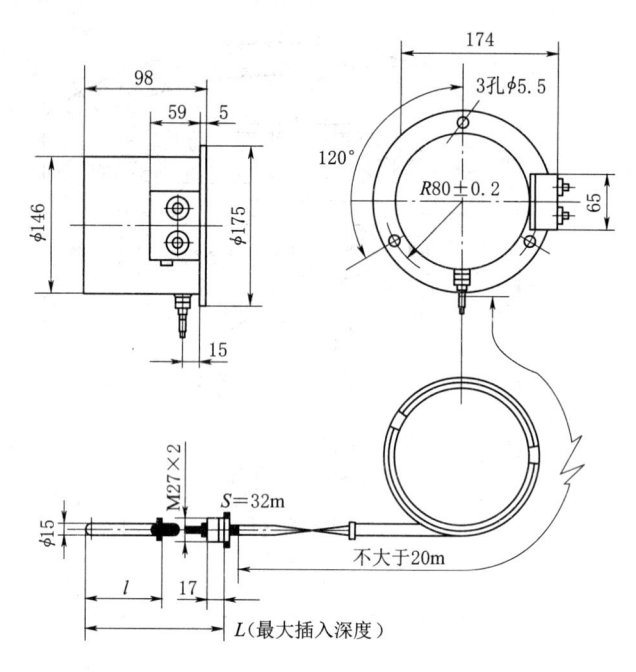

图 6-3 电接点压力式温度信号器传动系统示意图

水电站被测对象的正常温度均不超过 120℃，一般采用 WZG-200 型铜热电阻，它能长期测量温度在 −50～+120℃，压力为 250kg/m² 以下的气体、液体或蒸汽等介质的温度。图 6-4 为 XCZ-102 型电阻式测温计的电气接线图。XCZ-102 型电阻式测温计的测温范围为 −200～+500℃，精度为 1.0 级，阻尼时间为 7s，消耗功率不

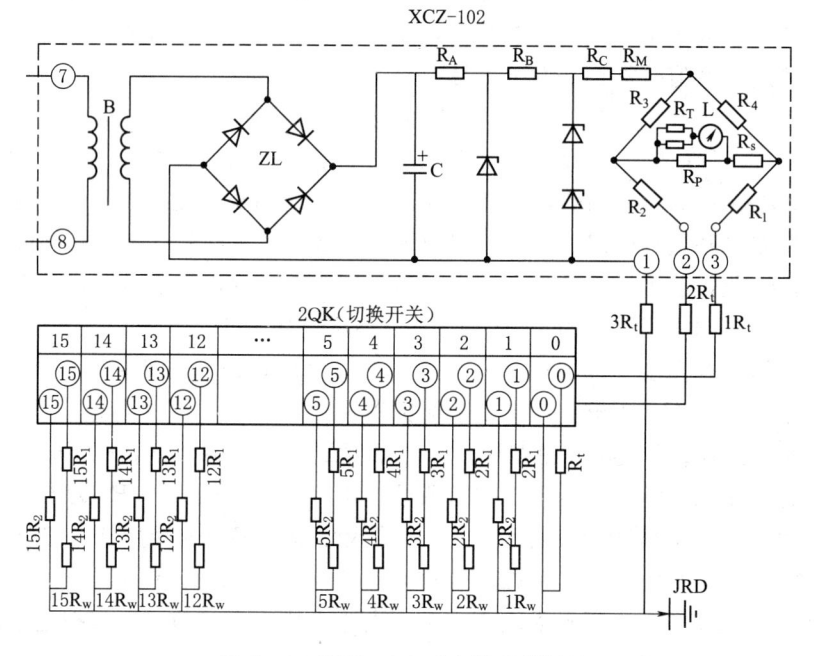

图 6-4 XCZ-102 型电阻式测温计

大于1.5VA。图6-4中R_t为调零电阻，$1R_t$、$2R_t$及$3R_t$为调节电阻，R_M为刻度调整电阻，R_T为温度补偿电阻，R_S为串联电阻，R_P为并联电阻。当投入调零电阻时，可检查流量计L指针是否指零，调零电阻R_t为53Ω的标准锰铜电阻。为了保证在相同温度下每个测点的测温电阻与连接导线的电阻之和均相等，每一个测点的连接导线上应有一个调整电阻，如第一个测温电阻$1R_W$回路中串有调整电阻$1R_1$和$1R_2$，第15个测温电阻$15R_W$回路中串有调整电阻$15R_1$和$15R_2$。为了防止发电机定子线圈和铁芯与测温电阻之间的绝缘损坏，危及人身安全，电源零线经击穿保险器JRD接地。

（三）压力信号器

压力信号器用于监视油系统和气系统的油压和气压，在调速器和主阀的油压装置的压油槽和气系统的储气罐上均装有压力信号器。下面介绍电接点压力信号器和YX型压力信号器。

（1）电接点压力信号器。电接点压力信号器是一种有刻度指示并能发出信号的仪表。当被测介质压力超过或低于整定压力值时，其电接点闭合发出信号。电接点压力信号器的动作原理与YX型压力信号器相似，它有两对接点，上限压力一对接点，下限压力一对接点，两对接点的动触头就是它的指针。

（2）YX型压力信号器。YX型压力信号器如图6-5所示，它的弹簧管是椭圆形截面并弯成圆形的中空金属管，被监测的介质引入管内，由于管的内侧和外侧面积不相等，在管内介质压力作用下弹簧管的自由端将伸缩且沿曲线轨迹移动，管内介质压力使弹簧管伸缩，在其自由端产生的位移将相应的水银开关接通，发出相应的越线信号。

上述两种压力信号器中，YX型压力信号器接点容量较大，断弧能力较好，但汞开关受震动时容易产生误动作。电接点压力信号器不会因受震动而产生误动作，但胀圈有时会漏油，接点容量小而且在动作值附近时有抖动现象，造成长时间起弧和熄弧烧灼接点。此外，电接点压力信号器的压力整定值容易调整。

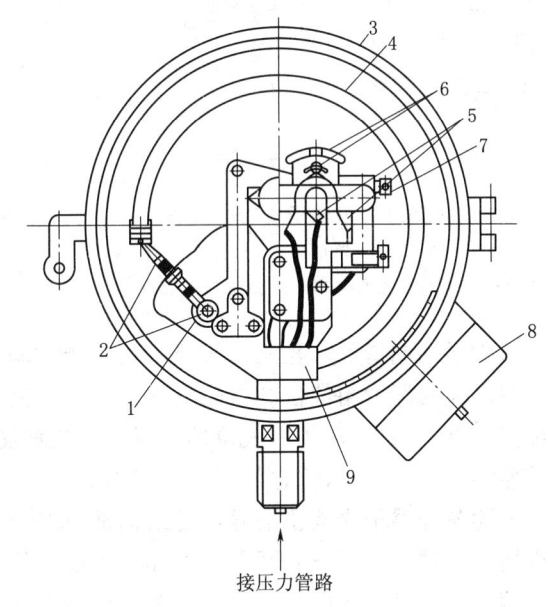

图6-5 YX型压力信号器
1—连杆传动机构；2、7—调节螺丝；3—外壳；4—弹簧管；
5—汞开关；6—螺丝；8—接线盒；9—接头

（四）液位信号器

液位信号器用于技术供水、供油、水轮机顶盖和集水井等水位的监视，还用于各种油槽的监视。现介绍水电站广泛采用的浮子式液位信号器和电极式液位信号器。

（1）浮子式液位信号器。常用的浮子式液位信号器有FX-1型、FX-2型、FX-3

型、YW-67型、ZWX-150型及FL型。

监测发电机推力轴承和导轴承油槽油位时，常用ZWX-150型及FX-2型浮子式液位信号器，其结构分别如图6-6和图6-7所示。

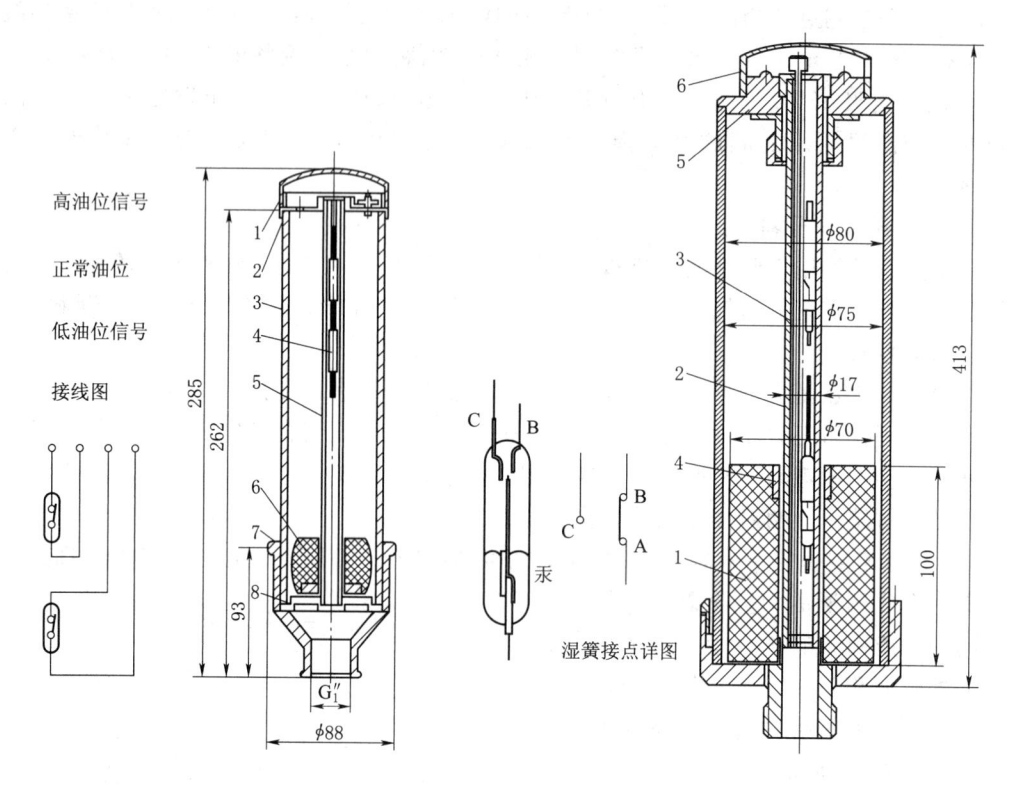

图6-6 ZWX-150型浮子式液位信号器
1—盖；2—出线板；3—外罩管；4—干式舌簧接点；
5—内管；6—浮球与永磁钢；7—外接箍；8—支盘

图6-7 FX-2型浮子式液位信号器
1—浮子；2—导向管；3—湿簧接点；
4—磁钢；5—接线座；6—罩

监视稀油润滑的水轮机导轴承和导轴承油槽油位时，常用FX-1型浮子式液位信号器。监视漏油箱油位、水轮机顶盖和蓄水池水位，常用FX-3型和FL型浮子式液位信号器，FL型浮子式液位信号器的结构如图6-8所示。YW-67型浮子式液位信号器如图6-9所示，它的测量范围为0.8~10m。

上述各种浮子式液位信号器的结构都由浮子（即带有磁钢的浮体或玻璃泡）和触点机构（干簧、湿簧或汞开关）两部分组成。随着液位的升降，浮子上的永久磁钢或者玻璃泡内的汞使导向管的干簧、湿簧或水银开关动作，发出相应的液位信号，以达到自动控制的目的。

（2）电极式液位信号器。电极式液位信号器用于监视转轮室水位，它与ZXS-2型水位信号装置配合以给转轮室供压缩空气，使转轮室水位保持在水轮机转轮以下，减小机组作调相运行时的功损耗，也用于监视水轮机顶盖和集水井水位。

电极式液位信号器的电极DJ有两个相互绝缘的导体，通常是不接通的，当水位上升把两个电极都浸入在水中时，利用水的导电性，使两个电极成为电的通路，发出相应的水位信号。ZXS-2型水位信号装置的工作原理如图6-10所示。水位信号装置由电流继电器DZ、变压器B及桥式镇流器ZL等组成。

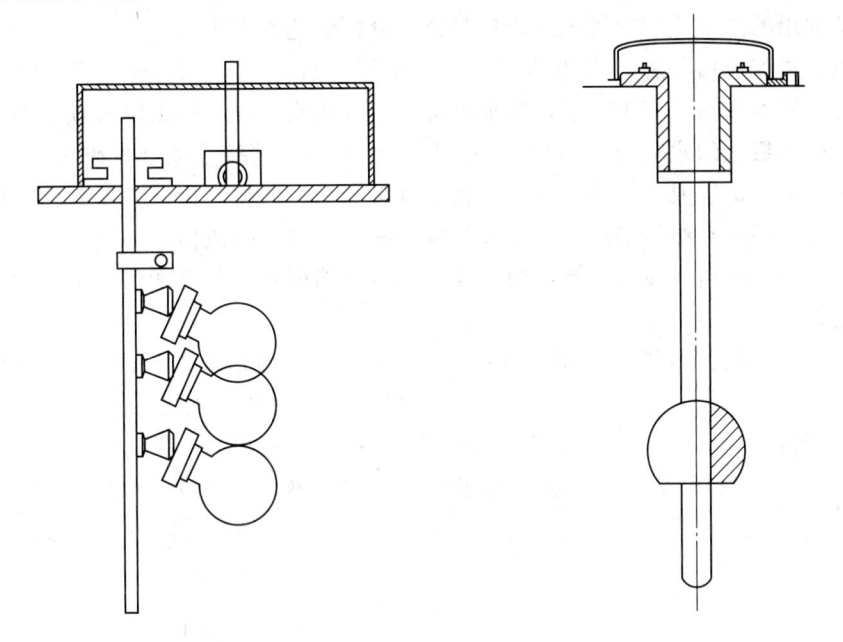

图6-8　FL型浮子式液位信号器　　图6-9　YW-67型浮子式液位信号器

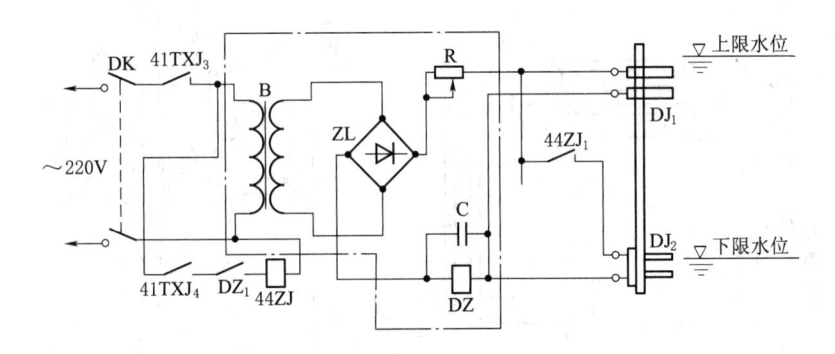

图6-10　ZXS-2型水位信号装置工作原理图

当机组作调相运行时，ZXS-2型水位信号装置的电源由调相运行继电器的常开接点41TXJ$_3$闭合而自动投入。当电极式液位信号器电极DJ$_1$浸入水中（即转轮室在上限水位）时，因水导电，DZ动作，常开接点DZ$_1$闭合使44ZJ通电，44ZJ$_1$闭合自保持，44ZJ$_2$（见图6-28）闭合打开给气阀给气，把转轮室水位压下。当电极DJ$_2$露出水位（即转轮室在下限水位）时，DZ因自保持，回路断开而断电，故44ZJ$_1$也断电，使给气阀关闭，压缩空气停止通入。当水位又上升时，重复上述操作过程，故44ZJ$_1$也断电，使给气阀关闭，压缩空气停止通入。当水位又上升时，重复上述操作过程。DZ两端的并联电容C起干扰和保护DZ的作用。

（五）液流信号器

用于监视机组轴承油槽冷却水和水轮机橡胶导轴承润滑及冷却水的流态，当水流流速很小或断流时，液流信号器发出信号，使备用水源投入，否则经延时使机组停机。

水电站常用的挡板式和浮子式液流信号器，分别叙述如下：

(1) 挡板式液流信号器。常用的挡板式液流信号器有 SL 型和 SLX 型。SLX 型挡板式液流信号器如图 6-11 所示，在水流按规定方向流通时，挡板绕其轴转动一个角度，使装在挡板上的永久型磁钢接近湿簧接点，于是湿簧接点闭合发出流通信号。当水流流速小于一定值或水流中断时，挡板在自重和弹簧力的作用下向反方向返回一个角度，永久磁钢离开湿簧接点，于是湿簧接点断开，发出断流信号。此外，指针能在永久磁钢作用下随挡板转动，指针的位置直接指示挡板转动的角度的大小，间接指示管内水流流速的大小。

(2) 浮子式液流信号器。常用的 SX-50 型浮子式液流信号器如图 6-12 所示。液流信号器在水流按规定方向流通时，由水流将浮筒及永久磁钢推动上升到一定位置，常闭湿簧接点断开，当水流流速小于一定值或水流中断时，浮筒及永久磁钢在重力作用下落下，使湿簧接点接通，发出断流信号，投入备用水源或延时使机组停机。

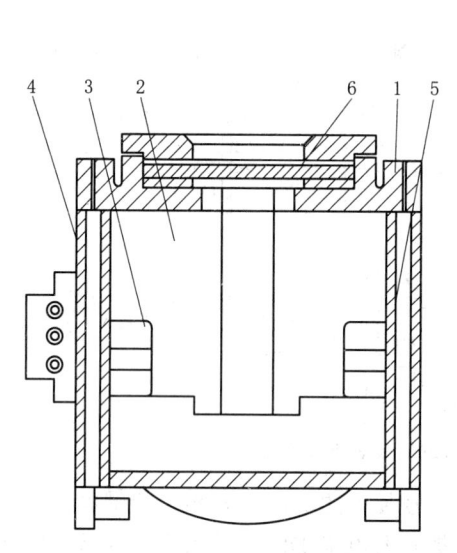

图 6-11 SLX 型挡板式液流信号器
1—壳体；2—挡板；3—永久磁钢；
4—湿簧接点；5—指针；6—盖

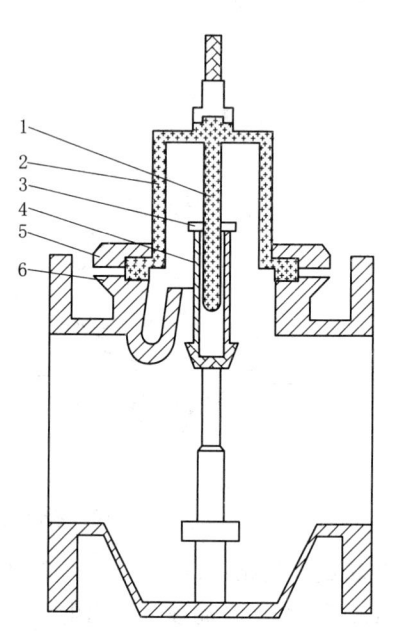

图 6-12 SX-50 型浮子式液流信号器
1—湿簧接点；2—透明罩；3—永磁环；
4—浮筒；5—压盖；6—壳体

(六) 剪断销信号器

剪断销信号器用于监视水轮机导叶连杆的剪断销是否断裂，装在剪销的轴向中心孔内，每个剪断销的轴向中心孔内装一个剪断销信号器。在正常停机过程中导叶被卡时，剪断销断裂，剪断销信号器发出报警信号；如在事故停机过程中导叶被卡，剪断销断裂，则剪短信号器除发出报警信号外，并作用于紧急事故停机继电器，发出事故停机命令和关闭主阀（或事故闸门）的命令。

水电站常用的剪断销信号器有以下两种：

(1) CJX 型剪断销信号器。CJX 型剪断销信号器采用脆性材料为壳体，壳内为印刷电路，并用环氧树脂封浇，绝缘性能好。使用时将信号器插入剪断销的轴向中心孔内，当剪断销断裂时，信号器也同时断裂而发出信号。CJX 型剪断销信号器系常闭触点式，如图 6-13 所示。

(2) JX 型剪断销信号器。常开式剪断销信号器分常开触点式和常闭触点式两种，其结构如图 6-14 所示。

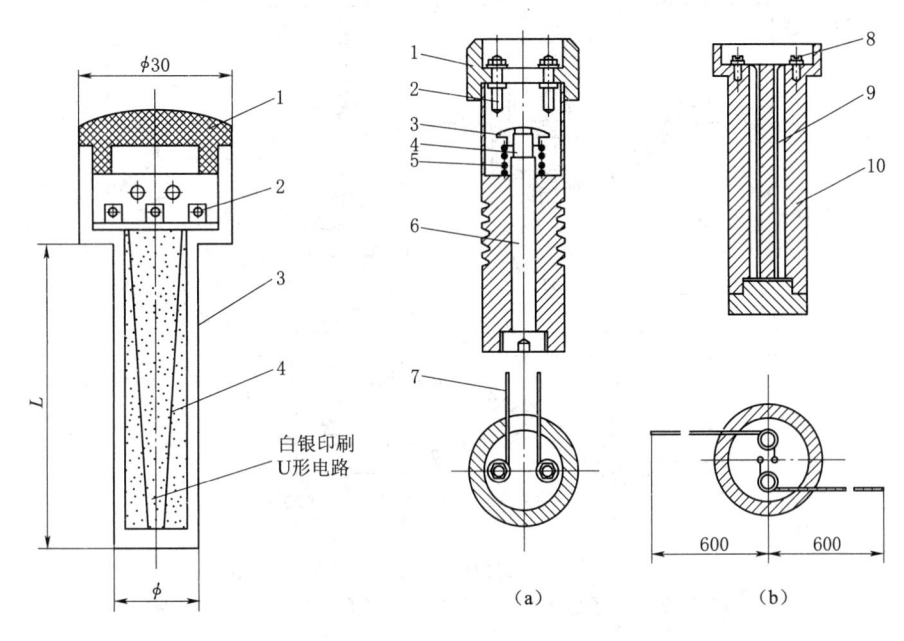

图 6-13 CJX 型剪断销信号器元件
1—盖；2—出线板；3—壳体；
4—填料（环氧树脂）

图 6-14 JX 型剪断销信号器
(a) 常开触点式；(b) 常闭触点式
1—接线座；2—接点螺栓；3、10—销体；4—动触头；
5—弹簧；6—螺栓；7—软接线；8—接线螺栓；9—导线；

常开式触点由触点螺钉、弹簧、销体和螺杆等组成。当剪断销断裂时，信号器的销体及其螺杆也被剪断，其触点在弹簧作用下将触点螺钉接通发出信号。

常闭触点式由有机玻璃制成的销体、穿入销体的一根导线及接线螺钉构成，装在剪断销的轴向中心孔内。水轮机剪断销的轴向中心孔内的剪断信号器被分成两组，每组为 6 只，并分别与 JXZ-2 型剪断信号装置的两个输入端串联，如图 6-15 所示。当某个剪断销断裂时，其中的销体及导线也同时被剪断，因此 JXZ-2 型剪断销信号装置内部的桥式电路平衡状态被破坏，装置内电流继电器 2LJ 随之动作，使信号系统发出剪断销断裂信号。在水轮机正常运行时，导叶不卡、剪断销未断裂，桥式电路处于平衡状态，接于该桥式电路对角线上的电流继电器 2LJ 无电流流过，信号系统不会发出剪断销断裂的信号。

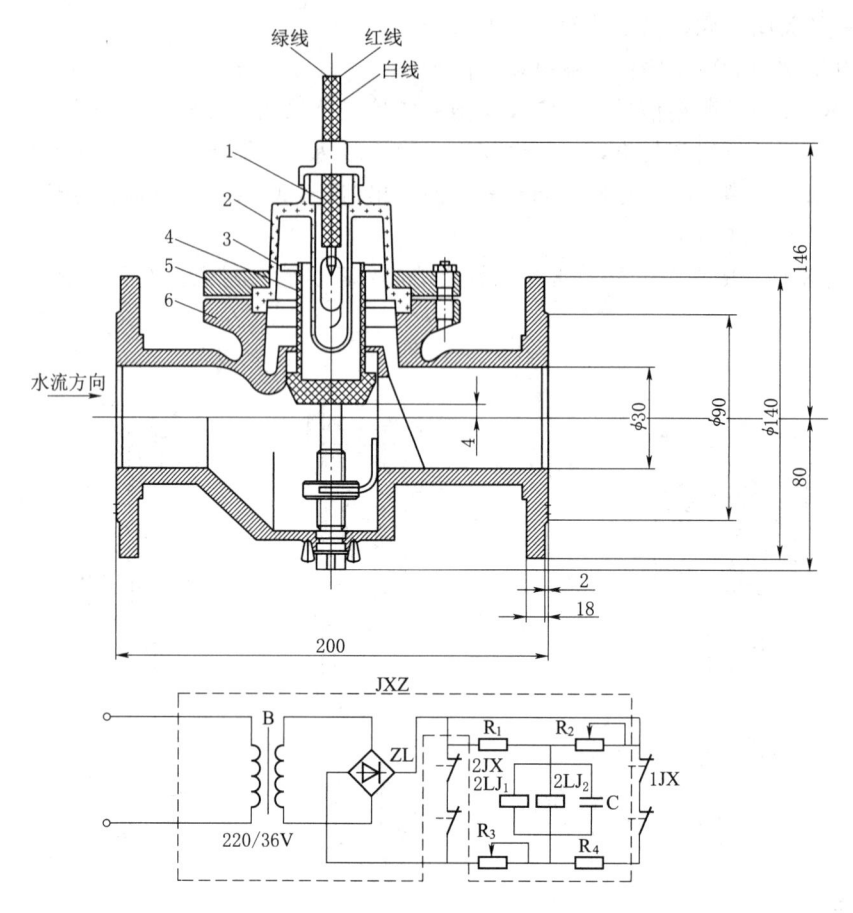

图 6-15　JXZ-2 型剪断销信号装置控制路线图
1—湿簧接点；2—透明罩；3—永磁环；4—浮筒；5—压盖；6—壳体

> **【价值观】**
> 　　无论是转速信号器，还是压力信号器，它们的共同点是监测并进行信息交流，进而实现其自身的功能和价值。交流、亲和力、真诚、平等、尊重都是友善的表现，正如人和人之间的相处要亲近和睦，趣味相投，助人为乐，相互支持，彼此成就。友善强调的是营造一种良好的社会公共空间和社会氛围，每一个公民都能从中受益。英国剑桥大学的卡文迪许实验室是由电磁学之父詹姆斯·克拉克·麦克斯于 1871 年创立的物理实验室，实验室的名师们研究当时物理学最前沿的领域，作为助手的学生从中学到相关的知识和研究方法，也逐渐成为该领域的名师，正是得益于一代代的友善待人、精诚合作，该实验室先后有 30 多位科学家获得诺贝尔奖。

二、执行元件

（一）电磁阀

电磁阀用于油、气、水管路系统的自动启闭，它将信号器发出的电气信号转换为管路自动启闭的机械动作，其结构由电磁操作机械和阀体两部分组成。下面介绍 DF_1

型电磁阀和由 ZT 型直流电磁铁操作的电磁阀。

(1) DF$_1$ 型电磁阀。DF$_1$ 型电磁阀用于水轮发电机组的制动系统、调相压水系统、轴承冷却系统管道上的自动阀门，其结构如图 6-16 所示，图示位置是电磁阀处于断电后的关闭状态，此时电磁阀是靠作用在橡胶膜上腔 A 面上工作介质的压力，使橡胶膜与阀体间保持密闭状态。当通电时，电磁阀动铁芯在电磁力作用下向上移动，打开上盖的排气孔，此时上腔的压力下降，在工作介质压力的作用下电磁阀打开；断电时，电磁阀动铁芯因自重而落下，堵住排气孔，上腔压力上升，依靠橡胶膜上下腔的压差使电磁阀关闭。DF$_1$ 型电磁阀启闭靠阀内工作介质的压力，所以所需电磁阀线圈功率较小，但电磁阀开启过程中，要求其线圈始终带电，这是 DF$_1$ 型电磁阀的缺点。

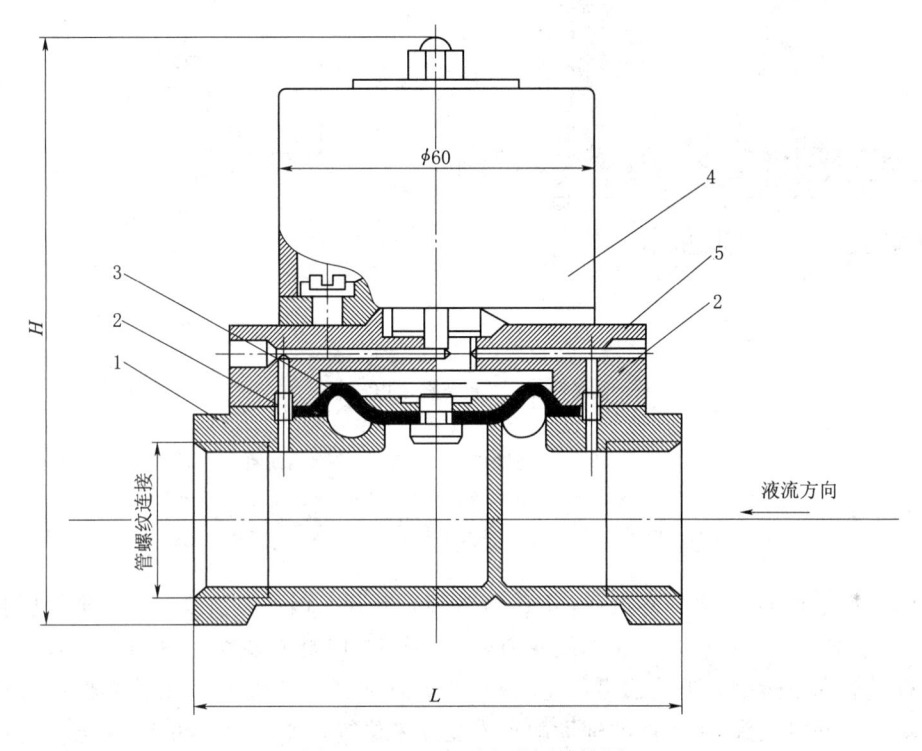

图 6-16　DF$_1$ 型电磁阀结构图
1—阀体；2—导管；3—橡胶膜；4—电磁铁；5—上盖

(2) DF-50 型电磁阀和 ZT 型直流电磁铁。DF-50 型电磁阀在油、气、水系统的管道上应用广泛，它和 DF$_1$ 型电磁阀不同之处在于：DF$_1$ 型电磁阀是单线圈的，阀门开启时线圈需长期通电；DF-50 型电磁阀用 ZT 型双线圈的直流电磁铁操作，两个线圈仅在启闭操动时短时间通电。ZT 型直流电磁铁的结构如图 6-17 (a) 所示，主要包括电磁铁动作机构、触头机构、释放机构及其辅助部件三大部分。电磁铁的两个线圈即吸引和脱扣线圈，短时带电，并有锁扣机构，其动作原理如下：

吸引线圈 6 通电后，动铁芯 4 在磁场作用下吸合，固定在动铁芯上端接头 11 上面的攀升架 18 便被在弹簧力作用下的擒纵件 9 锁住而不能自由落下。同时，接头 11

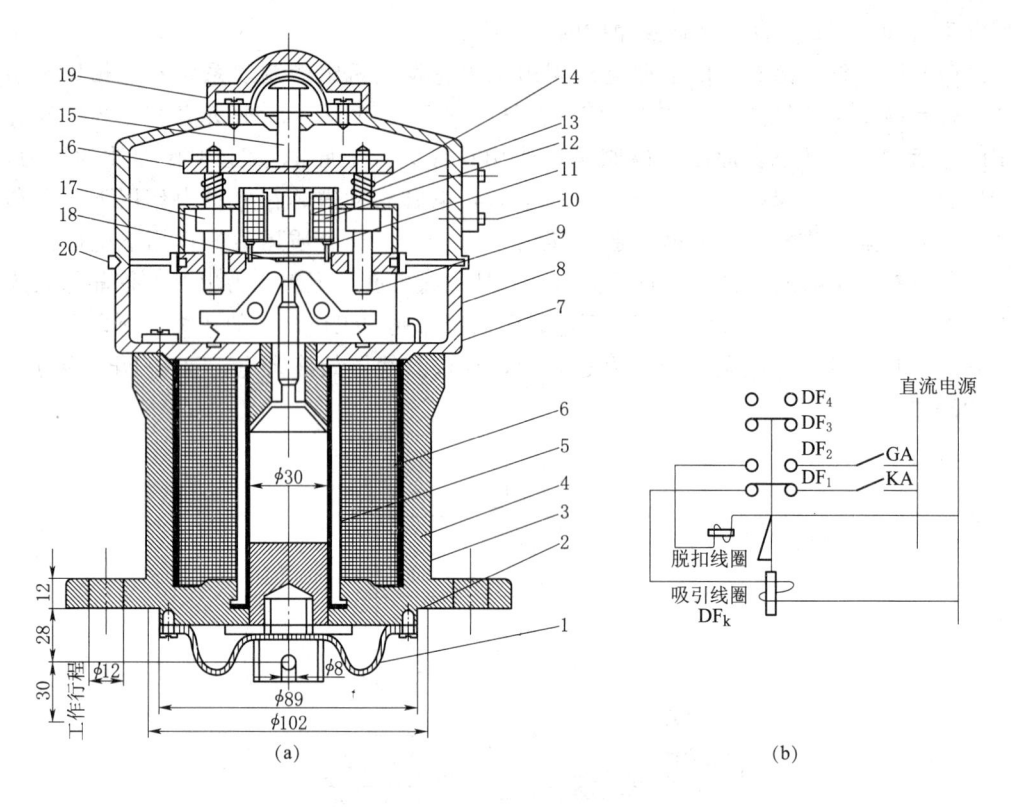

图 6-17 ZT 型直流电磁铁
(a) 结构图；(b) 接线图

1—橡胶模；2、11—接头；3—底座；4—动铁芯；5—钢磁；6—吸引线圈；7—静铁芯；8—中座；
9—擒纵件；10—铭牌；12—脱扣线圈；13—静铁芯；14—磁轭；15—按钮；
16—衔铁；17—导杆；18—攀升架；19—罩；20—盖

上面的辅助触点 DF_2（常开）接通，DF_1（常闭）断开，因而吸引线圈 6 断电，脱扣线圈 12 处于准备工作状态。当脱扣线圈通电后，衔铁 16 将在磁场力作用下吸合，两侧的导杆随着向下运动，迫使擒纵件 9 转动 30°，从而释放接头 11，动铁芯便在自重作用下落下，同时接头 11 上面的辅助触点恢复原来位置，便脱扣线圈 12 断电，衔铁释放，擒纵件 9 又处于准备锁住接头的工作位置。以上即为电动吸合和释放的动作过程。ZT 型电磁铁也可以进行手动操作。电磁铁接头 2 于管道阀门配合时，在 $\phi 8$ 孔处配有手柄，能手动提起铁芯，并通过擒纵件将动铁芯锁在吸合位置。揭开罩 19 并按下按钮 15，能手动迫使衔铁与导杆向下运动，擒纵件 9 使接头 11 释放，动铁芯自重而落下，实现手动释放。

电磁铁的电路如图 6-17（b）所示，其中 KA 为电磁铁吸合按钮，GA 为电磁铁释放按钮。当 KA 按下时，电流通过脱线扣吸引线圈，动铁吸合，并由擒纵件锁在开启位置，接头上辅助触点 DF_2 接通，为脱扣线圈回路的接通做好准备；DF_1 断开，使吸引线圈断电。当 GA 按下时电流通过脱扣线圈，衔铁吸合，动铁芯释放，此时接头上辅助触点 DF_2 断开，切断脱扣线圈回路；DF_1 接通，为吸引线圈回路的接通做好准备。由于两个线圈是短时带电，工作时不通电，所以失去电源也不会引起误动作，这是ZT型直流电磁铁的优点。

(二) 电磁空气阀

电磁空气阀用于压缩空气管路的自动启闭。下面介绍水轮发电机组制动系统和主阀密封围带的压缩空气系统使用的DK-15/7型电磁空气阀。

DK-15/7型电磁空气阀由空气阀和ZT型直流电磁铁两部分组成，其结构如图6-18（a）所示。ZT型直流电磁铁通过支架、重块及连杆与空气阀连接。空气阀为差动阀，由壳体、活塞、密封圈、弹簧及导杆等组成，其内部结构如图6-18（b）所示，其动作原理如下：

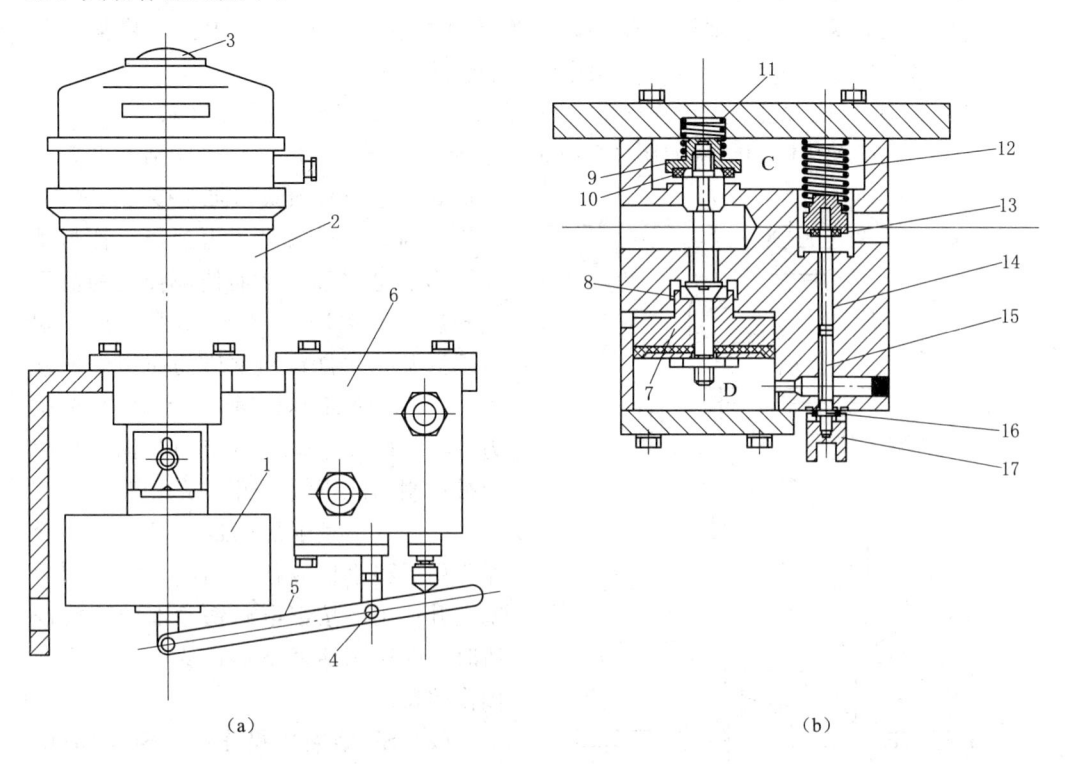

图6-18 DK-15/7型电磁空气阀
(a) 结构组成；(b) 内部结构
1—重块；2—ZT型电磁铁；3—罩；4—轴；5—连杆；6—空气阀；7—活塞；8、10—密封圈；9—阀座；11、12—弹簧；13、16—孔口；14—上导杆；15—下导杆；17—叉头

(1) 吸引线圈通电后，动铁芯吸合即重块上升，使连杆以轴4为中心顺时针方向转动，随之叉头17及上下导杆14、15被弹簧12的伸张力推动而落下，使上孔13密封，下孔16与大气相通，排去差动活塞缸下腔D的压缩空气。此时阀座9借上部弹簧11的伸张力而落下，使下密封圈开启。当上密封圈10与壳体的止口接触后，上腔C的气体将协助弹簧11对密封起更大的压紧作用。同时，被控制的左管道B中的压缩空气便通过下部密封圈的排气孔排除，实现自动排气。

(2) 脱扣线圈通电后，衔铁吸合将动铁芯下落，重块也下落，使连杆以轴4为中心逆时针方向转动，同时叉头 17 以及上下导杆 14、15 随之上升，使孔口 16 由开启变为密封，上部孔口 13 由密封变为开启。来自右管 A 中的压缩空气通过导杆 14 与壳体之间的空隙进入差动活塞缸的下腔 D，把活塞 7 推起至图示位置，即下密封圈 8 封闭上密封圈 10 开启。于是压缩空气通过阀体的上腔 C 及已开放的密封口进入管道 B 中，实现自动给气。

DK-15/7 型电磁空气阀可以进行手动操作。用手将重块 1 向上推起至 ZT 型直流电磁铁内的擒纵件，把动铁芯锁在吸合位置，重块上升，便实现手动排气；打开罩 3，按下释放按钮，擒纵件把动铁芯释放，便实现手动给气。

（三）电磁配压阀和液压操作阀

电磁配压阀系统受电磁铁的驱动，切换油路去控制液压操作阀。现将常用的 DP-8/7 型电磁配压阀和 SF 型液压操作阀分别叙述如下：

（1）DP 型电磁配压阀。DP 型电磁配压阀由 ZT 型直流电磁铁和配压阀组成，DP-8/7 型电磁配压阀的结构如图 6-19 所示。吸引线圈通电后，配压阀活塞 2 跟着重块 3 和电磁铁动铁芯向上移动，A、B 两管相通，B 管输出压力油，C 管与排油管 D 接通排油，从而使被控制的液压阀开启（或关闭）；脱线扣通电后，配压阀活塞 2 靠自重和重块的作用向下移动，A、C 两管道相通，C 管道输出压力油，B 管与排油管 D 接通排油，从而使被控制的液压阀关闭（或开启）。

DP-8/7 型配压阀也可进行手动操作。用手将手柄 4 往上抬时，配压阀活塞上升；用手按下电磁铁顶部的释放按钮时，配压阀活塞下落，从而达到手动操作的目的。

（2）SF 型液压操作阀。SF 型液压操作阀与 DP 型电磁配合阀组成，对压力小于 $10kg/m^2$ 的水管管路进行远距离起闭控制。SF 型液压操作阀由阀体和液压操作机构两部分组成，这两部分用活塞杆 8 相连，中间部分油与水采用垫料压盖密封，密封处渗漏的油与水通过泄露管路排出，其结构如图 6-20 所示，动作原理叙述如下：

SF 型液压操作阀活塞左侧的上、下两个油管与 DP 型电磁配压阀的两个油管（图 6-19 中的 B、C 管）相连。当

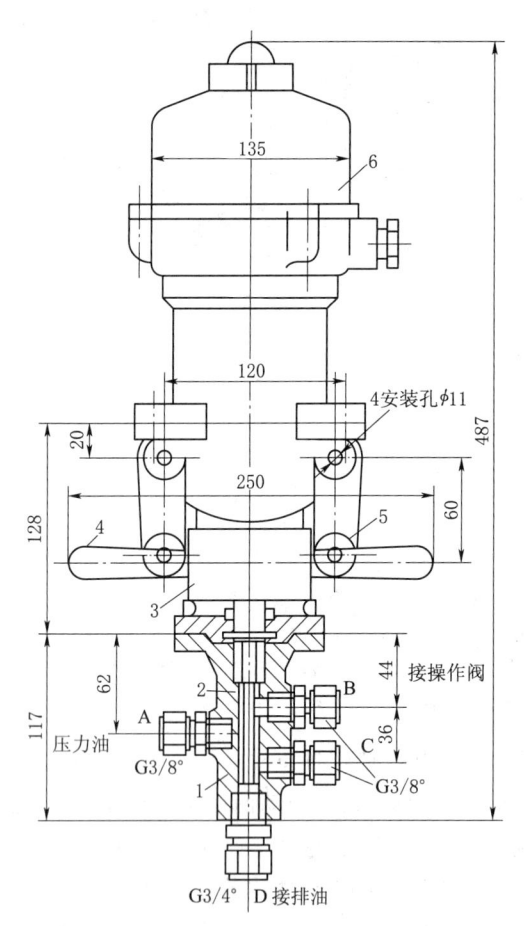

图 6-19 DP-8/7 型电磁操作配压阀结构图
1—阀体；2—配压阀活塞；3—重块；4—手柄；
5—支架；6—电磁铁

来自配压阀的压力油进入活塞 7 上腔时，操作阀的下油腔排油，活塞便下移，通过活塞杆 8 使阀盘 4 紧压在橡胶封环 5 上，将水管关闭；反之，当来自配压阀的压力油进入活塞 7 下腔时，操作阀的上腔排油，活塞便上移，将水管开启。

（四）磁力启动

水电站以水轮发电机组为核心的自动控制系统中，有许多辅助设备（如水泵、油泵、空气压缩机和闸门启闭机等）都是通过磁力启动器（或接触器）控制电动机运行的。磁力启动器接收信号器的信号，执行控制发电机的操作，所以磁力启动器（或接触器）也是执行元件。这些辅助设备中有些电动机（如水泵、油泵和空气压缩机）只有运行和停机两种工况，有些电动机（如桥式启闭机和闸门启闭机）在运行工况中有正、反转要求。下面分别介绍一般磁力启动器和有正、反转要求和限位要求的可逆磁力启动器：

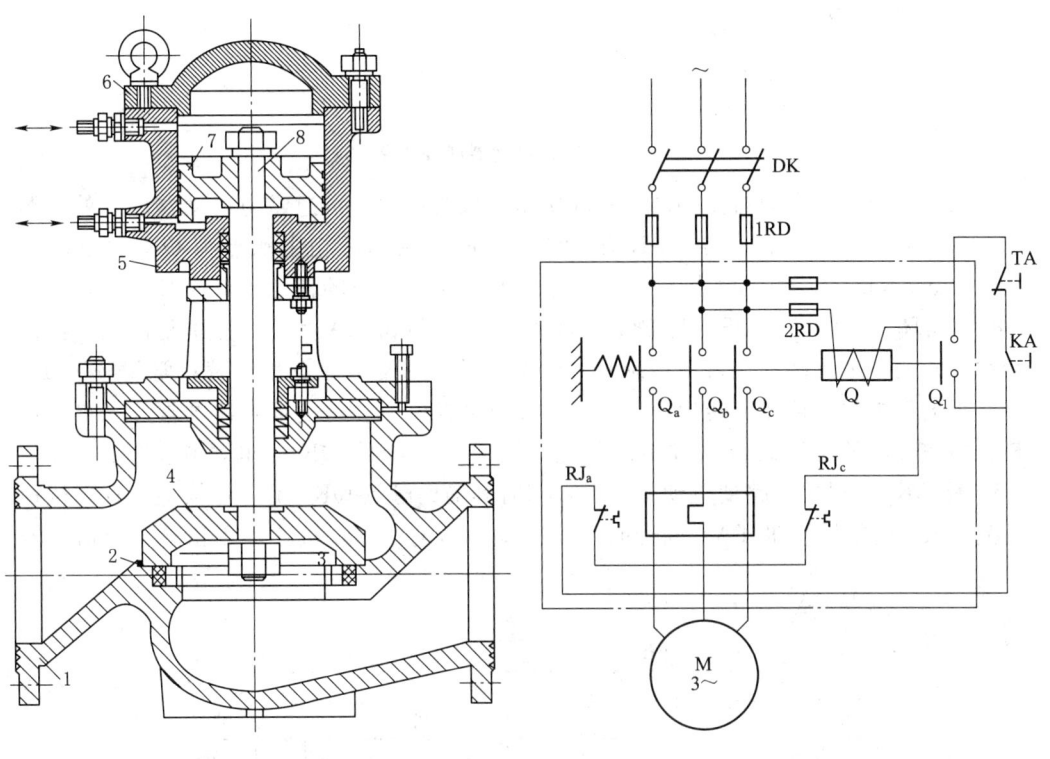

图 6-20 SF 型液压操作阀
1—壳体；2—密封环；3—压环；4—阀盘；
5—橡胶封环；6—盖；7—活塞；8—活塞杆

图 6-21 磁力启动器原理线路图

（1）一般磁力启动器。如图 6-21 所示，虚线框内是磁力启动器的原理接线图，如图 6-22 所示，虚线框内是磁力启动器的展开线路图。磁力启动器的线圈为 Q，三相主触点为 Q_a、Q_b 及 Q_c，辅助触点为 Q_1，常开按钮 KA 和常闭按钮 TA 在自动控制时就是信号器的常开触点和常闭触点。当信号器的常开触点闭合时，线圈 Q 通电，磁力启动器的主触点 Q_a、Q_b 及 Q_c 接通，主电路使电动机运行。同时辅助触点 Q_1 闭合，使线圈 Q 的电路保持通电，直到信号器的常闭触点断开时，线圈 Q 的电路断电，电动机停止运行。磁力启动器中的 RJ_a 和 RJ_c 为热元件，作电动机的过载保护，2RD 为熔断器，作线圈 Q 电路的短路保护。

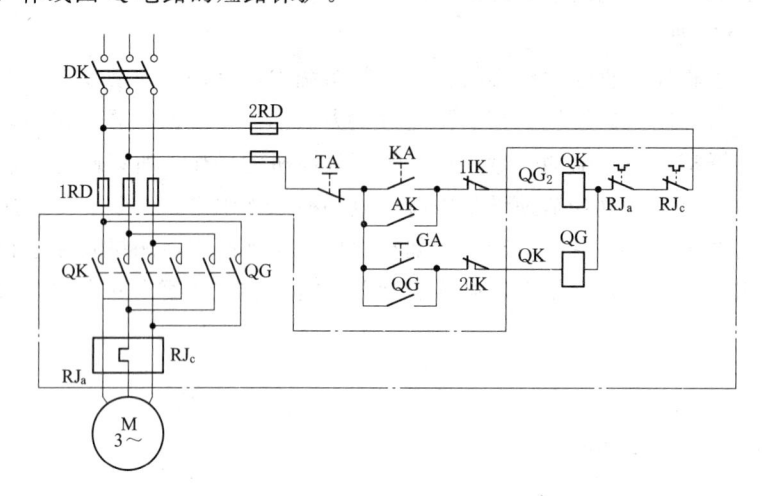

图 6-22 磁力启动器展开线路图

(2) 可逆磁力启动器。如图 6-23 所示，虚线框内是可逆磁力启动器展开的线路图。磁力启动器有两个线圈（QK 和 QG），QK 线圈的三相主触点为 QK_a、QK_b 及 QK_c，QG 线圈的三相主触点为 QG_a、QG_b 及 QG_c，相应的辅助触点为 QK_1（常开）、QK_2（常闭）、QG_1（常开）和 QG_2（常闭）。常开按钮 KA 和 GA 分别是使电动机正转和反转的命令元件，在自动控制时，就由信号器的常开触点来代替；常闭按钮 TA 可停止电动机的正转和反转的命令元件，在自动控制时，就由信号器的常开触点来代替。当信号器的常开触点（或 KA 按钮）闭合时，线圈 QK 通电，其主触点 QK_a、QK_b 及 QK_c 接通主电路使电动机正转，同时其辅助触点 QK_2 闭合自保持，直到行程开关 1IK（或停机按钮 TA）断开时，线圈 QK 断电，电动机才停止正转；当信号器

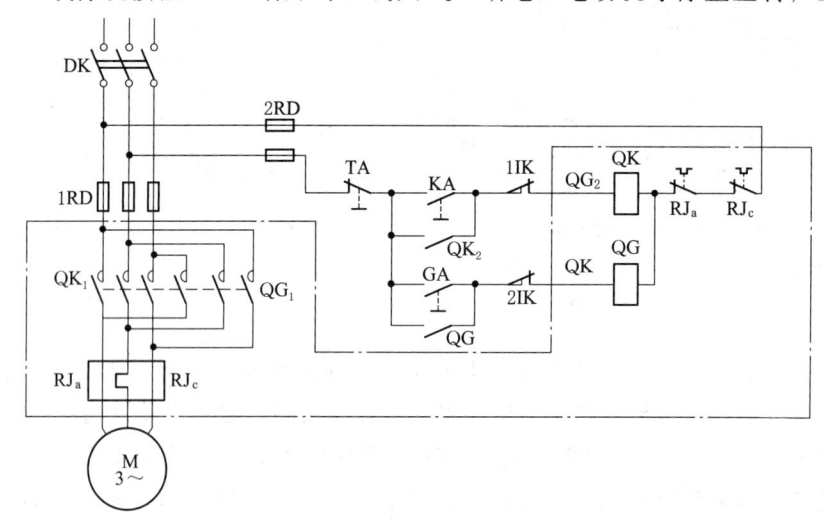

图 6-23 有限位要求的鼠笼式电动机正反转控制线路图

的常开触点（或 GA 按钮）闭合时，线圈 QG 通电，其主触点 QG$_c$、QG$_b$ 及 QG$_a$ 接通主电路使电动机反转，同时其辅助触点 QG$_1$ 也闭合自保持，直到行程开关 2IK（或停机按钮 TA）断开时，线圈 QG 断电，电动机才停止反转。RJ$_a$、RJ$_c$、1RD 和 2RD 的作用与前述相同。

第二节 辅助设备的液位控制系统

水电站的油、气、水系统中，如供水蓄水池、渗漏集水井、转轮室、油压装置压油槽和轴承油槽等，都需要维持其液位在一定范围内。蓄水池水位降到降低水位时，工作水泵向蓄水池供水；若降到过低水位时，则应启动备用水泵向蓄水池供水；当水位涨到正常水位时，工作水泵和备用水泵都停机。机组由发电转调相运行时，转轮室水位在上限水位以上，需开启给气阀向转轮室充压缩空气压水，直至水位压到下限水位时关阀停止给气。压油槽油位过高时要开启充气阀，直到油位压回到正常油位时关阀停止充气。轴承油槽的油位过高或过低都要报警，以提醒值班人员进行干预。上述作用的执行元件都是液位信号器，所以都是液位控制系统。由于轴承油槽油位监视器是机组自动操作中的一部分，这里只就前面四项分述如下。

一、蓄水池供水装置的自动控制

水电站技术供水系统除蓄水池供水方式外，还有自流供水和水泵直接供水方式。自流供水和水泵直接供水的自动化属于机组自动控制系统中的项目，应编入机组开机及停机操作程序。因各机组分开供水，由开机继电器及导水叶行程开关来操作电磁配压阀（自流供水）或电动机（水泵直供）的工作。

蓄水池供水装置的自动控制系统必须完成下述任务：

（1）自动启动和停止工作水泵和备用水泵，维持蓄水池水位在规定的范围内。

（2）当蓄水池水位降到降低水位时，自动启动工作水泵；当工作泵故障或供水量过大，蓄水池水位降低到过低水位时，还要启动备用水泵并发备用水泵投入运行信号。

（3）当蓄水池水位涨到正常水位时，工作水泵和备用水泵自动停止运行。

蓄水池供水装置的机械系统如图 6-24 所示，两台离心式水泵由鼠笼型电动机拖动，正常时一台备用，可以切换，互为备用。水泵从压力钢管（水头过高或过低时则从尾水渠）取水，用水泵将水送到高出厂房 15～20m 的蓄水池中，然后通过供水总管引到主厂房，供给机

资源 6-5
蓄水池供水装置的自动控制过程演示视频

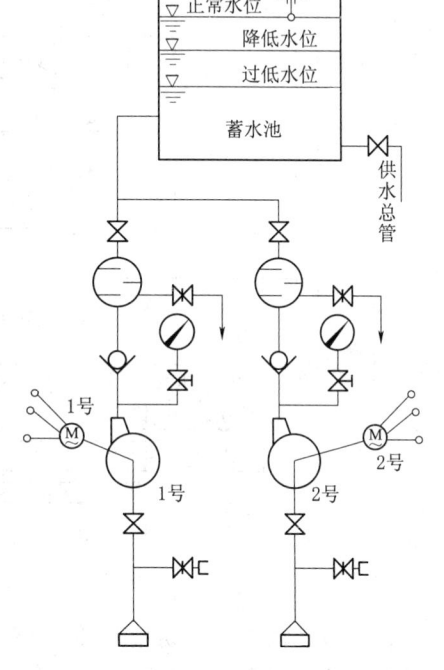

图 6-24 蓄水池供水装置机械系统图

组技术用水。在此情况下，水泵的启动与停机只取决于蓄水池水位。可见，水泵的工作与机组运行没有直接关系，因此其控制系统的接线可以简化。

蓄水池供水装置的电气接线如图 6-25 所示，水泵的启动与停机可以自动、备用和手动，都由切换开关 1QK 和 2QK 切换。浮子式液位信号器 FX 是自控的信号元件，磁力控制器 Q、2Q 为自控的执行元件，中间继电器 1ZJ～3ZJ 用以增加接点容量和数量。

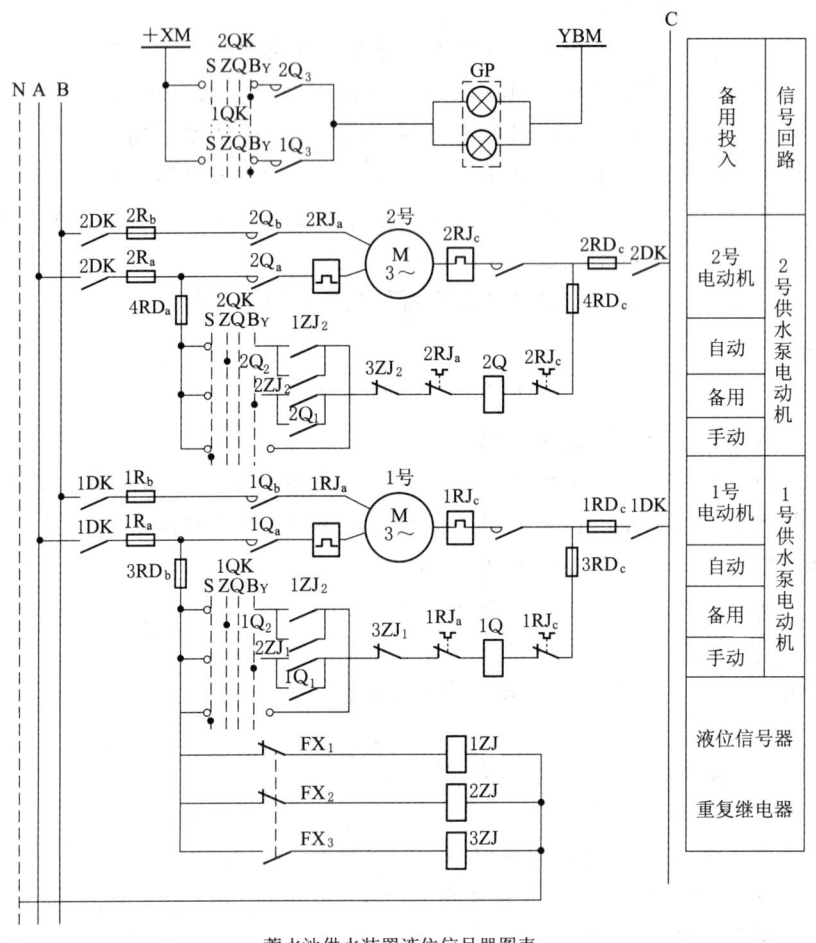

蓄水池供水装置液位信号器图表

信号器\水位	过低水位	降低水位	正常水位
FX₁	▨	▨	
FX₂	▨		
FX₃			▨

图 6-25 蓄水池供水装置电气接线图

（1）自动操作。将切换开关 1QK 切到自动位置 Z。当蓄水池水位降到降低水位时，FX_1 接点闭合，1ZJ 通电，接点 $1ZJ_1$ 闭合，使 1Q 通电，1 号电极电机启动抽水，同时又通过1Q₁闭合自保持；当蓄水池水位升到正常水位时，FX₃接点闭合，3ZJ通电，接点3ZJ₁断开，使1Q断电，1号电动机停机，从而使蓄水池水位维持在规定的范围内。

（2）备用投入。将切换开关2QK切到备用位置BY。当工作水泵发生故障或供水量过大，蓄水池水位降到过低水位时，FX₂接点闭合，2JZ通电，接点2ZJ₂闭合，使2Q通电，2号电动机启动抽水并发出报警信号（即光字牌GP亮），同时又通过2Q₂自保持；当蓄水池水位升到正常水位时，接点FX₃闭合，3ZJ通电，接点3ZJ₂断开，使2Q断电，2号电动机停机。

（3）手动操作。将切换开关1QK（或2QK）切到手动位置S，直接使1号电动机（或2号）启动抽水；将1QK（或2QK）切到切开位置Q，1号电动机（或2号）停机。可见，这时蓄水池水位不受液位信号器监视。

【方法论】

任何事物都具有现象和本质两重属性，现象是本质的外在表现，本质是现象的内在根据，现象离不开本质，本质也离不开现象，没有无现象的本质，也没有无本质的现象，现象与本质是对立统一的。人们认识一个事物，首先接触的是事物的现象，但事物的现象有真象和假象之分，本质表现为真象的事物容易认识，本质表现为假象的事物就要小心了，所以这对范畴给我们的方法论就是要透过现象来看事物的本质，尤其要注意揭穿假象的面具，以达到真正认识事物本质、揭示事物变化规律的目的。

二、集水井排水装置自动控制

集水井排水装置的自动控制系统必须完成下述任务：

（1）当集水井水位涨到升高水位时，自动启动工作水泵；当工作水泵故障或来水量过大，集水井水位涨到过高水位时，还要启动备用水泵并发备用水泵投入运行信号。

（2）当集水井水位降到正常水位时，无论工作水泵还是备用水泵都应自动停止运行。

集水井排水装置的机械系统如图6-26所示。两台离心（或深井）式水泵由鼠笼型电动机拖动，正常时一台备用，可以切换，互为备用，水泵将集水井的水排到尾水渠。

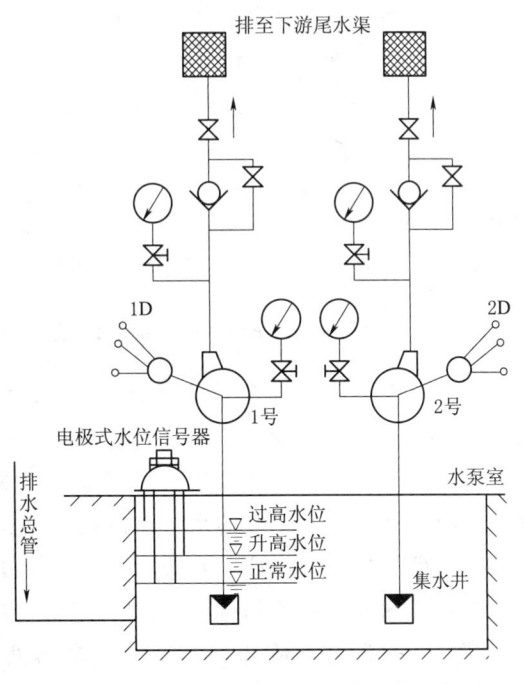

水泵的启动与停机只取决于集水

图6-26 集水井排水装置机械系统示意图

井的水位，其电气接线如图 6-27 所示。水泵的启动与停机可以自动、备用和手动，都由切换开关 1QK 和 2QK 切换。因集水井地处厂房最低层，很潮湿，为保证安全，浮子式信号器及中间继电器等经变压器降成 36V 供电。

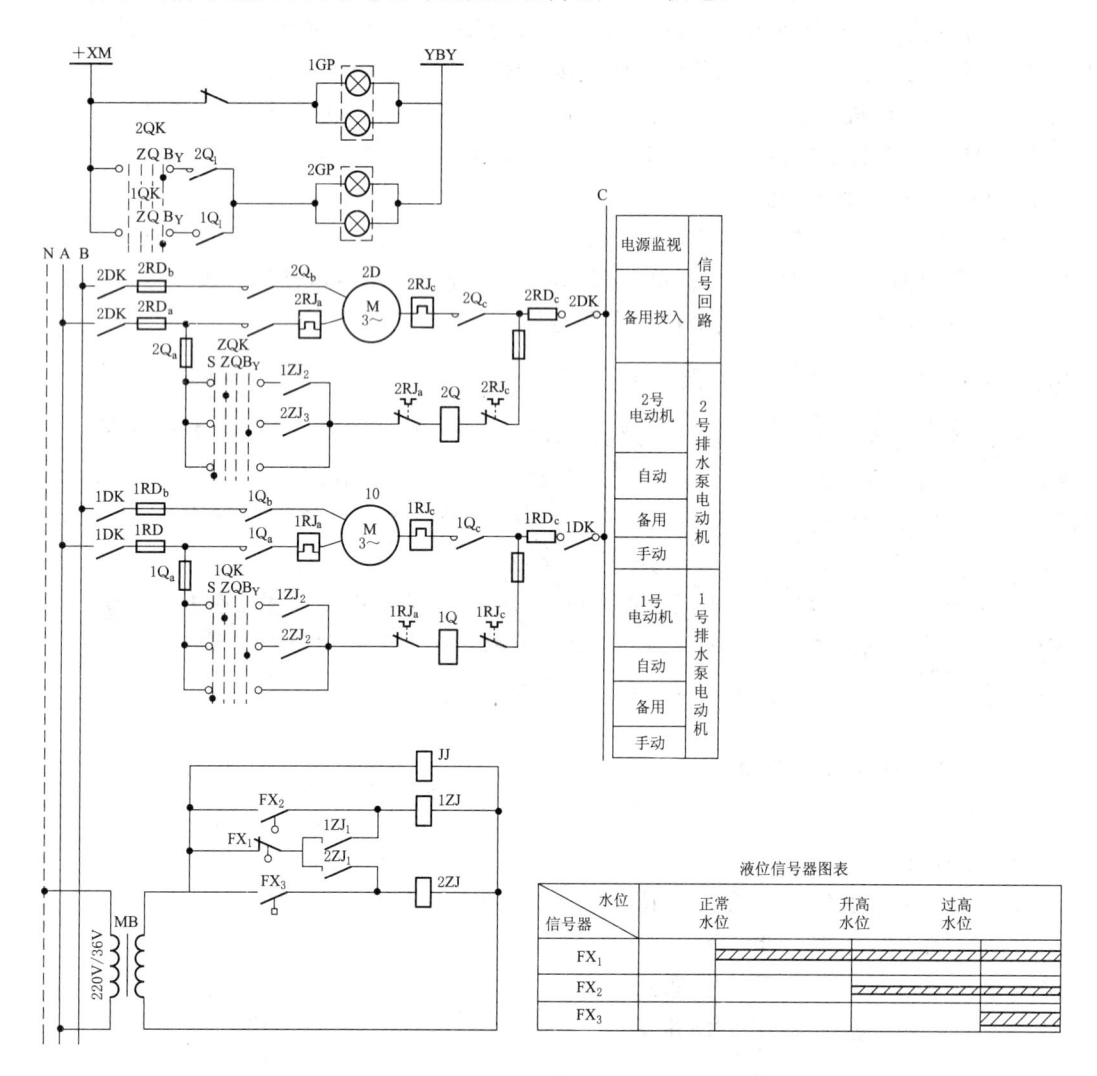

图 6-27 集水井排水装置电气接线图

（1）自动操作。将切换开关 1QK 切到自动位置 Z。当集水井水位涨到升高水位时，FX_2 接点闭合，1ZJ 通电，并通过 $1ZJ_1$ 和 FX_1 自保持，$1ZJ_2$ 闭合，使 1Q 通电，1号电机启动排水；当集水井水位降落到正常水位时，FX_1 断开，1ZJ 断电，1号电动机停机，从而使集水井的水位维持在规定范围内。

（2）备用投入。将切换开关 2QK 切到备用位置 BY。当工作水泵发生故障或来水量过大，集水井水位涨到过高水位时，FX_3 接点闭合，2ZJ 通电，并通过 $2ZJ_1$ 和 FX_1 自保持，$2ZJ_2$ 闭合，使 2Q 通电，2号电动机也启动排水，并发出报警信号（即 2GP 亮）；当集水井水位降落到正常水位时，FX_1 断开，2ZJ 断电，$2ZJ_3$ 断开，使 2Q 断电，2号电动机停机。

（3）手动操作。将切换开关1QK（或2QK）切到手动位置S，直接使1Q（或2Q）通电，从而1号电动机（或2号）启动排水；将1QK（或2QK）切到切开位置，1号电动机（或2号）停机。这时，集水井水位不受液位信号器监视。

为了监视36V电源，设置了回路监视继电器JJ。若36V电源电压较小时，JJ闭合使光字牌1GP亮（报警）。

> 【方法论】
> 　　类推法，也称为类比法或比较类推法，是指由一类事物所具有的某种属性，可以推测与其类似的事物也应具有这种属性的推理方法，是通过不同事物的某些相似性类推出其他的相似性，从而预测出它们在其他方面存在类似可能的方法，其中蕴含着借鉴、方法移植的思想。

三、转轮室调相压水装置的自动控制

转轮室调相压水装置的自动控制系统必须保证水轮发电机组在调相运行时把转轮室水位压低，使转轮在空气中旋转，以减小阻力和有功损耗。即打开给气阀，将压缩空气送入转轮室将水位压下，当转轮室水位下降到如图6-10所示的下限水位时，关闭给气阀，停止送入压缩空气。由于转轮室不可能做到完全不漏气，所以，运行中水位可能上升到如图6-10所示的上限水位，此时就需要再次打开给气阀，将水位压至下限水位。有时为了避免给气阀操作过于频繁，在给气阀管路中并联一只较小的补气阀，补气阀在调相过程中一直开启，给转轮室补气，使转轮室水位保持在上限水位以下。

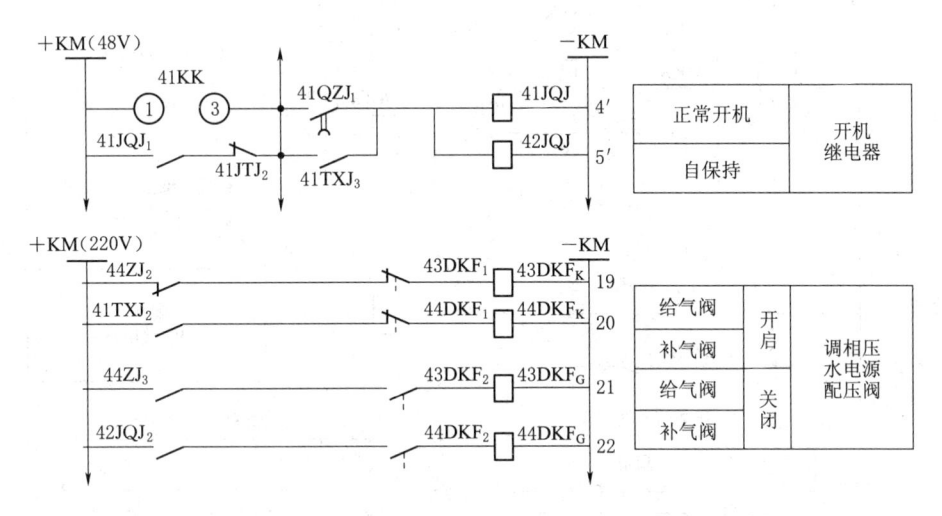

图6-28 转轮室调相压水装置的控制回路图

根据上述要求所拟定的转轮室调相压水装置的控制回路如图6-28所示。图中41JQJ及42JQJ为开机继电器，43DKF为给气阀，44DKF为补气阀。水位信号如图6-10所示，当机组进入调相运行时，调相运行继电器41TXJ通电动作，41TXJ$_3$与41TXJ$_4$

闭合使水位信号装置投入，转轮室充满着水（通常 $H_s<0$），水位高于上限水位时，DJ_1 接通，DZ 与 44ZJ 相继通电并通过 $44ZJ_1$ 及 DJ_2 保持通电，$44ZJ_2$ 接通 $43DKF_K$ 电路（图 6-28），开启给气阀，向转轮室充压缩空气，将水位压下；当水位低于下限水位时，DJ_2 断开 DZ 的自保持回路，于是 DZ 及 44ZJ 相继断电，$44ZJ_3$ 接通 $44DKF_G$ 电路，关闭给气阀，停止给气。

当机组进入调相运行时，$41TXJ_2$ 接通 $44DKF_G$ 电路，并开启补气阀，只要机组处于调相状态，补气阀就一直在补气，只有当机组退出调相状态（调相转发电）时，41JQJ 和 42JQJ 通电，$42JQJ_2$ 接通 $44DKF_G$ 电路，关闭补气阀，停止补气。如果补气阀气量弥补不了漏气量，经过相当长的一段时间后，转轮室水位上升到上限水位，则开启给气电磁阀 $43DKF_K$，将水位重新压下去。

四、油压装置压油槽槽油位的自动控制

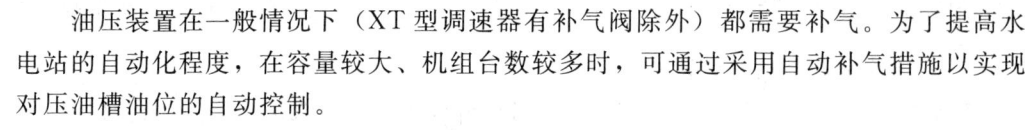

油压装置在一般情况下（XT 型调速器有补气阀除外）都需要补气。为了提高水电站的自动化程度，在容量较大、机组台数较多时，可通过采用自动补气措施以实现对压油槽油位的自动控制。

自动补气装置由压力信号器 $43YX_1$、$43YX_2$，液位信号器 $43FX_1$、$43FX_2$、$44FX_1$，中间继电器 46ZJ 和电磁空气阀 42DKF 构成，如图 6-29 所示。自动补气时，把切换开关 42QK 放在自动位置 Z 上，当压油槽油位上升到上限油位时，$43FX_1$ 和 $43FX_2$ 都闭合，46ZJ 通电，并且通过 $46ZJ_1$ 自保持，使 $46ZJ_2$ 闭合；若油压低于额定值，则 $43YX_1$ 也闭合，$42DKF_K$ 通电，补气电磁空气阀升起，向压油槽补气；当油压上升到超过额定值时，$43YX_2$ 闭合，油位降到下限油位时，$44FX_1$ 闭合，都使

资源 6-6 调速器油压装置结构图

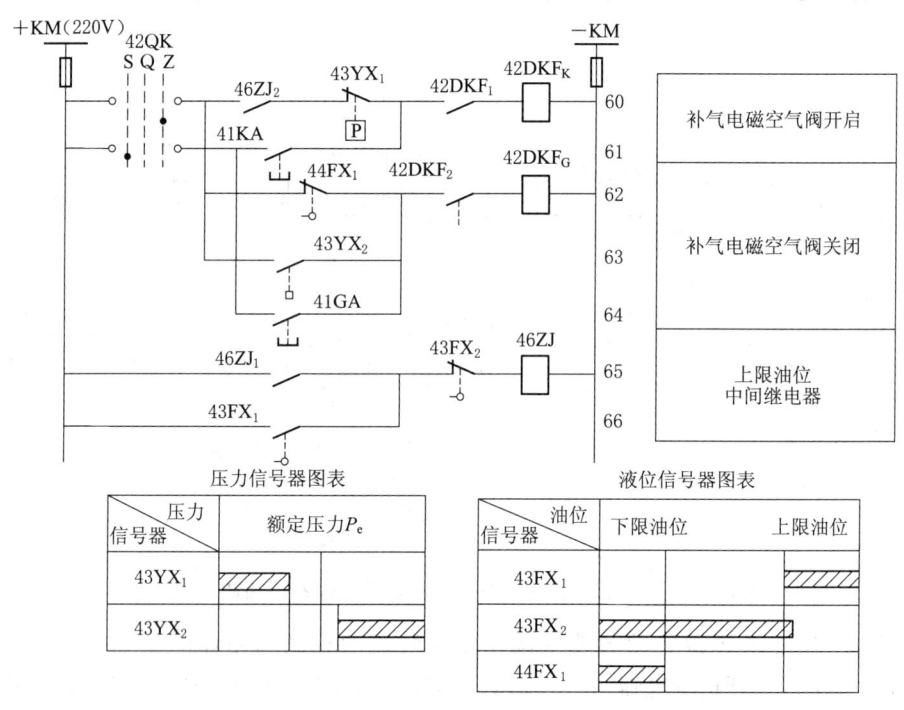

图 6-29 油压装置压油槽自动补气控制电路

42DKF$_G$ 通电，补气电磁空气阀关闭。这样，压油槽油压保持在额定油压，直到油位恢复到 30%～35% 的压油槽容积时停止。手动操作时，先把切换开关 42QK 放在手动位置 S 上，若按按钮 41KA，开启电磁空气阀补气，若再按按钮 41GA，就关闭电磁空气阀，停止补气。

【交流与思考】
根据国家电网有限公司智能电网建设的统一要求及规划，传统水电站向智能化水电站方向全面发展以适应全新电网的统一要求将是一个必然的趋势和全新的目标。结合第一节和第二节内容，谈谈你对我国智能化水电站建设思路的看法和建议。

第三节　辅助设备的压力控制系统

水电站辅助设备的油、气、水系统中，如油压装置压油槽、高压和低压压缩空气罐等，压力都必须在正常工作范围内。当油压低于下限油压时，需要启动工作油泵补充油压，压油槽油压过低时，备用油压开始工作；当压油槽油压降到事故油压时，则机组进行事故停机；当压油槽油压回升至正常油压上限时，工作油泵和备用压油槽油压回升到上限油压，工作油泵和备用油泵都停机。高压或低压压缩空气装置储气罐气压低于下限压力时，启动工作空压机向储气罐输气，当储气罐气压过低时，还要启动备用空压机向储气罐输气；若储气罐气压回升到上限压力，工作空压机和备用空压机都停机。中小型水电站的 XT 型调速器，其油压装置只设一台油泵，且有补气阀，可免设高压空气压缩系统，低压空气压缩系统也可能不需向调相压水供气，只供制动及风动工具等用气，这种中小型水电站辅助设备的压力控制系统就比较简单。上述制作用于各种执行元件的信号元件都是压力信号器，所以都是压力控制系统。

一、油压装置压油槽油压的自动控制

在一般情况下，油压装置设有两台油泵，YT 系列的小型调速器油压装置只有一台油泵，现在分别介绍一般油压装置压油槽油压和 YT 系列小型调速器油压装置压油槽油压的自动控制。

1. 一般油压装置压油槽油压的自动控制的任务

（1）机组在正常运行或在事故情况下，均能保证有足够的油压，以供操作机组及主阀用油。特别是在厂用电消失的情况下，应有一定的能源储备，即压油槽容积足够大。

（2）不论机组是在运行状态还是停机状态，自动控制系统根据压油槽油压独立地进行工作，使压油槽油压经常处于准备工作状态。

（3）在机组操作过程中，其自动控制系统能自动进行，不需要运行值班人员干预。

(4) 当压油槽油压下降至下限油压时,应启动工作油泵。如若油压继续下降,还应启动备用油泵。当油压降到事故油压时,应事故停机处理。当油压回升至上限油压时,工作油泵和备用油泵均停止工作,保证压油槽油压维持在正常工作压力范围内。

一般油压装置的机械液压系统如图 6-30 所示,有两台油泵,一台工作一台备用,可以切换,互为备用。在油泵的排油管上装有切换阀 1ZF 及 2ZF,它们根据机械动作原理自动切换油路,并起安全阀作用。在集油槽上还装有浮子式液位信号器 45FX,以监视集油槽油位。在压油槽上除装有液位信号器 43FX、44FX 外,还装有压力信号器 41YX、42YX,以监视油位和油压。油压装置就是依靠 41YX 和 42YX 来维持压油槽油压在一定范围内,其电气接线图如图 6-31 所示。

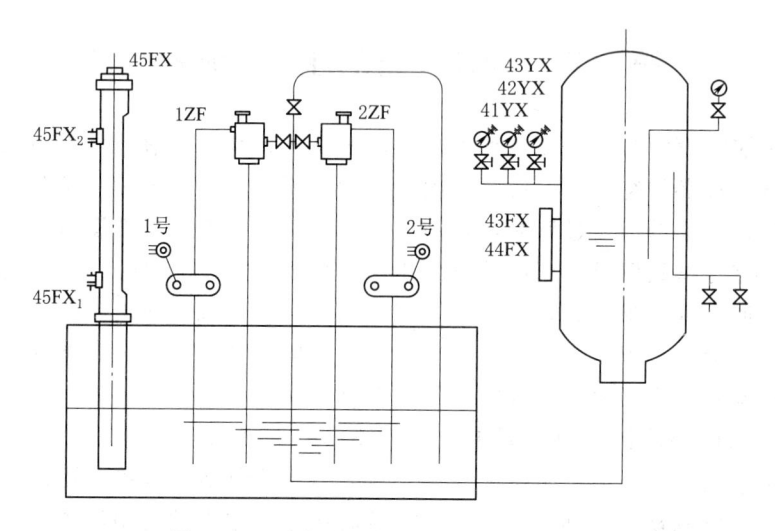

图 6-30 一般油压装置的机械液压系统图

油泵的启动与停机可以选择自动操作、备用投入或手动操作,这些操作都是由切换开关 1QK 或 2QK 切换来完成的。压力信号器 41YX 和 42YX 是信号元件,磁力启动器 1Q~2Q 是执行元件,中间继电器 1ZJ~3ZJ 用来增加接点容量和数量。

1) 自动操作。将切换开关 1QK 切到自动位置 Z,若将压板 1LP 压上,则油泵电动机 1 号不受压力信号器的控制,只受调速器电磁双滑动阀 KDF 的控制作连续运行。例如,当机组启动时,由于接点 KDF_1 闭合,使 1Q 通电,1 号电动机启动输油。当压油槽油压回升到上限油压时,切换阀 KDF_1 抬起,油泵不向压油槽输油,而经抬起的切换阀排到集油槽,使 1 号电动机空载运行。由于机组操作或漏油使压油槽油压降到切换阀的额定压力时,1ZF 落下,以后动作同前,如此维持压油槽油压在一定范围内。若将压板 1LP 脱下,则 1 号电动机在压力信号器的控制下断续工作,当压油槽油压降到下限油压时,$42YX_2$ 动作,其接点 $42YX_2$ 闭合,2ZJ 通电,$2ZJ_1$ 闭合,使 1Q 通电,1 号电动机启动输油,同时又通过 $1Q_2$ 和 $1ZJ_1$ 自保持。当油压回升到上限油压时,$42YX_1$ 动作,接点 $42YX_1$ 闭合,1ZJ 通电,$1ZJ_1$ 断开,使 1Q 断电,1 号电

第三节 辅助设备的压力控制系统

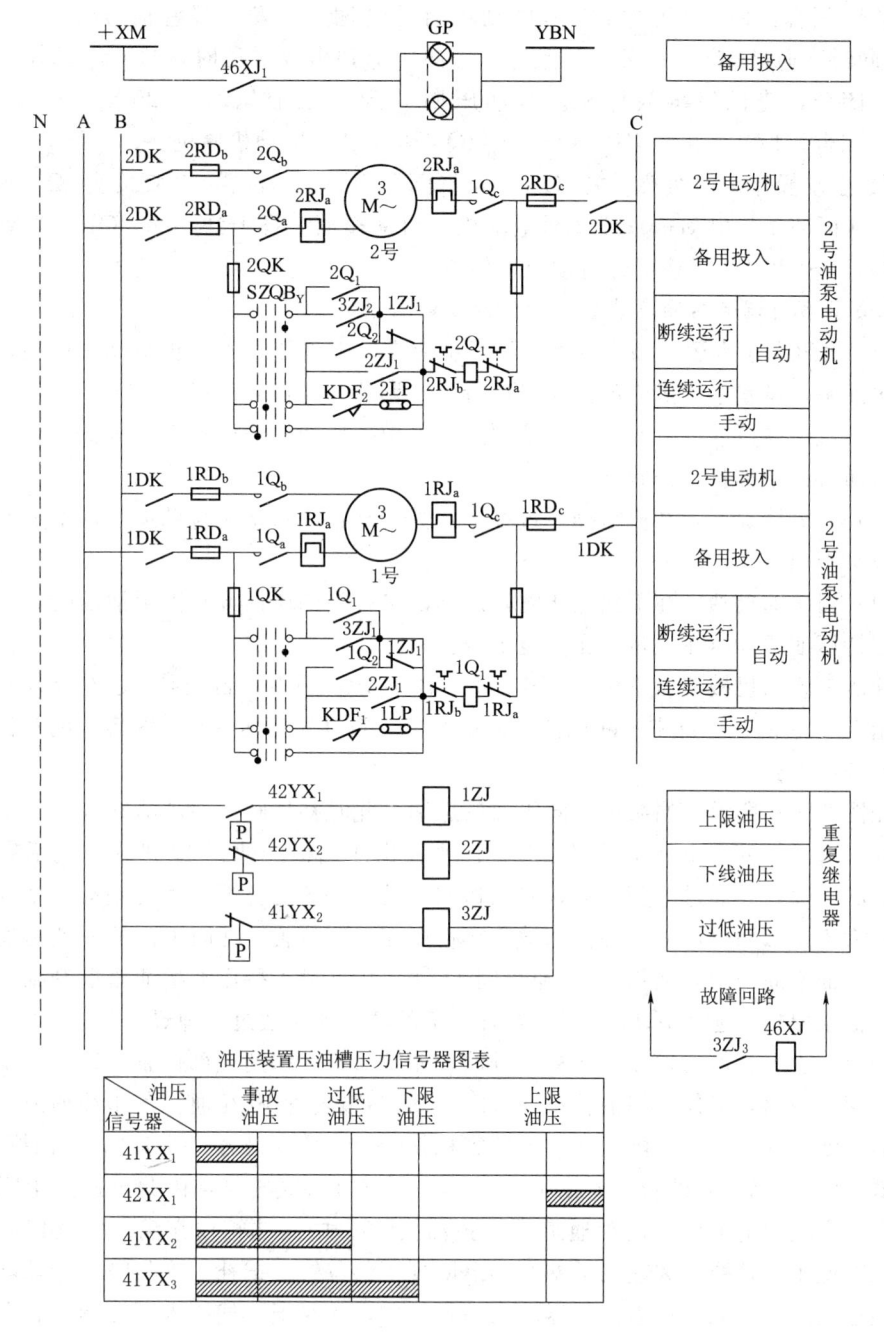

图6-31 一般油压装置电气接线图

动机停机。

前面连续运行方式消耗电能较多，虽然减少了油泵电动机的起停次数，但很少采用。

2) 备用投入。将切换开关2QK切到备用位置B_Y，当工作油泵发生故障或机组甩负荷用油量过大，压油槽油压过低时，$41YX_2$动作，其接点$41YX_2$闭合，3ZJ通电，3ZJ$_2$闭合，使2Q通电，2号电动机启动输油，并发出报警信号（光字牌GP亮），同时又通过2Q$_1$和1ZJ$_2$自保持。当油压降到事故油压时，41YX$_1$动作，接点41YX$_1$闭合，使机组事故停机。若油压回升到上限油压时，42YX$_1$动作，接点42YX$_1$闭合，1ZJ通电，1ZJ$_2$断开，使2Q断电，2号电动机停机。

3) 手动操作。将切换开关1QK（或2QK）切到手动位置S，直接使1Q（或2Q）通电，从而使1号电动机（或2号电动机）启动输油；将1QK（或2QK）切到切开位置Q，1号电动机（或2号电动机）停机。

2. YT系列调速器油压装置压油槽油压的自动控制的任务

（1）机组在正常运行和事故情况下，也应有足够油压，以供机组操作用油，因没有备用油泵，设置手动操作的手轮可进行手动调节、开机和停机。

（2）机组停机或运行时，自动控制系统能根据压油槽油压独立地进行工作，压油槽油压通常处于准备工作状态。

（3）一般情况下，在机组操作过程中，其自动控制系统能自动进行，不需要运行值班人员干预。

（4）当压油槽油压在下限油压时，启动油泵；当油压回升到上限油压时，油泵停机，维持压油槽油压在规定的压力范围内。

油压装置的机械液压系统如图6-32（a）所示，只有一台油泵，还有补气阀和中间油箱12。它们在运行中不断地向压油槽补气，自动维持压油槽2/3容积的气体，其工作原理如下：

如图6-32所示，油泵正在向压油槽送油，此时补气阀的差动活塞8处于下部位置，补气阀的针塞7也处于下部位置，压力油由压油槽经油管17进入差动活塞8及针塞7的下部，并通过针塞7的轴向孔送到差动活塞8的上部。因为差动活塞8的上部面积大于下部面积，故差动活塞被牢牢地压在下部位置。此时下面的回油通道被封堵，压力油不断经中间油箱12和逆止阀11送入压油槽。待压油槽油压上升到上限油压时，油泵停机，逆止阀11关闭，在针塞7的底部油压超过了弹簧5弹力时，针塞7便移到上部位置，使活塞8上部接通排油，差动活塞8移到上部位置，这样一来，既打开了回油通路，又使中间油箱12上部补气管与吸气管10相通。若压油槽内空气很少，而压油槽油压处于上限油压，油的容积就会超过压油槽容积的1/3，集油槽15油面降低，使吸气管10的管口露出油面，于是空气进入吸气管，由此再进入中间油箱12，中间油箱内的油则从回油通道排入集油槽15，中间油箱内充满了空气以后压油槽油压降低了，针塞7和差动活塞8相继回到下部位置，把补气管与吸气管隔断，将回油通道也隔断。同时压力信号器启动油泵工作，此时把空气压入压油槽。若在停机时压油槽内油的容积不超过1/3，且油压处于上限油压，集油槽15油面恢复正常，吸气管10的管口浸在油内。

油压装置的电气接线如图6-32（a）所示，油泵的启动与停止可以自动和手动，由切换开关QK切换。压力信号器41YX～42YX是信号元件，其中41YX$_2$只发油压过低信号，41YX$_1$还用于停机。

自动操作。将切换开关QK切到自动位置Z，则油泵电动机将受压力信号器

第三节 辅助设备的压力控制系统

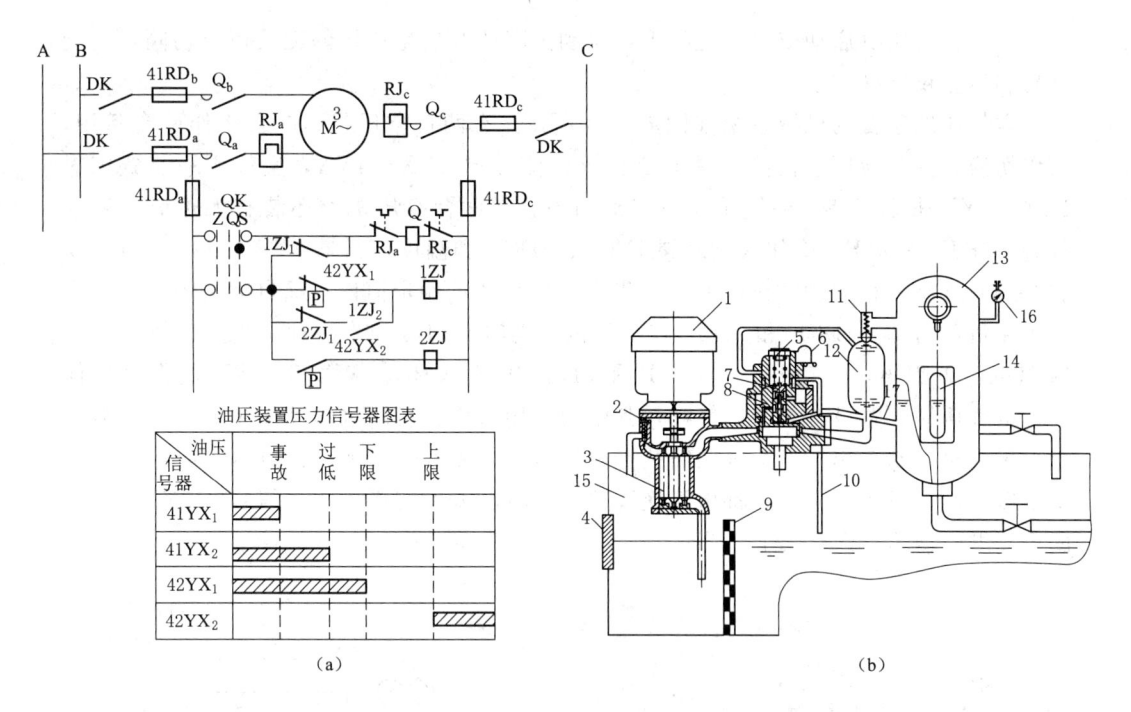

图 6-32 YT系列调速器油压装置电气接线图及机械液压系统图
(a) 电气接线图；(b) 机械液压系统图

1—电动机；2—安全阀；3—螺杆泵；4—油面针；5—弹簧；6—补气阀；7—针塞；8—差动活塞；9—滤油网；10—吸气管；11—逆止阀；12—中间油箱；13—压油槽；14—油面针；15—集油槽；16—电力信号器；17—油管

42YX 的控制。当压油槽油压下降到下限油压时，压力信号器 42YX 动作，接点 42YX₁ 闭合，使 1ZJ 通电动作，其常开节点 1ZJ₂ 闭合作用于回路自保持，1ZJ₁ 闭合使磁力启动器通电动作，于是油泵电动机启动，向压油槽输油；当压油槽油压上升到上限油压时，压力信号器接点 42YJ₂ 闭合，使 2ZJ 通电，其常闭接点 2ZJ₁ 断开，使 1ZJ 断电，因而磁力启动器也断电，油泵电动机停机。

手动操作。将切换开关 QK 切到手动位置 S，直接使磁力器启动 Q 通电，从而使油泵电动机启动输油；将切换开关切到切开位置 Q 时，油泵电动机停机。

二、空气压缩装置储气罐气压的自动控制

空气压缩装置根据用气设备气压的高低分为低压装置（供调相压水及机组制动用气）和高压装置（供调速器及主阀用气），高压空气压缩装置与低压空气压缩装置的储气罐气压的自动控制相类似，下面只介绍低压压缩空气装置。

1. 有"水冷"和"无负荷电磁阀"的低压压缩空气装置

该自动控制系统的任务如下：

(1) 自动向储气罐充气，维持储气罐的气压在规定的工作压力范围内，即当储气罐气压降到下限压力时，启动工作空压机，当气压过低时还要启动备用空压机；当气压回升到上限压力时，工作空压机和备用空压机停机。为了确保安全，当储气罐的气压过高时，一方面使空压机停机，另一方面还发出报警信号。

(2) 在空压机启动或停机过程中，自动关闭或开启空压机的无负荷启动阀，自动开启和停止供给冷却水。

空气压缩装置的机械系统如图 6-33 所示。有两台空压机，一台工作一台备用，可以切换，互为备用。在储气罐上装有压力信号器 1YX～4YX，空气压缩装置依靠 1YX～4YX 来维持储气罐气压在一定范围内。在两台空压机上还装有无负荷电磁空气阀 1DKF、2DKF，冷却水电磁阀 1DCF、2DCF 和温度信号器 1WX、2WX。1DKF 和 2DKF 在空压机启动时已经开启。当空压机转速达额定值以后又自动关闭，实现空压机无负荷启动。1DCF 和 2DCF 在空压机启动时开启冷却水冷却，当空压机停机以后 1DKF 和 2DKF 自动开启，1DCF 和 2DCF 自动关闭。1WX 和 2WX 用作过热保护。空气压缩装置设有 3 个储气罐，其中两个用来供调相压水和其他技术用气，另一个用来供机组制动用气。空气压缩装置电气接线如图 6-34 所示。空压机的启动与停机可以自动、备用和手动，都由切换开关 1QK 或 2QK 切换，压力信号器 1YX～3YX 的重复继电器为 1ZJ～3ZJ。

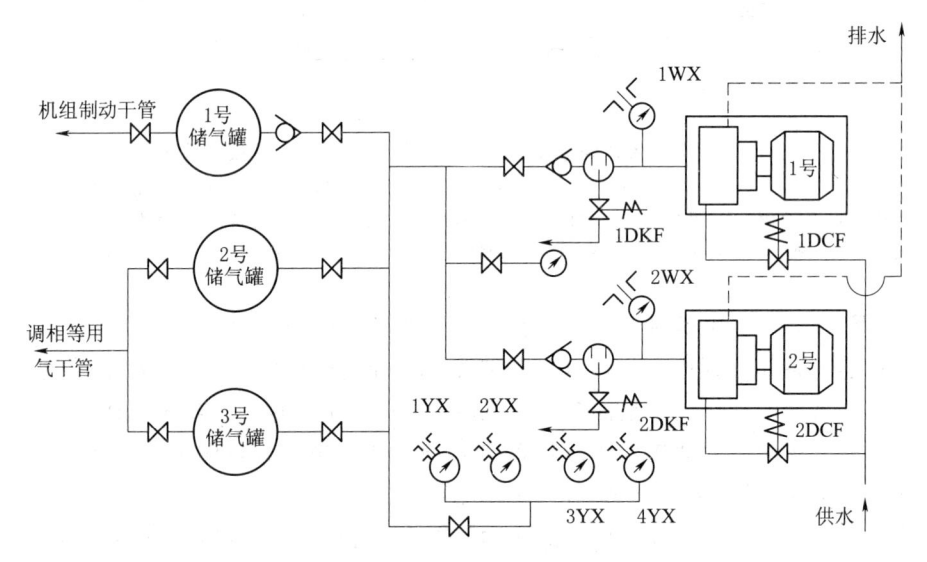

图 6-33 空气压缩装置机械系统图

空气压缩机械的操作方式同样分为自动操作、备用接入及手动操作。

自动操作。将切换开关 1QK 切到自动位置 Z，当储气罐气压降到下限压力时，1YX 动作，其接点闭合，1ZJ 通电，1ZJ$_1$ 闭合自保持。同时，2ZJ$_1$ 使 1Q 通电，1 号电动机启动，1Q$_1$ 闭合，3DCF$_k$ 通电，开启冷却水。1SJ 也通电，其接点 1SJ$_1$ 延时闭合，使 1DKF$_g$ 通电，关闭无负荷电磁阀，1 号空压机即向储气罐充气；当气压回升到上限压力时，2YX 动作，其接点闭合，2ZJ 通电，2ZJ$_1$ 断开，使 1ZJ 和 1Q 相继断电，1 号电动机停机。1Q$_2$ 闭合，使 3DCF$_g$ 和 1DKF$_k$ 通电。关闭冷却水和开启无负荷电磁阀，为下次启动创造条件，并排除气水分离器中的凝结水。

备用投入。将切换开关 2QK 切到备用位置 B$_Y$，当工作空压机发生故障或供气量过大、储气罐气压过低时，3YX 动作，其接点闭合，3ZJ 通电，3ZJ$_1$ 闭合自保持，

第三节 辅助设备的压力控制系统

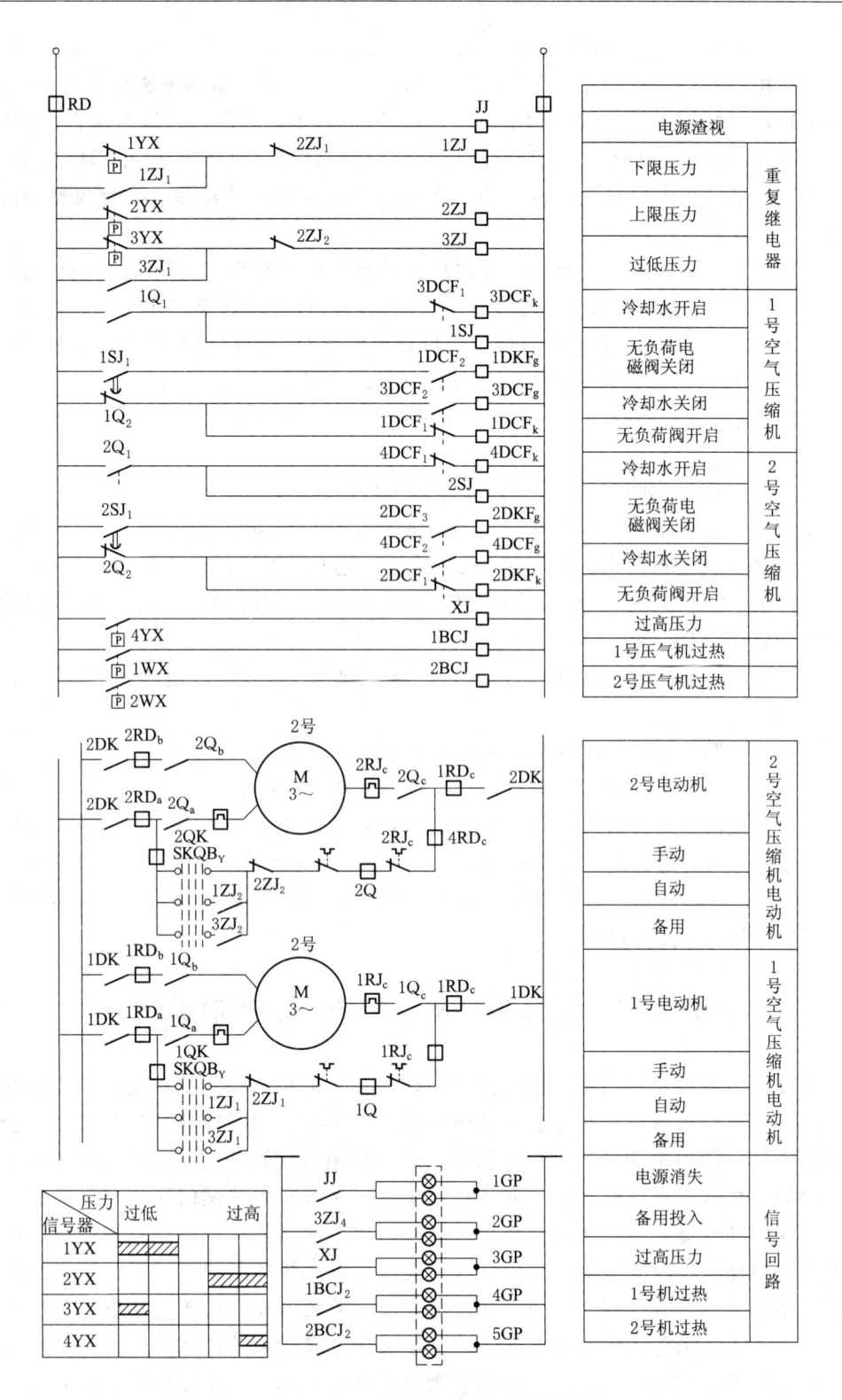

图 6-34 空气压缩装置电气接线图

3ZJ$_2$ 闭合使 2Q 通电，2 号电动机启动。同时 2Q$_1$ 闭合，4DCF$_k$ 通电，开启冷却水，2SJ 也通电，其接点 2SJ$_1$ 延时闭合，使 2DKF$_g$ 通电，2 号无负荷电磁阀关闭，2 号空压机即向储气罐充气。当气压回升到上限压力时，2YX 动作，其接点闭合，2ZJ 通电，2ZJ$_2$ 断开，使 2Q 断电，2 号电动机停机。2Q$_2$ 闭合，使 4DCF$_g$ 和 2DKF$_k$ 通电，关闭冷却水和开启无负荷电磁阀，为下次启动创造条件，并排除气水分离器中的凝结水。

手动操作。将切换开关 1QK（或 2QK）切到手动位置 S，直接使 1Q（或 2Q）通电，从而使 1 号电动机（或 2 号电动机）启动充气。将 1QK（或 2QK）切到切开位置 Q，1 号电动机（或 2 号电动机）停机。启动和停机时，开启和关闭冷却水及关闭和开启无负荷电磁阀的过程与自动操作（或备用投入）相同。

在压缩空气装置的电气接线中，还考虑了各种保护和信号监视，如图 6-34 所示。

(1) 当备用空压机启动时，3ZJ$_4$ 闭合，2GP 信号灯亮。

(2) 当 1 号空压机（或 2 号空压机）排气管温度及油温过高时，由于 1WX（或 2WX）动作，其接点闭合。使 1BCJ（或 2BCJ）通电，1BCJ$_1$（或 2BCJ$_1$）断开，使 1Q（或 2Q）断电，1 号电动机（或 2 号电动机）停机，同时 1BCJ$_2$（或 2BCJ$_2$）闭合，信号灯 4GP（5GP）亮。

(3) 当储气罐压力过高时，4YX 动作，其接点闭合，使 XJ 通电，XJ$_1$ 闭合，信号灯 3GP 亮。

(4) 当电源消失时，JJ 返回，其接点闭合，1GP 亮。

2. 无"水冷"和"无负荷电磁阀"的低压压缩空气装置

该自动控制系统只需维持储气罐的气压在规定的工作压力范围内，不供给冷却水，也没有无负荷电磁阀，即没有无负荷启动要求，其机械系统图和电气接线图与图 6-33 和图 6-34 相似，只要删去 1DKF、2DKF、1DCF、2DCF、1WX、2WX 及其操作回路、信号回路即可。

第四节　主阀和快速阀门的自动控制系统

装设在压力水管末端和水轮机前的蝴蝶阀、闸阀和球阀，统称主阀。主阀和快速闸门用作机组检修截流和紧急事故停机截流。主阀（除闸阀外）只有全开和全关两种状态，不能用于调节流量。紧急事故是指机组转速达额定转速的 140% 和事故停机时导水机构失灵，这时为了防止机组飞逸，主阀和快速闸门要在动水中紧急关闭，迅速切断水流，以防止事故扩大。必须指出，液压操作的主阀和快速闸门的压油槽有能量储备，发生紧急事故时随时可关闭主阀和快速闸门。对于交流电操作的主阀和快速闸门，必须保证交流电源十分可靠，若失去交流电源，在发生紧急事故时，主阀及快速闸门因没有能量储备而无法关闭，其后果是严重的，必须采取其他措施加以弥补。例如，交流电操作的主阀可采用重块储能，在发生紧急事故且失去交流电源时，重块下落而使主阀关闭；电力卷扬的快速闸门，其抱闸由蓄电池供电，在发生紧急事故且失去交流电源时，直流电使抱闸松开，快速闸门靠自重下落而关闭。

由蓄电池供电的直流电操作的主阀和快速闸门，因直流电源可靠，可不必采用上述措施来弥补。

主阀门或者快速闸门的选择与水头的高低、机组的形式有关。对于操作机械系统，其操作机械只有液压（油压或水压）和电动（交流或直流）两种。这两种操作机械的自动控制系统是不同的，而不同形式的主阀和快速闸门在同一种操作机械时，其自动控制系统大致相同。本节对液压操作的蝴蝶阀、闸阀和球阀及直流电操作的蝴蝶阀和交流电操作的快速闸门的自动控制系统分别介绍如下。

资源 6-7 进水闸门的自动控制示意图

【价值观】

《孙子兵法》曰："凡战者，以正合，以奇胜。""惟改革者进，惟创新者强，惟改革创新者胜。"创新是引领发展的第一动力，是一个国家兴旺发达的不竭动力。所谓守正出新，"正"者，大道也，既包含道德操守，又包含客观规律，还包含正确理论；守正就是要守住初心，保证方向不偏，完整地继承人类所创造和积累的文明成果；出新则是创新、变化，其要旨是以创新作为价值取向，避免落入越有经验（习惯性思维、想当然）越容易失去创造力的陷阱，秉持"好奇心+追问"，要敢于挑战权威，善于探索新知，正确看待失败，尊重个性发展，与实践中提出概念、生产知识、建立理论逐步形成超越前人的知识体系和技能体系，做到审时度势，推陈出新，与时俱进。创新的科学属性指明了行动方向；矢志探索，突出原创；聚焦前沿，独辟蹊径；需求牵引，突破瓶颈；共性导向，交叉融通。

一、蝴蝶阀（液压操作）的自动控制系统

蝴蝶阀液压操作机械系统如图 6-35 所示，其主要部件有电磁配压阀 51DP～53DP，电磁空气阀 51DKF，差动配压阀 YP，四通滑阀 HF，油阀 1YF 和 2YF，压力信号器 55YX～57YX 和油压表等。所有这些部件都装在蝴蝶阀操作柜里，用管道与蝴蝶阀接力器、锁锭及旁通阀连接。在控制柜的正面面板上，装有按钮 KA、GA 和信号灯 LD、HD，其电气接线如图 6-36 所示。

资源 6-8 蝴蝶阀的构成

（一）蝴蝶阀的开启

蝴蝶阀开启前，必须具备下列条件：

(1) 水轮机导水叶处于全关位置，DKW_5 闭合。

(2) 蝴蝶阀处于全关位置，DFD_1 闭合。

(3) 机组无事故，$41SCJ_4$ 闭合。

(4) 蝴蝶阀关闭，继电器 51HGJ 未动作，$51HGJ_1$ 闭合。

当上述条件具备时，可通过操作开关 51KK（中控室）或按钮 51KA（现场）发出蝴蝶阀开启命令。开启命令发出后，蝴蝶阀开启，继电器 51HKJ 启动，且由 $51HKJ_1$ 自保持，并作用于下述电路。

$51HKJ_2$ 闭合，使 $51DP_1$ 通电而动作（吸上），切换油路，管 1 与油源相通，管 4

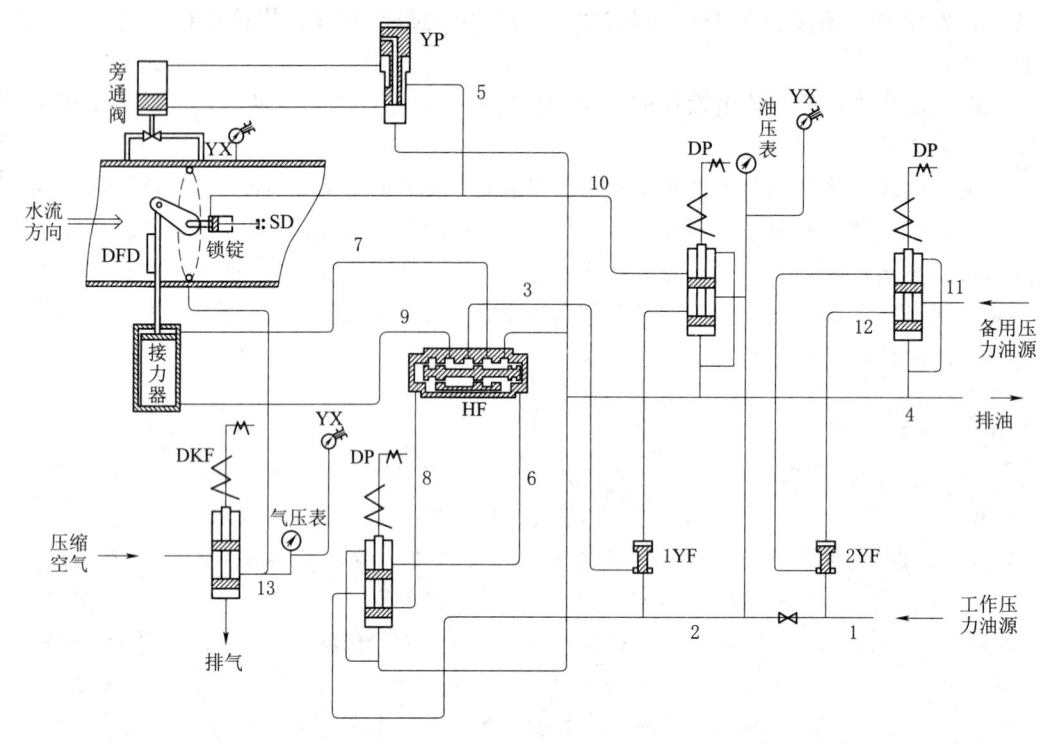

图 6-35 蝴蝶阀液压操作机械系统图
1~13—管道

与排油管相通。若工作油源故障或油压很低，56YX 返回，其接点闭合，使时间继电器 51SJ 通电，接点 51SJ₁ 闭合，又使 53DP₁ 通电而动作，切换油路，管 11 接备用压力油源，管 12 与排油管相通，将油阀 2YF 开起，使备用压力油源的油注入工作压力油源的管路；若工作压力油源正常，因 51ZJ 通电，其接点 51ZJ₁ 闭合，磁力启动器 Q 通电，接通油泵电动机电路，油泵向压油箱供油，保证工作压力油源的油压在一定范围内。

压力油经 51DP 和管 1 注入锁锭 SD，将锁锭拔出，压力油又注入差动配压阀 YP 的上腔将其差动活塞压下，使管 5 与压力油相通，管 10 与排油管相通，从而打开旁通阀，对蜗壳充水，同时，压力油已注入总油阀 1YF 的下腔，因 YF 的上腔排油，使总油阀开启，压力油经 1YF 和管 3 注入四通滑阀 HF，使接力器活塞再往上顶，为锁锭拔出及接力器的开启创造条件。

当旁通阀对蜗壳充满水且蝴蝶阀前后水压基本平衡时，压力信号器 55YX 动作，其接点闭合，使电磁空气阀 51DKF_g 通电而动作（吸上），空气围带经管 13 和 51DKF 放气。

当空气围带放气后，压力信号器 57YX 返回，其接点闭合，使电磁配压阀 52DP₁ 通电而动作（吸上），切换油路，压力油经管 6 注入 HF 右端，HF 的左端经管 8 和 52DP 与排油管相通，将 HF 的活塞推到左端。切换油路，压力油便从管 3 经 HF 到管 7，注入接力器活塞的上部，而其下部从管 9 经 HF 到排油管，于是接力器活塞下移，蝴蝶阀开启。

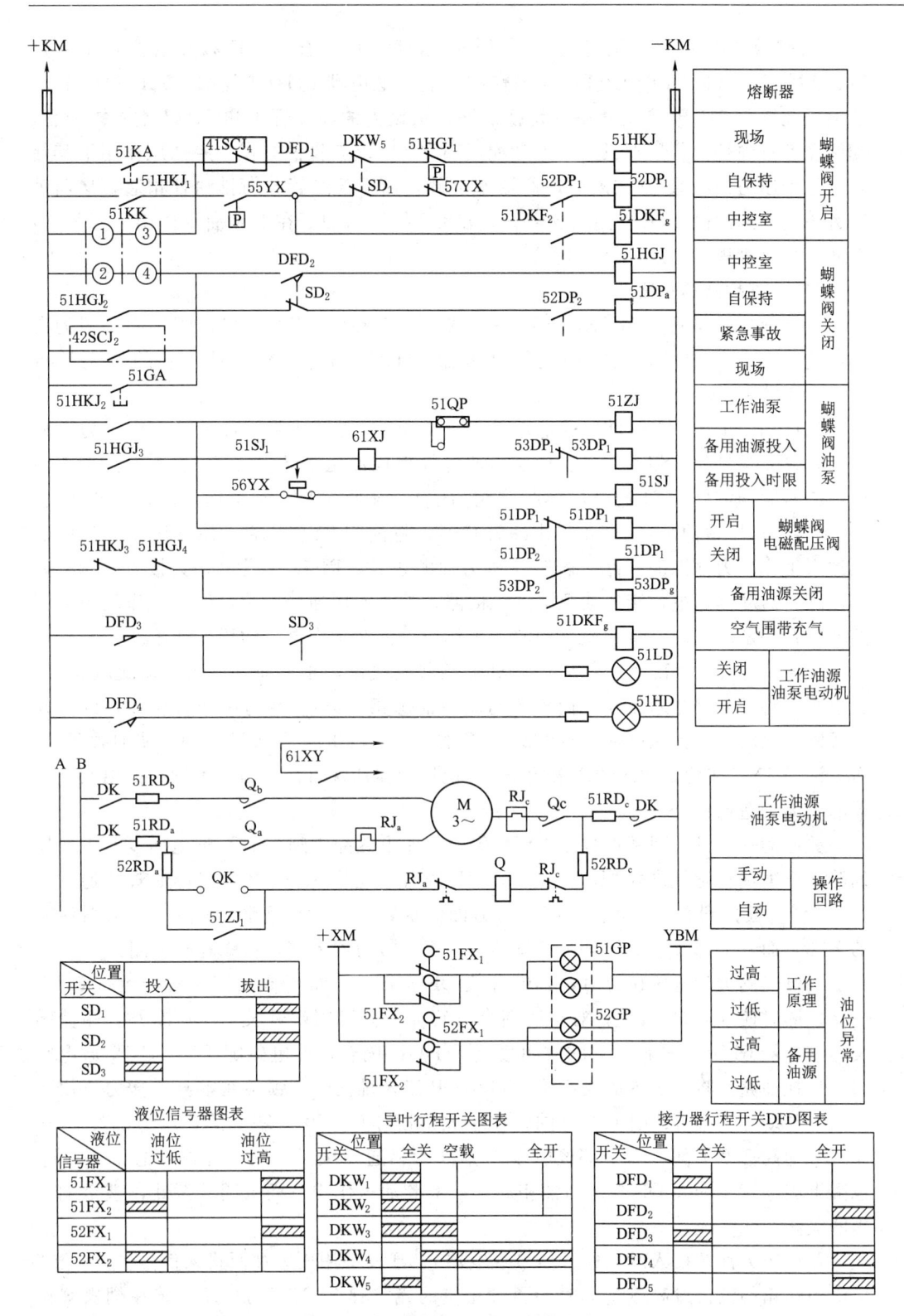

第四节 主阀和快速阀门的自动控制系统

图 6-36 蝶阀液压操作电气接线图

当蝴蝶阀开到全开位置时，其行程开关 DFD$_4$ 闭合，蝴蝶阀开启位置指示灯 51HD 燃亮。同时 DFD$_1$ 断开，使蝴蝶阀开启，继电器 51HKJ 复归。51HKJ$_3$ 闭合，使电磁配压阀 51DP$_1$ 通电复归，切换油路，锁锭内的油经管 1 和 51DP 流入排油管，锁锭在本身弹簧力作用下投入。差动配压阀 YP 因上腔排油，在中腔油压作用下其活塞上移，压力油经管 10 注入旁通阀活塞上部，而下部经管 5 与排油管相通，从而关闭旁通阀，总油阀 1YF 也因上腔经管 4 和 DP 接压力油，在上腔油压作用下而关闭，至此，整个蝴蝶阀开启，操作完成。

（二）蝴蝶阀的关闭

直接通过操作开关 51KK（中控室）或按钮 51GA（现场）发出蝴蝶阀关闭的命令，关闭命令发出后，蝴蝶阀关闭继电器 51HGJ 通电动作，且由它的常闭接点 51IG2 自保持并作用于下述电路。

51HGJ$_3$ 闭合，使 51DP$_1$ 通电而动作（吸上），切换油路，管 1 与工作压力油源相通，管 4 与排油管相通。若工作压力油源故障或油压很低，56YX 返回，其接点闭合，使时间继电器 51SJ 通电，接点 51SJ$_1$ 闭合，又使 53DP$_1$ 通电而动作，切换油路，管 11 接备用压力油泵，管 12 与排油管相通，将油阀 2YF 开启，使备用压力油源的油注入工作压力油源的管路；若工作压力油源正常，因 51ZJ 通电，其接点 51ZJ$_1$ 闭合，磁力启动器通电，接通油泵电动机回路，油泵向压油箱供油，保证工作压力油源的油压在一定范围内。备用压力油源和工作压力油源都有自己的压力油箱。

压力油经 51DP 和管 1 注入锁锭 SD，将锁锭拔出，压力油又注入差动配压阀 YP 的上腔，将其差动活塞压下，使管 5 与压力油源相通，管 10 与排油管相通，则打开旁通阀。同时，压力油已注入总油阀 1YF 的下腔，因 1YF 的上腔排油，使油阀开启。压力油经 1YF 和管 3 注入四通滑阀 HF，使接力器活塞再往下顶，为锁锭拔出及接力器的关闭创造条件。

关键的一步是：因锁锭拔出，SD$_2$ 闭合，使电磁配压阀 52DP$_2$ 通电而复归，切换油路，压力油经管 8 进入 HF 的左端，HF 的右端经管 6 和 52DP 与排油管相通，使 HF 的活塞被推到右端。切换油路，压力油便从管 3 经 HF 到管 9，注入接力器活塞的下部，而其上部及管 7 经 HF 到排油管，于是接力器上移，将蝴蝶阀关闭。

当蝴蝶阀关到全关位置时，其端开关 DFD$_3$ 闭合，蝴蝶阀关闭位置指示灯 51LD 燃亮。同时使 5DKF$_2$ 吸上，对空气围带进行充气。又因端开关 DFD$_2$ 断开，蝴蝶阀关闭继电器 51HGJ 复归，它的常闭接点 51HGJ$_4$ 闭合，使电磁配压阀 51DP$_2$ 通电复归，切换油路，将锁锭内的油经管 1 和 51DP 流入排油管，锁锭在本身弹簧力作用下投入。差动配压阀 YP 因上腔排油，在中腔油压作用下其活塞上移，压力油经管 10 注入旁通阀活塞上部，而下部经管 5 与排油管相通，从而关闭旁通阀，总油阀 1YF 也因上腔经管 4 和 51DP 与压力油相通，在上腔油压作用下而关闭。至此，整个蝴蝶阀的关闭操作完成。

备用压力油源投入时，通过信号继电器 61XJ 发备用压力油源投入信号；1 号与 2 号压力油箱的油位过高或过低时，通过相应的光字牌 51GP 和 52GP（装在蝴蝶阀操作柜上）发信号。

二、闸阀（液压操作）的自动控制系统

闸阀液压操作机械系统如图 6-37 所示。其主要部件有电磁配压阀 51DP～52DP，液压操作阀 SF，四通滑阀 HF，压力信号器 54YX 和油压表等。由于没有空气围带和锁锭，系统图比较简单，该装置可自购元件组装成控制柜。元件型号为：51DP～52DP 为 DP-8/7，SF 为 SF-100，54YX 为 YX 型压力信号器，HF 为 HF-50。所配管径在图 6-37 中已标出。在控制柜面板上装有按钮 51KA、51GA 和信号灯 51LD、51HD，其电气接线图如图 6-38 所示。

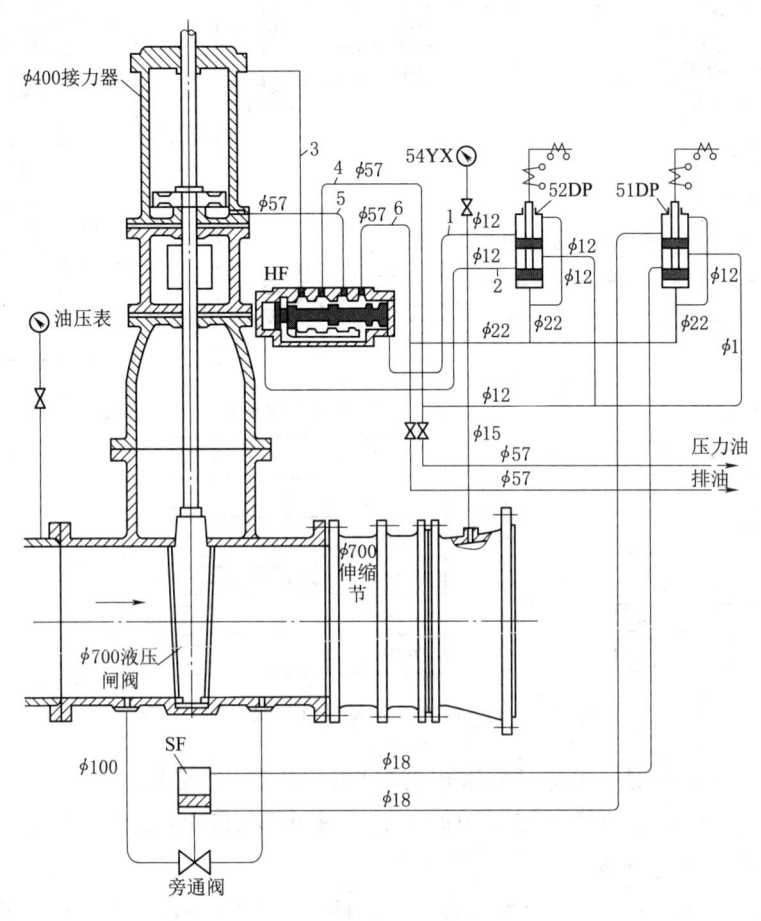

图 6-37 闸阀液压操作机械系统图
图中 1、2、3、…表示管路。

1. 闸阀的开启

闸阀开启前，必须具备下列条件：

(1) 水轮机导水叶处于全关位置，DKW_5 闭合。
(2) 闸阀处于全关位置，DFD_1 闭合。
(3) 机组无事故，$41SCJ_4$ 闭合。
(4) 闸阀关闭，继电器 51HGJ 未运行，$51HGJ_1$ 闭合。

第六章 水电站辅助设备的自动控制

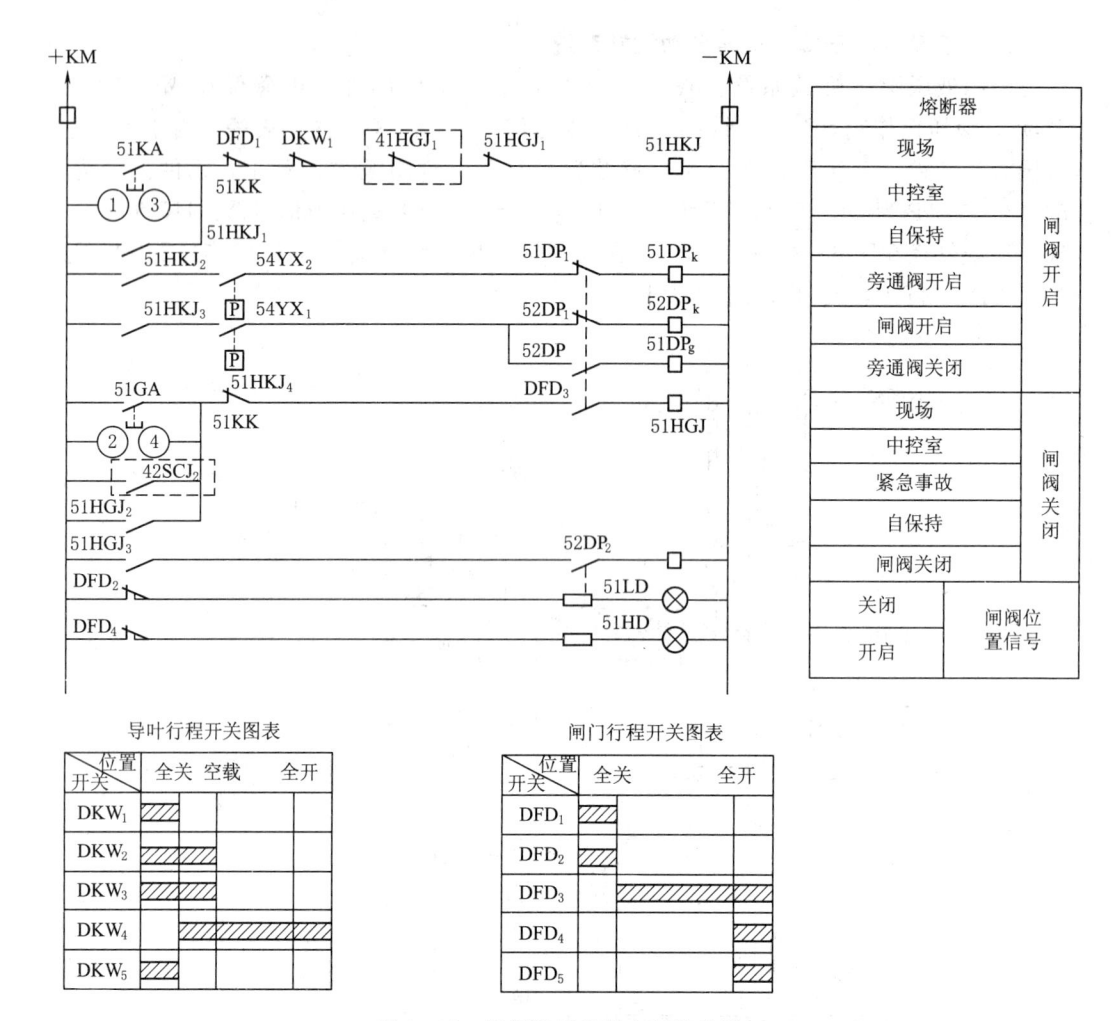

图 6-38 闸阀液压操作电气接线图

当上述条件具备时,可通过操作开关 51KK(中控室)或按钮 51KA(现场)发出闸阀开启命令。开启命令发出后,闸阀开启,继电器 51HKJ 启动,且由 51HKJ$_1$ 自保持,并作用于下述电路。

51HKJ$_2$ 闭合,这时蜗壳无水(54YX$_2$ 返回),51DP$_k$ 通电,把旁通阀开启。当蜗壳充满水(54YX$_1$ 接通)时,51HKJ$_3$ 闭合,使 52DP$_k$ 通电而动作(吸上),切换油路,使四通滑阀 HF 右端经管 1 与压力油源相通,左端经管 2 排油,HF 的活塞被推到左端。HF 左移后又切换油路,使压力油从管 4 经 HF 到管 5 注入接力活塞的下部,而其上部从管 3 经 HF 到排油管 6,于是接力器活塞上移,将闸阀开启。同时又使 51DP$_g$ 通电,于是旁通阀关闭。

当闸阀全开时,其行程开关 DFD$_4$ 闭合,闸阀开启位置指示灯 51HD 燃亮。在闸阀开启的同时,DFD$_1$ 断开,使闸阀开启继电器 51HKJ 复归。51HKJ$_4$ 的闭合为闸阀关闭创造了条件。

2. 闸阀的关闭

直接通过操作开关 51KK（中控室）和按钮 51GA（现场）发出闸阀关闭的命令，或由紧急事故引出继电器的接点 42SCJ$_2$ 闭合联动。命令发出后，闸阀关闭继电器 51HGJ 通电且它的常开接点 51HGJ$_2$ 自保持，并作用于下述电路。

51HGJ$_3$ 闭合使 52DP$_g$ 通电动作，切换油路，使四通滑阀 HF 右端经管 1 排油，左端经管 2 与压力油源相通，HF 的活塞被推到右端。HF 右移后，切换油路，压力油便从管 4 经 HF 到管 3 注入接力器活塞的上部，而其下部从管 5 经 HF 和排油管 6 将油排出，于是接力器活塞下移，将闸阀关闭。

当闸阀全关时，其行程开关 DFD$_2$ 闭合，闸阀关闭位置指示灯 51LD 燃亮。同时，DFD$_3$ 断开，使闸阀关闭继电器 51HGJ 复归，至此，整个闸阀关闭，操作完成。

三、球阀（液压操作）的自动控制系统

球阀在高水头水电站被广泛应用。

球阀液压操作机械系统图如图 6-39 所示。球阀关闭时，上游压力钢管内的高压水从阀门的缝隙进入止漏盖内腔，将内腔压出，紧贴在止水环上，保证了止水作用。当球阀开启时，通过旁通阀对下游侧充水，并将卸压阀打开，将止漏盖内腔的高压水排至尾水。止漏盖在球阀后的水压和其盘形弹簧作用下，自动缩回，与止水环脱离接触。

图 6-39 中旁通阀和卸压阀的波压操作阀由电磁配压阀 51DP 来控制。

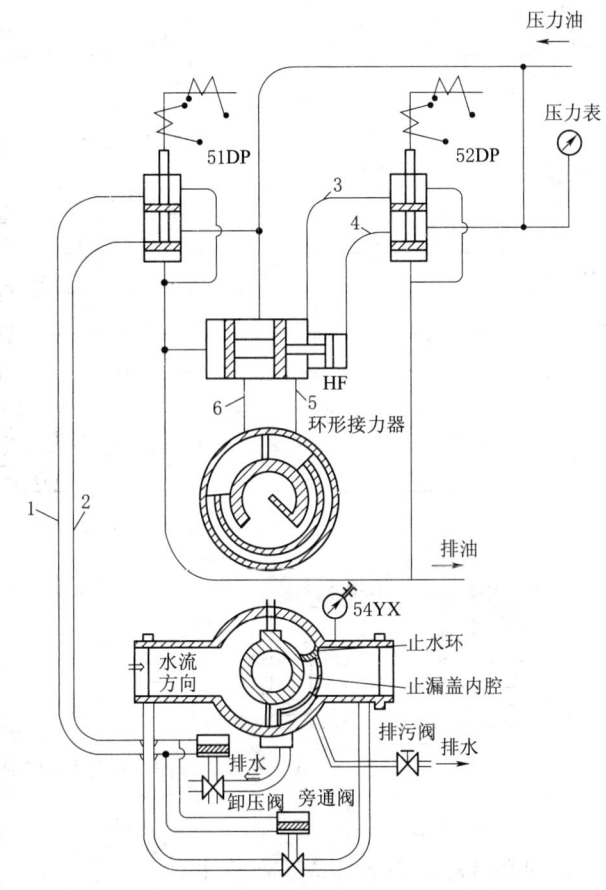

图 6-39 球阀液压操作机械系统图
1—排油管；2—压力油源管；3—HF 油管；
4—底部排油管

球阀的起闭用油压操作，采用环形接力器的情况如图 6-39 所示。环形接力器的油路由四通滑阀 HF 切换，四通滑阀 HF 由电磁配压阀 52DP 控制。此外，为排除积存在球阀壳体下部的污水，还设有排污阀，其中小型水电站的排污阀是手动的闸阀。

球阀液压操作电气接线图如图 6-40 所示。

图 6-40 球阀液压操作电气接线图

1. 球阀的开启

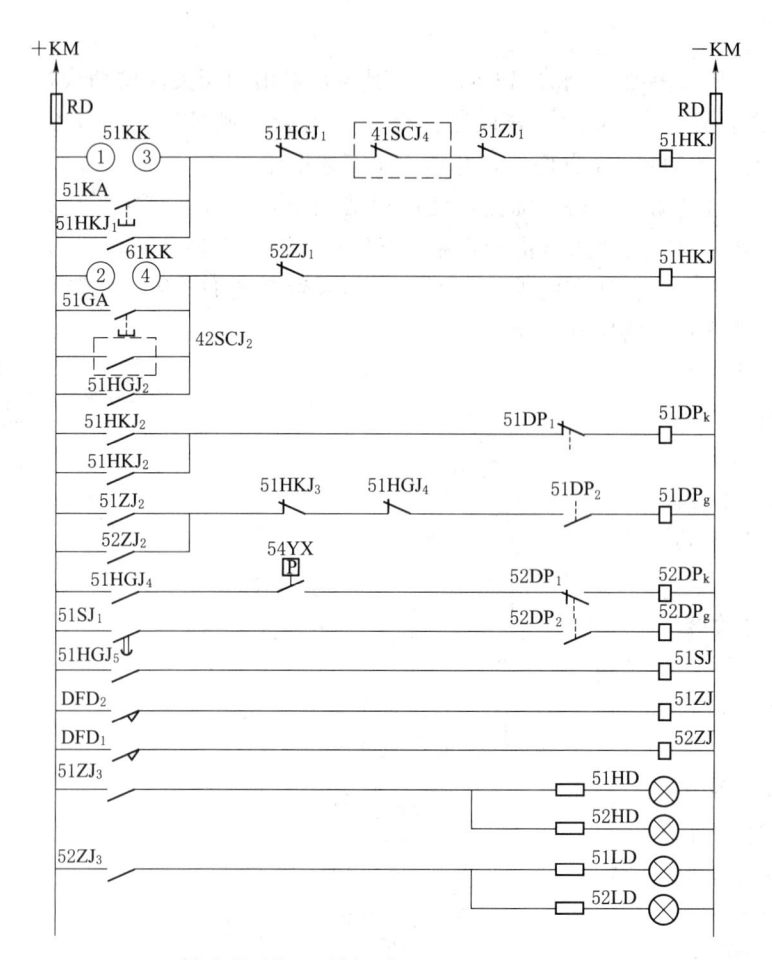

球阀开启前，必须具备下列条件：

(1) 球阀关闭继电器未动作，$51HGJ_1$ 闭合。

(2) 机组处于良好状态，事故继电器未动作，$41SCJ_4$ 闭合。

(3) 球阀处于全关位置，其端接点 DFD_2 断开，重复继电器 51ZJ 失磁，$51ZJ_1$ 闭合。

当上述条件具备时，可通过操作开关 51KK（中控室）或按钮 51KA（现场）发出球阀开启命令。开启命令发出后，球阀开启继电器 51HKJ 启动，且由它的接点 $51HKJ_1$ 自保持，并作用于下述电路。

$51HKJ_2$ 闭合，使 $51DP_k$ 带电而动作（吸上），切换油路，管1与油源相通，管2

与排油管相通，将旁通阀和卸压阀都开启。旁通阀开启后，向输水管充水，在球阀前后水压基本平衡时，压力信号器54YX动作。这时，54YX的接点和接点51HGJ$_4$都闭合，使52DP$_k$带电而动作（吸上），切换油路，管3与油源相通，管4与排油管相通，于是四通滑阀HF的活塞右移。HF右移后管5接油源，管6排油，环形接力器将球阀开启。球阀全开时，DFD$_1$接通，使重复继电器51ZJ通电，51ZJ$_1$断开，使51HKJ复归。51ZJ$_2$闭合使51DP$_g$带电而复归，将旁通阀和卸压阀都关闭。51ZJ$_3$闭合，使信号灯51HD及52HD燃亮。至此，整个球阀开启，操作完成。

2. 球阀的关闭

直接通过操作开关51KK（中控室）或按钮51GA（现场）发出球阀关闭命令，或由紧急事故引出继电器接点42SCJ$_2$闭合联动。关闭命令发出后，球阀关闭，继电器51HGJ启动，且由51HGJ$_2$自保持，并作用于下述电路。

51HKJ$_2$闭合，使51DP$_k$带电而动作（吸上），切换油路，管1与油源相通，管2与排油管相通，将旁通阀和卸压阀都开启。51HGJ$_5$闭合，使51SJ通电动作，经时延51SJ闭合，使52DP$_g$带电而复归。52DP$_g$复归后将管4与油源相通，管3与排油管相通，四通滑阀HF的活塞左移，于是管6接油源，管5排油，环形接力器将球阀关闭。球阀全关后，DFD$_2$接通，使重复继电器52ZJ$_1$通电，52ZJ$_2$闭合，使51DP$_g$带电而复归，将旁通阀和卸压阀都关闭，52ZJ$_1$断开，使51HGJ复归，51HGJ$_5$断开，使51SJ复归。52ZJ$_3$闭合，使信号灯51LD及52LD燃亮，球阀关闭，操作结束。

四、蝴蝶阀（电动操作）的自动控制系统

蝴蝶阀的电动操作机械与液压机械的根本区别是：电动操作机械以电动机为动力，因此没有液压机械部件，从而使得系统简化，价格便宜。这里介绍的蝴蝶阀直径较小，和图6-37所示的闸阀一样没有空气围带和锁锭，而且还没有旁通阀，故不给出机械系统图。由于采用电动机为动力，电动机要实现正反转，其电气接线图如图6-41所示。

1. 蝴蝶阀的开启

蝴蝶阀开启前，必须具备下列条件：

（1）蝴蝶阀处于全关位置，DFD$_2$闭合。

（2）机组无事故，41SCJ$_2$闭合。

当上述条件具备时，可通过操作开关51KK（中控室）或按钮51KA（现场）发出蝴蝶阀开启命令。开启命令发出后，蝴蝶阀开启，继电器51HKJ启动，且由51HKJ$_1$自保持，并作用于下述电路。

51HKJ$_2$闭合，磁力启动器51Q通电，主触头51Q＋、51Q－闭合，电动机的转子绕组励磁；同时，51Q$_3$闭合，电动机D的定子绕组励磁，使电动机正转，逐渐开启蝴蝶阀。51Q$_2$闭合，时间继电器51SJ通电，待51SJ$_1$延时闭合时，磁力启动器53Q通电，主触头53Q闭合，短接电阻器51R，电动机便加速正转，直至全开。

当蝴蝶阀全开后，其行程开关DFD$_2$断开，使51HKJ、51Q、51SJ及53Q相继断电而复归，相应的各触点断开，使电动机停机。同时，由于其行程开关DFD$_1$闭合，蝴蝶阀开启位置指示灯51HD及52HD燃亮。

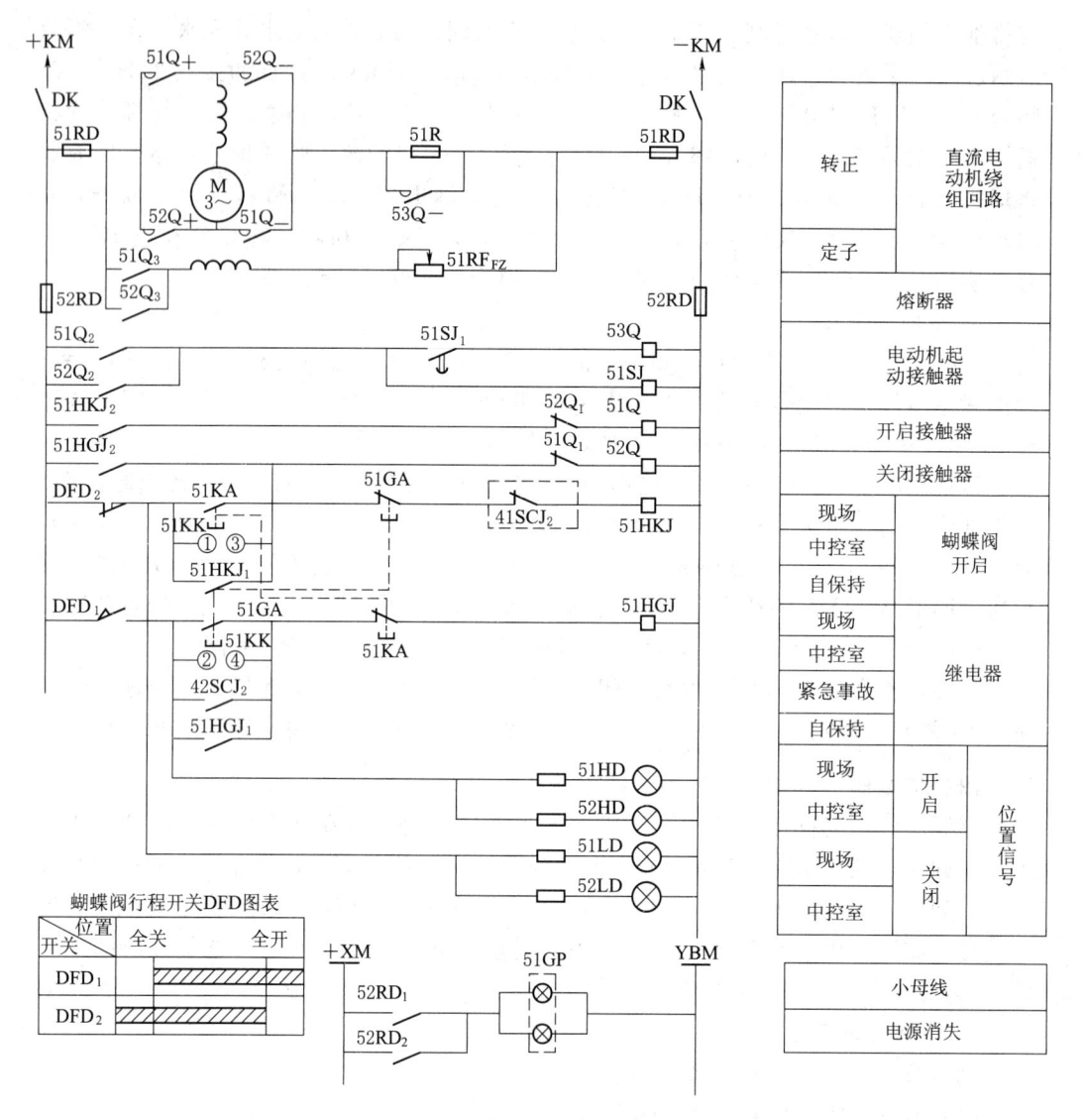

图 6-41 蝴蝶阀电动操作电气接线图

2. 蝴蝶阀的关闭

直接通过操作开关 51KK（中控室）和按钮 51GA（现场）发出蝴蝶阀关闭的命令，或由紧急事故引出继电器的接点 42SCJ₂ 闭合联动。关闭命令发出后，蝴蝶阀关闭继电器 51HGJ 通电，且由 51HGJ₁ 自保持，并作用于下述电路。

51HGJ₂ 闭合，磁力启动器 52Q 通电，主触头 52Q+、52Q- 闭合，电动机的转子绕组励磁；同时 52Q₃ 闭合，电动机的定子绕组励磁，使电动机反转，逐渐关闭蝴蝶阀。52Q₂ 闭合，时间继电器 51SJ 通电，待 51SJ₁ 延时闭合时，磁力启动器 53Q 通电，主触头 53Q- 闭合，短接电阻 51R，电动机便加速反转，直至全关。

当蝴蝶阀全关后，其行程开关 DFD₁ 断开，使 51HGJ、52Q、51SJ 及 53Q 相继断电而复归，相应的各触点断开，使电动机停机。同时，由于其行程开关 DFD₂ 闭合，蝴蝶阀关闭，信号灯 51LD 及 52LD 燃亮。至此，整个蝴蝶阀关闭，操作完成。

在该电气接线中，还考虑了以下保护和信号监视：

(1) 常闭接点 $52Q_1$ 和 $51Q_1$ 接在磁力启动器 51Q 和 52Q 的回路中，起互斥联锁作用，以防止磁力启动器 51Q 和 52Q 同时励磁，其触头将电源短路。

(2) 电源消失时，52RD 因熔件熔断而使接点 $52RD_1$ 闭合，使光字牌 51GP 燃亮。

五、快速闸门（电力卷扬）的自动控制系统

对于河床式水电站及坝后式水电站，由于单元输水管较短，一般不在水轮机前装主阀，而在机组引水管进口处装设快速闸门。通常要求快速闸门在 2min 内完成关闭动作。目前，运用较为广泛的控制方式是电力卷扬，控制电源有交流和直流两种。这里介绍的控制电源用交流，但抱闸电源是直流，其接线图如图 6-42 所示。

1. 快速闸门的开启

开启前，必须具备下列条件：

(1) 快速闸门处于全关位置，DFD_1 及 DFD_3 闭合。

(2) 水轮机导水叶在全关位置，DKW_5 闭合。

(3) 合上电源闭锁开关 BK。

这时关闭位置指示灯 51LD 并点亮 52LD。

当上述条件具备时，可通过操作开关 51KK（中控室）或按钮 51KA（现场）发出快速闸门开启命令。开启命令发出后，快速闸门开启，继电器 51HKJ 启动，且由 $51HKJ_3$ 自保持，并作用于下述电路。

$51HKJ_1$ 闭合，使 51QC 通电，接触器 51QC 主接点闭合，使抱闸 BG 通电，并将抱闸松开。BG_1 闭合，同时 $51HKJ_2$ 也闭合，使 51QK 通电，其主接点将快速闸门卷扬电动机接入电源，快速闸门提升，其行程开关 DFD_4 接通，红灯与绿灯同时燃亮，表示闸门正处于提升状态。当闸门提升至充水开度（一般提起 10cm 左右）时，DFD_1 断开，开启继电器 51HKJ 断电而复归，随着磁力启动器 51QK 及接触器 51QC 也断电复归，卷扬电动机断电停转，抱闸 BG 也断电，在抱闸弹簧作用下对卷扬机主轴制动，快速闸门停留在充水开度。充满水以后，快速闸门前后水压相等，压力信号器 51YX 动作，其接点闭合，这时 DFD_5 也闭合，51HKJ 再次启动并自保持，$51HKJ_1$ 闭合使 51QC 通电、51QC 主接点闭合，BG 通电，将抱闸松开，BG_1 闭合，同时 $51HKJ_2$ 也闭合，使 51QK 通电，卷扬电动机遂从充水开度向上提升直到全开。闸门全开后其行程开关 DFD_3 断开，使 51HKJ、51QC 及 BG 相继断电而复归，在抱闸弹簧作用下对卷扬机主轴制动，51QK 也断电，卷扬电动机停转。绿色信号灯熄灭，红色信号灯燃亮，快速闸门处于全开位置，至此，快速闸门开启过程结束。

2. 快速闸门的关闭

直接通过操作开关 51KK（中控室）和按钮 51GA（现场）发出快速闸门关闭的命令，或由紧急事故引出继电器的接点 $41SCJ_4$ 闭合联动。关闭命令发出后，快速闸门关闭，继电器 51HGJ 通电，且由 $51HGJ_3$ 自保持，并作用于下述电路。

$51HGJ_1$ 闭合，使接触器 51QC 通电，其主接点闭合，使抱闸 BG 通电，并将抱

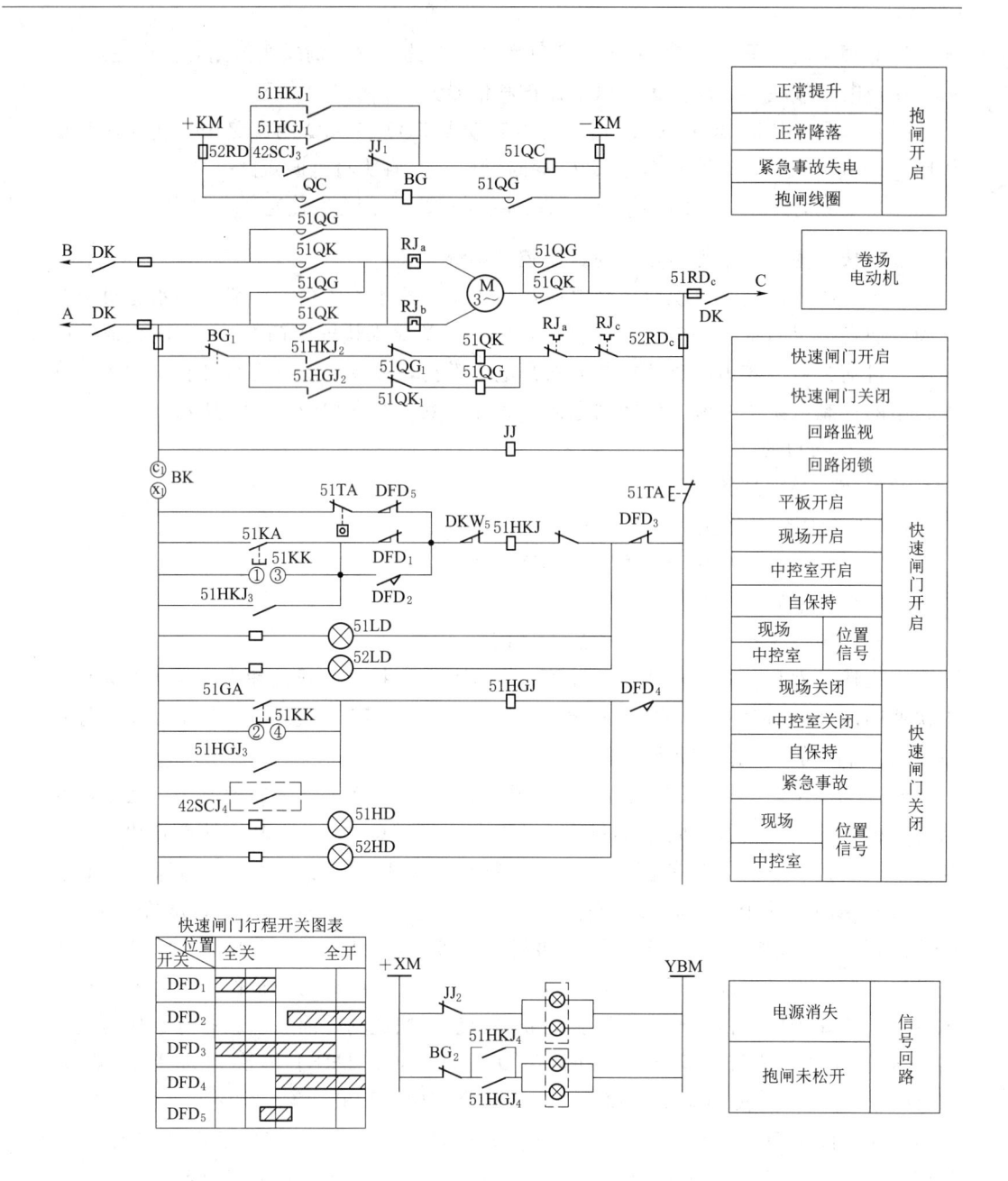

图 6-42　快速闸门电力卷扬电气接线图

闸松开。同时 51HGJ$_2$ 也闭合，使 51QC 通电，其主接点将快速闸门卷扬电动机接入电源，快速闸门降落，直至全关，其行程开关 DFD$_4$ 断开，使 51HGJ、51QC 及 BG 相继断电而复归，在抱闸弹簧作用下对卷扬机主轴制动，51QG 也断电，卷扬电动机停转。在快速闸门开始降落时起，因 DFD$_3$ 闭合，绿色信号灯燃亮；降落过程中，红绿信号灯都燃亮；快速闸门全关时，因 DFD$_4$ 断开，红色信号灯熄灭，绿色信导灯仍燃亮，快速闸门处于全关位置，至此，快速闸门关闭过程结束。

接线图中有关问题说明如下：

（1）为了防止因直流电源电压过低，抱闸 BG 不能松开，使卷扬电动机在制动状态下长时间工作而烧坏，因此在 51QK 及 51QG 线圈回路串入抱闸联动接点 BG_1 加以闭锁。此时 BG_2 使光字牌 52GP 燃亮，发出低电压警告信号。

（2）快速闸门在起闭过程中需要暂时停止时，可按下停止按钮 51TA，使 51HKJ（或 51HGJ）失电而复归，使卷扬电动机停转，卷扬机主轴被制动。快速闸门停于某一预定的开度，若暂停中止，可根据需要按 51KA（或 51GA），快速闸门仍可按上述的开启（或关闭）过程进行起闭。

（3）快速闸门固定于某一开度进行检修时，可以用闭锁开关 BK 来切断操作电源，阻止误操作情况的发生。检修工作结束，合上 BK 恢复供电时，可通过观察红色信号灯或绿色信号灯的燃亮，来检查操作电源是否已接通。

（4）在水轮发电机组发生紧急事故时，由水机保护回路动作引出 $42SCJ_3$ 和 $42SCJ_4$ 接点闭合，此时即便再发生交流控制电源失电，也可以通过 $42SCJ_3$ 和 JJ_1 两个接点去接通接触器 QC 的回路。QC 动作，其主接点使抱闸 BG 通电而松开，快速闸门依靠自重快速降落，截断水流，防止机组飞逸，避免机组事故扩大。这里不难看出抱闸 BK 用独立的直流电源供电的意义。

课后阅读

[1] 胡玮烨. 水电站机组辅助设备设计探讨 [J]. 工程建设与设计, 2019, 415 (17): 100-101, 104.

[2] 李伟. 电气自动化技术在水电站中的应用分析 [J]. 设备管理与维修, 2022, 519 (10): 103-104.

[3] 王文军. 水电站中电气自动化技术的应用分析 [J]. 光源与照明, 2022, 168 (6): 190-192.

[4] 刘雪优. 电气自动化在水电站中的应用分析 [J]. 科技创新与应用, 2020, 326 (34): 161-162.

[5] 谷雷. 水电站中电气自动化技术的运用分析 [J]. 黑龙江水利科技, 2017, 45 (2): 140-142.

[6] 王卫卫. 水轮发电机组故障与处理——评《水轮发电机组及其辅助设备运行》[J]. 人民黄河, 2019, 41 (9): 173.

[7] 吴潇, 陈才龙, 赵碧诚. 巨型水电站辅助设备配置及控制逻辑标准化探讨 [J]. 水电站机电技术, 2020, 43 (5): 36-38+60.

[8] Guo W C, Qu F L. Stability control of dynamic system of hydropower station with two turbine units sharing a super long headrace tunnel [J]. Journal of The Franklin Institute-engineering and Applied Mathematics, 2021, 258 (16): 8506-8533.

[9] Bard J. Modernisation and automation of small hydropower plants [J]. Wasserwirtschaft, 2008: 38-41.

[10] Shiva C K, Mukherjee V. Automatic generation control of hydropower systems using a novel quasi-oppositional harmony search algorithm [J]. Electric Power Components And Systems, 2016: 1478-1491.

[11] Li S D, Wu Z Y. The numerical analysis of a large diameter spherical valve [J]. Progress in Computational Fluid Dynamics, 2018: 300-307.

[12] Cao J W, Luo Y Y, Zhuang J L, et al. Effect of the pressure balance device on the flow characteristics of a pump-turbine [J]. Proceedings of The Institution of Mechanical Engineers Part A-Journal of Power and Energy, 2022: 1533-1543.

课后习题

1. 什么是信号元件？什么是执行元件？
2. 简述信号元件和执行元件在自动控制中的作用。
3. 简述转速信号器、温度信号器、压力信号器、液流及液位信号器在机组自动控制中的作用。
4. 绘出水泵直接供水（不设蓄水池）的自动控制接线图，这时水泵可由开机继电器启动，又由导叶打开的重复继电器（或调相运行继电器）保持运行。
5. 绘出无"水冷"和没有"无负荷电磁阀"的高压压缩空气装置的机械系统图和电气接线图。
6. 分别用操作程序框图说明蝴蝶阀（液压控制）和快速闸门（电力卷扬）的开启和关闭的自动操作过程。

第七章　水电站计算机监控系统

知识单元与知识点	1. 水电站计算机监控系统发展历史、硬件结构及软件应用 2. 水轮发电机组的现地控制系统 3. 水电站计算机监控上位机系统功能 4. 水电站计算机监控系统网络与通信 5. 水电站视频监控系统 6. 自动发电控制、自动电压控制 7. 上位机设备操作实例
重难点	重点：现地控制系统、上位机系统功能、网络与通信 难点：自动发电控制、自动电压控制
学习要求	1. 熟悉系统发展历史、硬件结构及软件应用 2. 掌握现地控制系统、上位机系统功能、网络与通信 3. 了解水电站视频监控系统 4. 掌握自动发电控制、自动电压控制 5. 了解上位机设备操作实例

现代水电站计算机监控系统通常是一个分布开放控制系统，采用面向网络的分布式结构，可根据水电站装机容量、系统中的地位和自动化程度的需要灵活配置，例如可配置成简单的单机单网系统或多机多网冗余系统，也可配置成多厂的复合网络系统。

现代水电站计算机监控系统一般分为电站控制层和现地控制层。对梯级水电站的远方集控系统，则可再设一个梯级集控层。

对于机组及辅助设备等的自动控制装置，如机组现地控制单元、闸门控制、微机调速系统、微机励磁系统等，属于现地控制层，都是水电站计算机监控的重要组成部分。

根据系统可靠性或功能要求，电站控制层上位机系统可配置一至两台数据库服务器，完成系统的应用计算与历史数据库管理工作；一至多台人机操作工作站，实现生产过程的监视与控制及对电站的自动管理。

第一节　水电站计算机监控系统认知

一、水电站计算机监控系统发展

任何事物，由初期简单到成熟可靠，都有一个发展过程，水电站计算机监控系统

资源 7-1
水电站计算机
监控系统的
一般结构

也不例外，其发展过程大致经历过四个阶段。

（一）以常规控制装置为主、以计算机为辅的监控方式

早期计算机开始用于工业控制现场时，由于价格昂贵，其可靠性没有保证，所以此阶段的计算机监控系统主要是完成辅助性的作用，如设备状态监视、运行数据记录、简单表格的打印、经济运行计算、运行指导等，水电站的控制功能仍由常规控制装置来完成。

在整个控制系统中，控制功能不依赖计算机监控系统，因而对计算机可靠性、功能性要求不是很高，即使计算机发生故障，水电站仍可正常运行，只是局部性能有所降低。

（二）计算机与常规控制装置双重监控方式

随着计算机技术发展，其可靠性得到提高，但是由于缺乏应用经验，出现了计算机和常规控制装置并存的试用阶段。

此时两套控制系统之间可以互相切换，互为备用，从而保证系统安全可靠运行，不会因为计算机监控系统故障而影响电站的正常运行。但是由于需要设置两套完整的控制系统，投资比较大，二次接线复杂，有可能造成系统的可靠性降低。

（三）以计算机为基础的监控方式

随着通信技术和计算机技术的发展，现在的计算机监控系统主要采用以计算机为基础的监控方式，一般由计算机（上位机）＋通信网络＋现地控制单元（LCU）＋自动控制设备等构成。以通信为基础，计算机发出控制命令，由 LCU 自动控制设备等执行，现场数据由 LCU 或自动控制设备等提供。

当采用此种模式时，常规控制部分大大简化，平时都通过计算机进行控制。但是未采用 PLC 控制的机旁控制盘（及现地控制单元 LCU），当计算机监控系统出现故障时，可以就地操作。中控室仅设置计算机监控系统的值班员控制台。

（四）取消常规设备的全计算机控制方式

随着计算机技术的进一步发展和水电站计算机监控系统运行经验的累积，出现了以计算机为唯一监控设备的全计算机控制方式。此时，取消了机旁自动操作盘，计算机监控系统所有的信息都是计算机系统直接取自现场数据，而且不考虑在机组控制单元发生故障时进行机旁自动操作。采用此种方式时，一般对监控系统中主要的设备进行冗余设计，以提高整个系统的可靠性和安全性。

【交流与思考】

水电站计算机监控系统是一门涉及多种学科和新技术的综合性科学技术，近年来有了较快速的发展。从水电站计算机监控系统发展的历程来看，主要经历了哪些监控方式？

二、计算机监控系统硬件常见结构

目前，计算机监控系统最常见的结构有两种：集中式和分层分布式。两种结构都是以网络为基础，构成连接通道，把自动控制设备和监控计算机相连，从而构成一个整体控制系统。

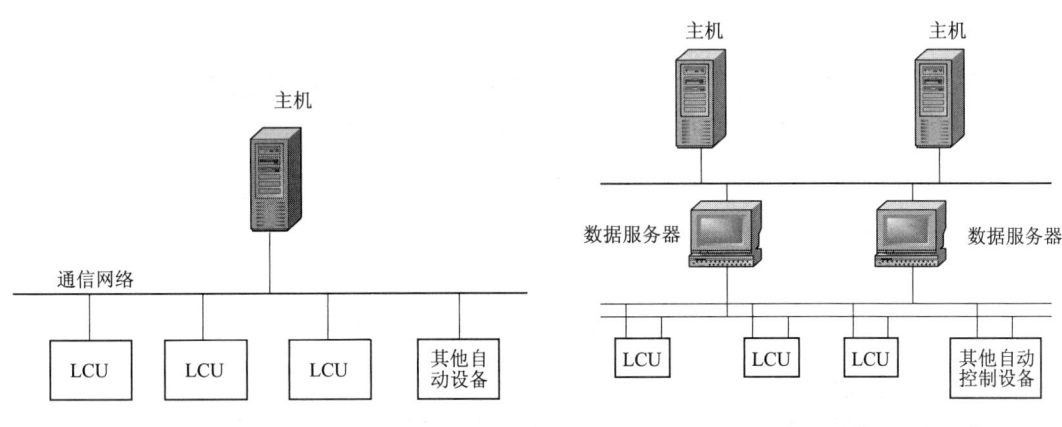

（一）集中式计算机监控系统

集中式计算机监控系统常采用星形拓扑结构，由中央节点（主机）和通过通信线路接到中央节点的各个站点（LCU）组成，其基本结构如图7-1所示。

采用该结构时，一般是将数据全部采集到主计算机（主机）进行处理，根据计算机计算结果，把相关的控制结果传给各个测控点进行控制和调节，或者接受用户的指示把命令发送到相关测控点。其结构比较简单，易于实现，改造或升级系统比较方便，投资比较低。但是其性能对主控计算机及通信网络可靠性依赖比较严重。集中式计算机监控系统是计算机监控系统发展初期出现的一种控制模式，即全站仅配置一台计算机来承担全站有关设备的监视控制功能。其最大的弱点是，一旦计算机故障，整个监控系统完全瘫痪，因而没有得到发展。

在实际使用过程中，为提高监控系统的可靠性，一般采用多主机结构或双网络结构，实现计算机操作和网络通信互为备份，如图7-2所示。

图7-1 集中式计算机监控系统结构示意图

图7-2 集中式计算机监控系统双机备份、双网结构示意图

根据主机之间备份方式不同，备份工作方式可分为以下三种：

（1）冷备用方式。平时主计算机运行，备用计算机不参与生产过程的控制。主计算机出现故障时，启动备用机，完成监控任务。

（2）温备用方式。主、备用计算机都运行，备用计算机一般只承担监视任务，当主计算机出现故障时，人为切换到备用计算机。

（3）热备用方式。两台计算机是并列运行的，执行同样的程序，双机可以同时进行操作，互不影响。一台计算机故障不影响另外一台计算机的运行，从而提高了系统的可靠性。

集中式计算机监控系统主要适用于容量小、台数少、控制功能简单的水电站。

（二）分散式监控系统

分散式监控系统以功能分散为主要特征，即各个不同的计算机完成不同的功能。分散式控制系统实际上只是将系统功能做了一些横向分散，总体上仍然属于集中控制。20世纪80年代初葛洲坝二江电站第一代计算机监控系统示意图如图7-3所示。

第七章 水电站计算机监控系统

> **【价值观】**
>
> "没有调查，没有发言权"，科学研究和技术进步总是离不开调查，数据采集就是开展"调查"的重要手段之一。"科学是实实在在的，来不得半点虚假"，调查研究是唯物主义认识路线的具体体现，是发挥人的主观能动性把握客观规律的具体途径，是一切从实际出发的根本方法，是贯彻实事求是思想路线的必然要求。
>
> 正所谓要"扑下身子"沉到一线调研，"扑下身子"方能"接地气"、得实情；"调查研究不仅是一种工作方法，而且是关系党和人民事业得失成败的大问题"。可见调查研究本身是一种方法论，但其间蕴含的求实精神价值观是何等重要！

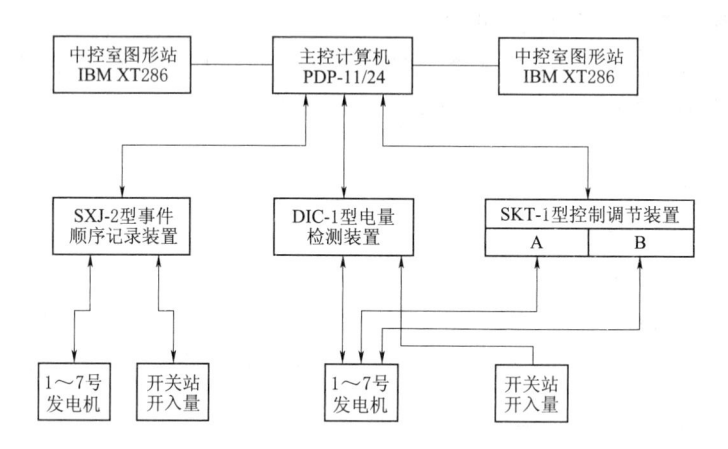

图 7-3 葛洲坝二江电站第一代计算机监控系统示意图

（三）分布式控制系统

分布式控制系统是针对分散式控制系统存在的问题而进一步发展来的，它主要是把分散式控制系统从按功能分布改变为按设备分布。对水电站来说，分布式监控系统是按控制对象（如机组、开关站、公用设备、闸门等）进行分散，就是对每台机组、公用设备、开关站等各分配一台计算机来管理，并按控制对象设置单独的控制单元（LCU），然后由一上位机系统来与各个部分的计算机联成网络，从而构成一个多任务系统，各微机各司其职，互不干扰。分布式控制系统目前应用最多，国内外近十年来投运的监控系统多数采用此种控制模式。

（四）分层分布式计算机监控系统

水电站的自动控制相对独立、自成系统而又相互作用，在系统内部存在层次控制关系。近年来，新投运的水电站监控系统大多采用分层分布式，并且《水力发电厂计算机监控系统设计规范》（NB/T 10879—2021）中明确规定："监控系统宜采用分层分布式结构，分设负责全站集中监控任务的电站级及完成机组、开关站和公用设备等监控任务的现地控制级。"

将分布式系统与分层系统结合，将现地控制单元组作为现地控制级（层），另外再设置电站级（层）监控系统负责全站性的功能，从而构成分层分布式监控系统。其特点是某台机组 LCU 故障，不影响全站运行；信息分布而不是集中处理，电缆敷设少。

分层分布式监控系统可采用全站单级网,连接电站级和现地控制级的所有设备;也可根据电站的规模和复杂程度分设信息网和控制网。控制网连接负责实时监控的设备,信息网负责打印、数据查询发布等任务。

现代计算机监控系统网络通常采用工业以太网进行相互之间的信息交换,具有速度快、纠错力强、可靠性高、扩充性好、传输距离长、支持用户量大、投资低的特点。网络机构有星形网络总线型网络和环形网络。

丹江口水电站是我国 20 世纪 50 年代开工建设的、规模巨大的水利枢纽工程,坝后式厂房内安装 6 台单机容量为 150MW 的竖轴混流式水轮发电机组,经埋设在坝内的 6 条直径为 7.5m 的压力钢管引水发电。发电机电压侧采用发电机—变压器组单元接线,高压侧采用双母线带旁路接线。220kV 和 110kV 屋外开关站设在左岸下游台地上。如图 7-4 所示,丹江口水电站计算机监控系统的现地控制级设置 6 台机组 LCU、2 台开关站 LCU 和 1 台公用设备 LCU,分别挂在两个网络上;电站级设置了 2 台主站、2 个操作员站、1 个工程师站、1 台电量管理机和历史数据站,专门设置一台通信管理机负责与 MIS 系统调度等进行通信,同样连接在两个总线型网络上,两个网络作为冗余。

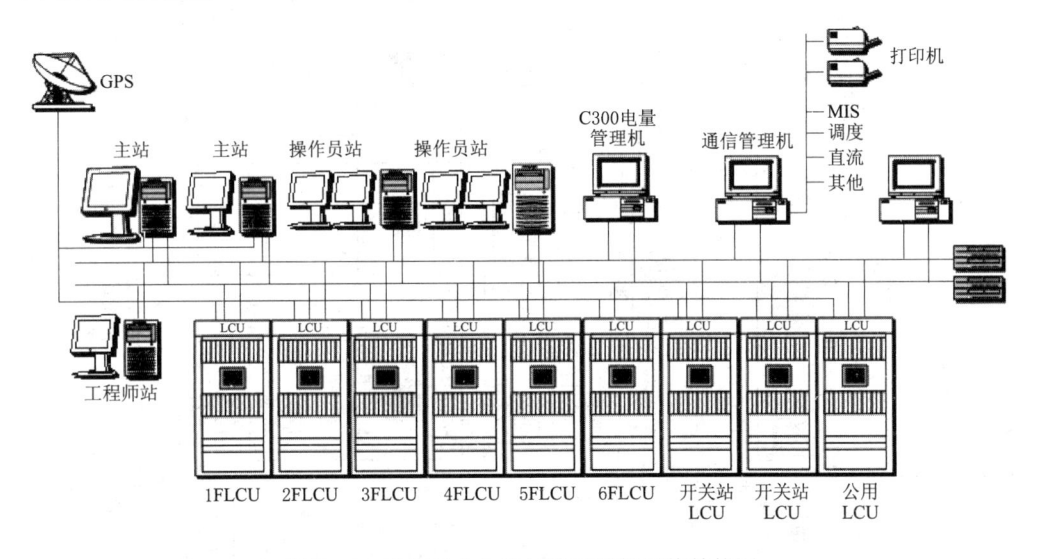

图 7-4 丹江口水电站计算机监控系统结构图

贵州索风营水电站计算机监控系统采用全分布开放式计算机监控系统,网络采用 100~1000Mbit/s 双冗余交换式环形光纤工业以太网。如图 7-5 所示,上位机系统由 14 台系统工作站组成,负责全站数据接收、命令下行、历史数据库生成、历史数据(曲线)查询、报表打印,以及与省中调、梯级集控中心数据通信等功能;下位机系统由 6 套现地控制单元组成,主要负责全站数据采集、处理和上送,以及对 3 台机组开停机控制、事故处理等。

分层分布式水电站计算机监控系统目前广泛应用于大中型以上水电站。而对于一些特大型水电站,为了保障监控系统的安全稳定运行,防止计算机病毒等网络不安全

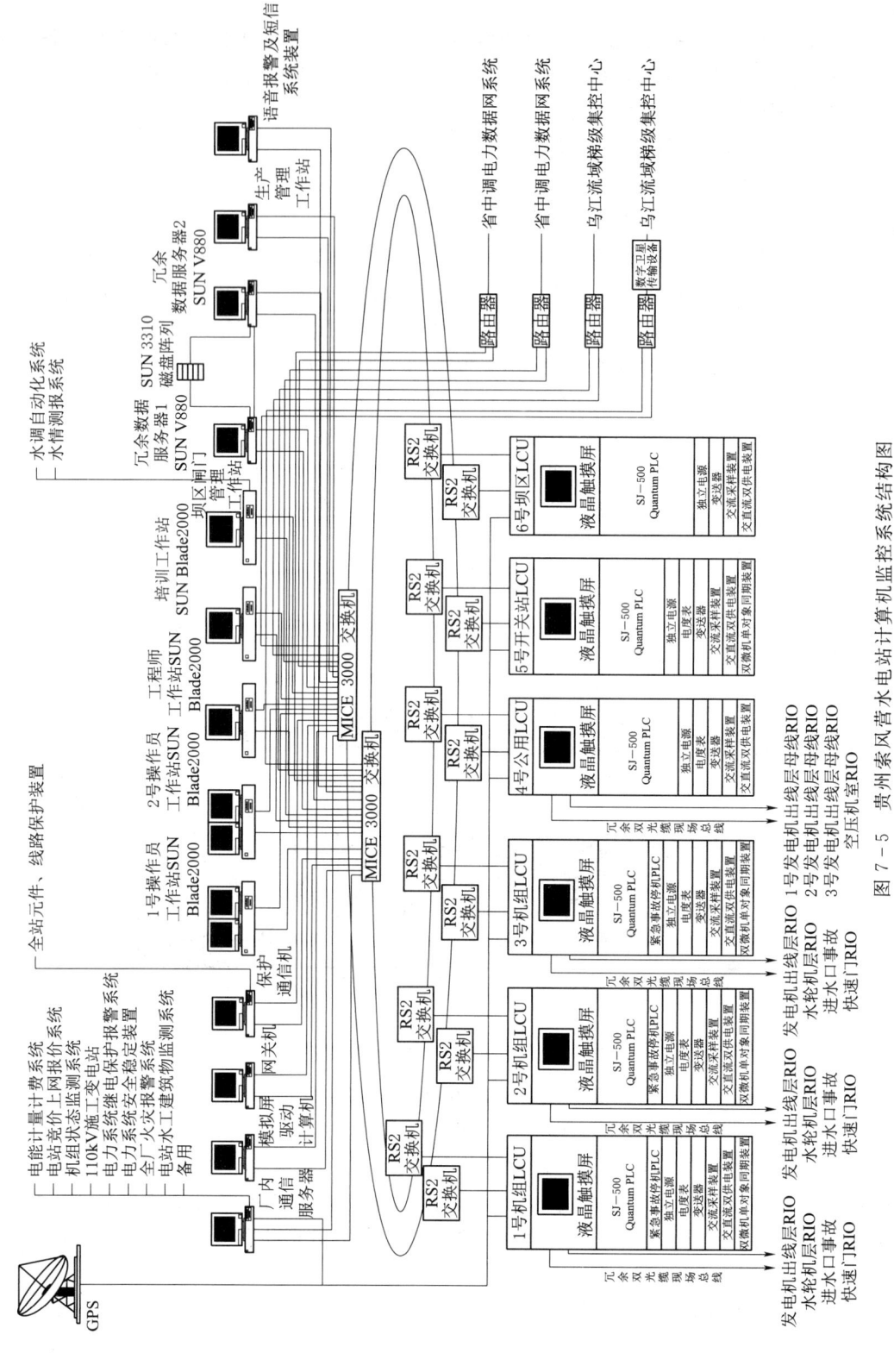

图 7-5 贵州索风营水电站计算机监控系统结构图

因素，将监控系统的控制网络、电站的生产管理网络、信息发布网络分开，监控系统的控制网络在外部网络连接时，应加硬件防火墙进行隔离。特大型水电站计算机监控系统结构图如图7-6所示，电站控制网采用100Mbit/s冗余光纤以太网，电站管理网也采用100Mbit/s冗余光纤以太网。根据功能设置专门的服务器，并安放在集中的计算机房，模拟屏、大屏幕、操作员站安放在中控室。

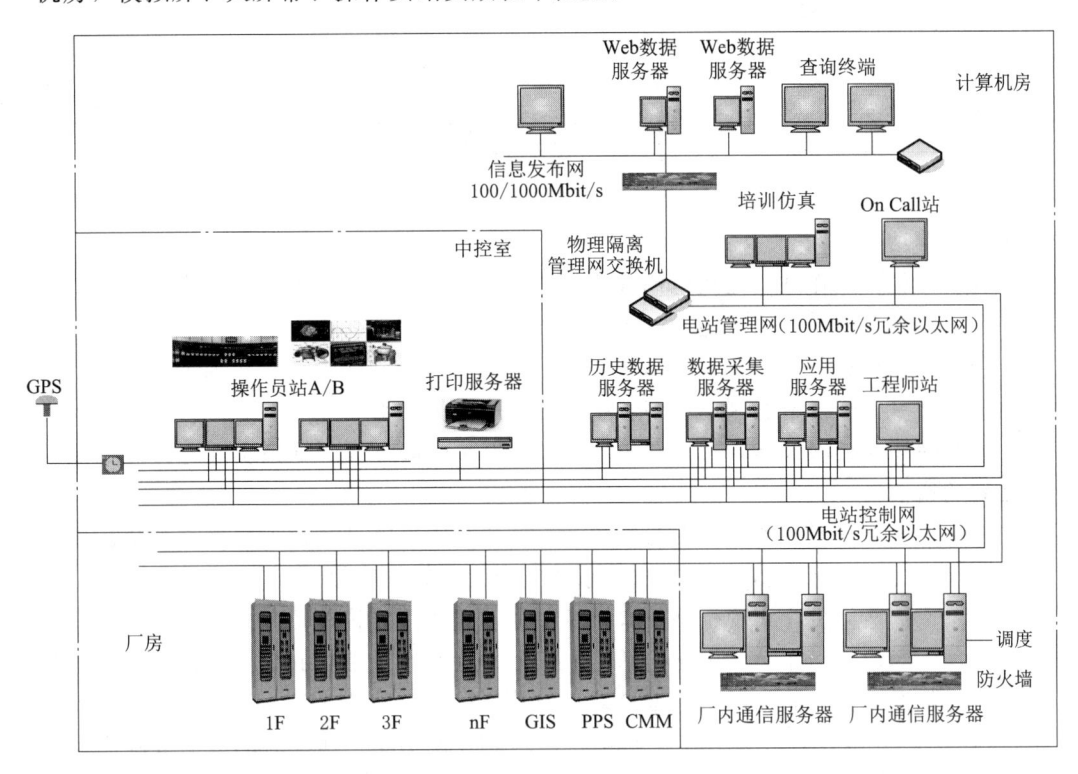

图7-6 特大型水电站计算机监控系统结构图

三、典型水电站计算机监控上位机硬件系统结构与组成

索风营水电站按照电站综合自动化要求设计为全计算机监视控制方式，按无人值班能实现乌江流域集控中心和贵州省中调计算机监控系统监控的原则进行总体设计和配置。系统应能达到高可靠、高性能的全计算机监控及远程维护，以及全网络化信息交换的水电站现代控制水平。

索风营水电站计算机监控系统采用全开放式分布式冗余结构模式，其系统结构如图7-7所示，监控系统由主控级计算机层和现地控制单元层组成，采用100～1000Mbit/s冗余交换式环形光纤工业以太网联结。各节点在冗余环形光纤工业以太网上进行数据传输。主控级如下：

（1）系统数据服务器，主要完成电站实时数据和调度系统数据的采集和处理，向操作员站提供实时数据服务，对电站机电设备运行数据进行长期保存，提供对历史数据的查询、提取等服务。

（2）操作员工作站，实现电站运行值班人员与监控系统的人机对话，完成实时监

第七章 水电站计算机监控系统

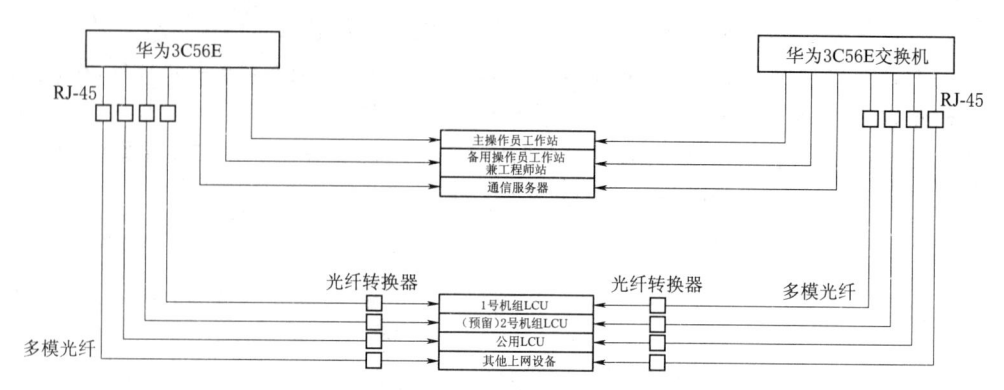

图 7-7 水电站计算机监控系统网络冗余结构图

视和控制等功能。

（3）工程师工作站，完成电站计算机监控系统维护、系统程序修改等工作。

（4）培训工作站，实现电站运行值班员上岗前的培训、仿真。

（5）网关计算机，经1台64K调制解调器通过1路2Mbit/s通信通道（主用）或通过卫星数字传输设备实现电站与省中调之间的数据通信。

（6）梯调通信服务器，通过路由器经过2路2Mbit/s光纤通道实现与梯级集控中心之间的通信。

（7）站内通信服务器，实现与电能计量计费系统、电站竞价上网报价系统、机组状态监测系统、ONCALL系统、电力系统安稳装置等的通信。

（8）保护通信机，实现全站所有微机保护装置通信的管理。

（9）生产管理工作站，用于电站生产管理、状态检修用途的数据采集、处理、归档、历史数据库的生成、网络数据自动备份及拷贝等，并为MIS系统提供数据。

（10）Web服务器，集中存放了电站MIS相关网络用户所关心的数据或画面，可查看、下载和调用与系统有关的信息。

（11）语音系统，用于向运行值班人员进行操作、故障、事故等语音报警。

（12）局域网网络设备，上位机系统中安装了2台主交换机，6个LCU中每个都安装有2个环网交换机，采用OPC（动态过程控制）通信方式将网络设备的状态信息传递到计算机监控系统软件中。

（13）时钟同步系统，GPS全球定位时钟系统作为监控系统的时钟标准，对全系统设备进行时钟同步。GPS时钟放在计算机房，接收天线装在室外。它接收卫星时钟信号，与两台主计算机进行对时通信，通过网络功能自动校准各计算机的时钟。通过时钟同步信号扩展器将CPS的分同步时钟信号送至各LCU的PLC设备，用于校准各LCU的SOE时钟。

（14）UPS电源设备采用并联冗余方式工作，UPS主机配10kVA双组电池，备用电池维持时间。

为了把发电机组的可靠性提高到更高的水平，特别是满足水电站"无人值班、少人值守"的要求，同时也利于维护，监控系统采用双网络冗余，达到无扰切换，也就是切换的过程要保证控制连续进行、数据不丢失。

(一) 光纤以太网冗余

对于监控系统的组网方式,现在普遍采用以太网,而且采用光纤作为介质。单网的可靠性已经很高,但考虑其他不可预见的机械物理方面的因素,大中型水电站常采用双光纤以太网。

水电站计算机监控系统网络冗余结构如图 7-7 所示,计算机监控系统采用了双光纤以太网。LCU 的双光纤以太网工作方式不需要切换,而且是同时工作(all in working)。这样,一旦 1 号网故障,2 号网可以零时间切换过去。由此可以获得很高的性能。

【价值观】

作为光纤概念的提出者和光纤通信的主要发明人,华裔物理学家高锟(香港中文大学前校长,1933 年出生于上海,1949 年移居香港,长期从事光导纤维在通信领域应用的研究,被誉为"光纤之父""光纤通信之父"。1990 年获选为美国国家工程院院士,1996 年获选为中国科学院外籍院士,1997 年获选为英国皇家学会院士,2009 年获得诺贝尔物理学奖。作为华裔科学家的杰出代表,高锟有着中国传统的文化情怀,为人类科技进步做出了划时代的贡献;他治学严谨,淡泊名利,追求卓越,为国家培养了大批人才,为香港地区的高等教育与科技创新事业做出了卓著贡献,为香港回归祖国和回归后的繁荣稳定发展做出了积极贡献,以实际行动践行科学家心系故土的爱国信念。作为青年学生,要更加注重厚植爱国主义情怀,让爱国主义精神在心中牢牢扎根,矢志奉献国家。

(二) 电源冗余

电源是计算机监控系统的关键部分,通常包括主机及网络电源、现地控制单元控制器电源和 I/O 工作电源。这些电源主要对监控系统设备、各控制模块、I/O 模块和现场设备(如变送器、信号反馈、控制操作等)供电。一旦电源发生故障,会使整个控制系统瘫痪,造成重大后果。所以,在监控系统进行系统设计时,不仅要慎重考虑每个电源的容量,使其具有一定的裕度,而且还要考虑各个电源单元的可靠性。为了解决这个问题,在各个部分均采用双回路冗余电源供电方式,部分环节还采用了双路电源自动切换回路,保证系统电源正常工作。水电站计算机监控系统和现地控制单元的电源供电示意图如图 7-8 和图 7-9 所示。

机房供电电源共两路,分别取自公用 400V 的 I 段和 IV 段,采用三相四线制。机房负荷(如机房空调机、工作电源等)分别取自不同的 400V 母线。计算机系统的全部负荷由双回路自动切换,并经过隔离变压器和不间断电源 UPS 取得。考虑到交流电源的杂波干扰和计算机保护接地,采用隔离变压器和不间断电源 UPS,保证了机房内计算机系统的安全运行。

现地控制单元供电电源也要求非常可靠,因此设计为双路冗余供电方式,并采用电力系统专用交、直两用 UPS 电源,保证现地控制单元各部件的正常工作。由 UPS 输出的交流电源分别供给工控机、采集电源、控制电源、可编程控制器

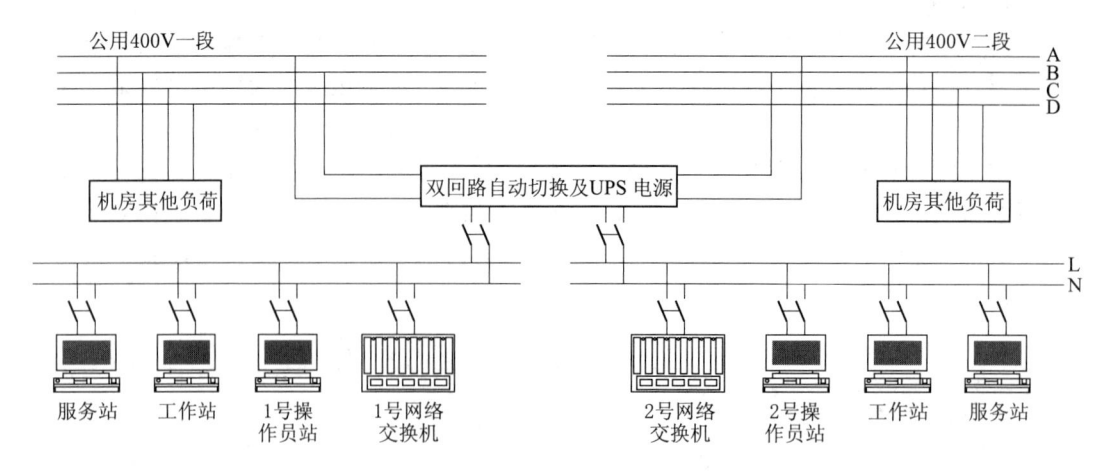

图 7-8 监控系统主机机房电源系统示意图

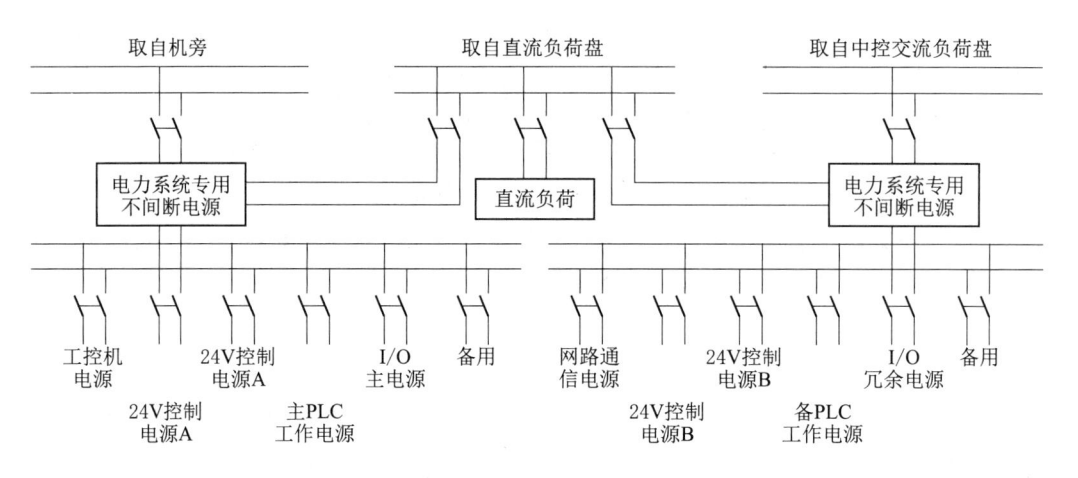

图 7-9 现地控制单元电源供电系统图

（PLC）和 I/O 模块，并通过采集模块分别监视对方的电源状态。采集和控制电源、I/O 模块工作电源均采用了冗余供电方式，正常工作时，其中一路模块电源作为工作电源，另一路作为热备电源。一旦测得某路模块电源的输出电压品质不符合要求，或发生故障，就会发出状态报警，并立即自动切换到另一路工作，以确保电源单元的正常供电，保证发电机组不失控。

（三）主机操作员站的冗余方式

水电站计算机监控系统采用分层、分布式开放的网络结构和高档工作站构成的双机冗余操作员工作站。两台操作员工作站采用双屏显示，设置在中控室，可同时工作，一台完成监视控制任务，作为主控站；另一台只进行正常监视，平时作为备用工作站。当主控工作站故障时，备用工作站自动升为主控站，完成监控任务。

（四）计算机监控系统控制权

控制权分远方、现地两级，可以进行切换。远方控制是指上位机发出控制命令直接对现地单元进行控制；现地控制指在现地 LCU 上的操作。控制权由机组端设置，优先顺序为"现地，远方"。监控系统能保证在进行控制权切换时电站运行无扰动。

四、计算机监控系统软件及作用

计算机监控系统的软件包括操作系统软件、应用软件、网络软件、数据库软件、组态软件、PLC 监控软件、专用液晶显示软件。这些软件管理整个系统资源，具有机组顺序控制、机组保护、实时数据采集管理、人机接口管理、通信调度、自诊断、参数统计计算、数据库管理等功能。

主控层上位机监控系统软件有的基于 UNIX 操作系统，也有的基于 Windows 2000 操作系统，广泛采用组态软件开发的分布式处理技术实现监控系统软件。

主控层计算机监控系统软件主要包括如下功能模块：①图形模块；②数据库及管理模块；③通信模块；④历史信息处理模块；⑤认证系统；⑥自诊断模块；⑦参数设置模块；⑧报表打印模块。

组态软件的图形模块为监控系统软件提供丰富的图形，如主接线图、油水气系统图、棒型图、饼图、曲线图、表格等，这些图形是动态的，反映生产现场实时信息，部分图形元件是动态变化的，它们与实时数据库连接在一起，随数据的不同而变化，支持用户产生新的图形、修改图形、组态图形、在线修改图形。

监控系统通常采用强大的 SQL SERVER、ORCAL 等数据库系统，数据库软件具有提供各点数据的瞬时状态、事件事故的报警、各测量值的越复限处理和登录、定时定期数据的归档、检索等功能，并可将各基本点进行组合、运算，组成较为复杂、便于使用的运算点。同时系统还提供历史数据库软件，以便对历史数据进行存档，并具有查阅、打印等功能。

（一）常见的组态软件

现代水电站计算机监控系统上位机通常使用组态软件作为开发平台，即可以采用专门为水电站设计的软件，也可以使用通用的组态软件。目前使用较多的通用组态软件有以下几种：

（1）InTouch。Wonderware 的 InTouch 软件是最早进入我国的组态软件，是在制造运营系统率先推出 Microsoft Windows 平台的人机界面（HMI）自动化软件的先锋。早期 InTouch 软件采用"快速 DDE"形式进行数据交换，包含三个主要程序：InTouch 应用程序管理器、组态环境以及运行环境。

（2）iFix。iFix 是全球最领先的 HMI/SCADA 自动化监控组态软件，是 Intellution 公司（已被 GE 公司收购）的产品。已有超过 300000 套以上的软件在全球运行。iFix 集强大功能、安全性、通用性和易用性于一身，使之成为工业生产环境下全面的 HMI/SCADA 解决方案。

（3）WinCC。WinCC 是西门子公司发布的组态开发环境，提供类 C 语言和 VBA 两种脚本语言，包括一个调试环境。WinCC 支持 OPC 技术，并可对分布式系统进行组态。

（4）三维力控，由北京三维力控科技有限公司开发，核心软件产品初创于 1992 年，对硬件的支持非常丰富，可降低用户的开发难度和节约成本。

(5) 组态王 KingView，由北京亚控科技发展有限公司开发。该公司成立于 1997 年，目前在国产软件市场中占据着一定地位。

专门为水电站开发的组态软件有 NARI NC2000、EC200、水科院自动化所 H9000、四方 HSC2000 等，这些软件针对水电站计算机监控系统而开发，使用和针对自身设备开发非常方便。

（二）组态软件功能

组态软件，又称为组态监控软件系统软件（supervisory control and data acquisition，SCADA），是指一些数据采集与过程控制的专用软件。这些软件处于自动控制系统监控层一级的软件平台和开发环境。无论是通用还是专用组态软件，实际上是一个针对计算机控制系统开放的工具软件，应为用户提供多种通用工具模块。其主要具有以下功能：

(1) 采集、控制设备间进行数据交换。
(2) 使 I/O 设备的数据与计算机图形画面上的各元素关联起来。
(3) 处理数据报警及系统报警。
(4) 存储历史数据并支持历史数据的查询。
(5) 各类报表的生成和打印。
(6) 为使用者提供灵活、多变的组态工具，可以适应不同应用领域的需求。
(7) 最终生成的应用系统运行稳定可靠。
(8) 具有与第三方程序的接口，方便数据共享。

组态软件结构如图 7-10 所示，组态软件关键部分是实时数据库，实时数据库通过设备驱动程序和设备交换数据；同时，其他模块读写实时数据库的数据，完成相应的功能。

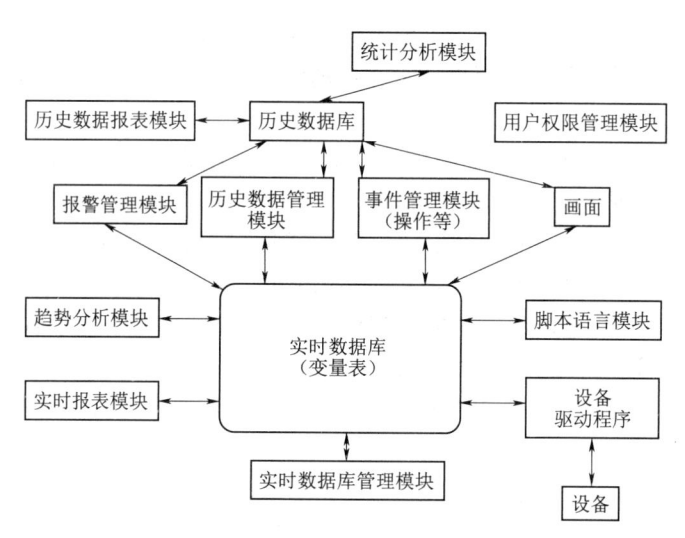

图 7-10 组态软件结构图

（三）组态软件中数据流向

在组态软件中数据流动分为三种：设备数据流向组态（采集数据，如图 7-11 所示)、组态数据流向设备（发布控制命令，如图 7-12 所示）、组态内部数据流向（数据统计分析，如图 7-13 所示）。

现场数据 → 自动设备 → 设备驱动程序 → 实时数据库

图 7-11　设备数据流向组态示意图

用户写数据 → 实时数据库 → 设备驱动程序 → 自动设备 → 控制现场设备

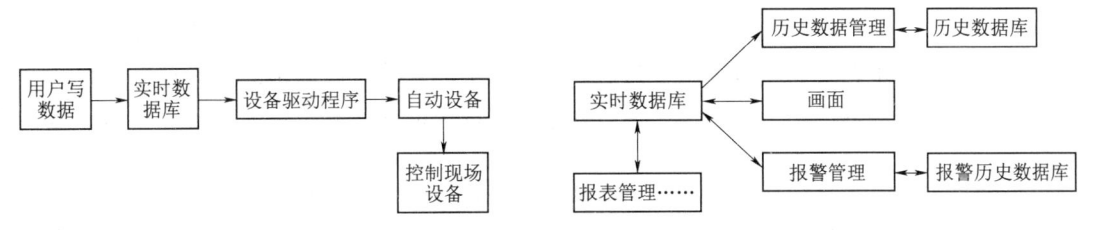

实时数据库 ↔ 历史数据管理 → 历史数据库
实时数据库 ↔ 画面
实时数据库 ↔ 报警管理 → 报警历史数据库
报表管理……

图 7-12　组态数据流向设备示意图　　　图 7-13　组态内部数据流向示意图

【交流与思考】

水电站计算机监控系统软件主要用于监测水电站的运行情况，它能够监测水位、流量、出力功率等，还能实时采集水位数据、运行参数和报警信息，并根据水位变化对水电站的运行进行智能控制和调试，确保水电站的安全运行。此外，它还提供实时的现场可视化，使用户能够更加准确地分析水位情况，给出更可靠的运行决策。

当前，水电站计算机监控系统有哪些常用的软件？其各自特点及应用如何？

第二节　水轮发电机组的现地控制系统

水轮发电机组现地控制指的是就地对机组运行实现监控和控制，一般布置在发电机附近，是水电站计算机监控系统较底层的控制部分。原始数据的采集、控制命令的发出都位于此，是整个监控系统很重要的、对可靠性要求很高的"一线"控制设备。现地控制单元可用来选择远方/就地控制方式，可就地进行手动控制或自动控制，实现数据采集、处理和设备运行监视，通过局域网与监控系统其他设备进行通信，以及完成自诊断功能等。机组现地控制单元直接与电站的生产过程接口对发电机生产过程进行监控，实时完成调速、调压、调频以及事故处理等快速控制的任务。

一、水轮发电机组现地控制相关知识准备

（一）水轮发电机组现地控制的任务和要求

水轮发电机组现地控制的基本任务，是借助于自动化元件及装置实现机组调速系统和油、气、水辅助设备系统的逻辑控制和监视，从而实现机组生产流程自动化。除上述基本任务外，机组的现地控制与水电站的监控系统通信，实现整个水电站的综合

自动化。就这个意义来说，机组现地控制也是实现全站综合自动化的基础。

机组的现地自动控制，在很大程度上与水轮机和发电机的型式和结构，调速器的型式，机组油、气、水辅助设备系统的特点以及机组运行方式等条件有关。对于不同电站、不同机组，上述条件虽可能有较大差别，但机组现地控制的基本要求和内容却是大体相同的。根据水电站的运行实践，这些基本要求有以下几方面：

（1）根据工况切换指令，机组应能迅速、可靠地完成开、停机的自动操作，发电空载、空转、调相运行工况的转换。

（2）当机组或辅助设备出现事故或故障时，应能迅速、准确地进行诊断，将事故的机组从系统解列或用信号系统向运行人员指明故障的性质和部位，指导运行人员进行处理。

（3）根据电力供应的需求，及时调整并列运行机组间负荷的分配。

（4）作为全站综合自动化的基础，机组自动控制系统与整个电站的监控系统、自动装置之间应具有方便的接口，从而实现机组的遥控和经济运行。

（5）在实现上述基本要求的前提下，机组自动控制系统应力求简单、可靠。在一个操作指令结束后，应能自动复归，为下一次操作做好准备。同时，还应便于运行人员修正操作中的错误。

（二）机组 LCU 控制对象

水轮发电机组的现地控制系统通常称作 LCU（local control unit）。由于各类水电站机组类型的不同，其控制对象可能会有一些差别，但总的控制方式和结构模式基本一致，特别是采用国产设备的水电机组，相似程度更高。现地控制单元的控制对象主要包括主机、辅机、变压器等；而开关站的母线、断路器及隔离开关的控制在相关课程中介绍，本书不作阐述。

（三）机组 LCU 结构分类

水电站机组现地控制 LCU 经历了以下几个发展阶段：①20 世纪七八十年代初由单板机构成的简单自动控制装置，其特点是常规控制为主，自动控制为辅；②20 世纪 80 年代中后期由进口 PLC 或自行开发的控制器构成的现地控制单元，其特点是自动控制为主，常规控制为辅；③20 世纪 90 年代初期，由进口 PLC 或自行开发的控制器构成的现地控制单元，其特点是现地控制单元与小型 PLC 顺控装置的控制冗余；④20 世纪 90 年代中期以后，由进口 PLC 或自行开发的控制器构成的现地控制单元，其完全取消常规，成为水电站安全运行的必须设备。

国内通常采用单板机总线型结构的 LCU，例如南瑞公司的 SJ-400 等，采用的模件有美国 Intel 公司的 iSBC86/05A 单板机，以及南瑞自控自行开发的 MB 模件系列。模件种类有监控板、存储板、开入开出板、AVD 或 D/A 转换板、面板接口板、串行或并行接口板、总线背板及 I/O 总线扩充板、端配板、电源及监视板等总计 60 种。其基本特点是由引进或国产的芯片设计成各种功能的单板，并配以控制面板、输入输出匹配电路、电源等，构成现地控制装置；采用 PL/M 的功能语言编程，可用来实现数据检测及闭环控制。

以可编程控制器为基础的 LCU，由于可编程控制器一般均按工业环境使用标准

第二节 水轮发电机组的现地控制系统

设计，可靠性高，抗振等性能好，为系统集成商省去了机械设计、加工、装配、焊接等技术和工艺要求等工作，并且接插性能好，整机可靠性高。目前用于配置 LCU 的可编程控制器的种类有美国 GE 公司的 90 系列，如 90-70 或 90-30；KOYO 公司的 SU-5、SU-6、SC-8 系列；美国 AB 公司的 PLC-5、PLC-2 和 SLC 系列；日本 OMRON 公司的 C200、C500、C2000 系列；美国 Modicon 公司的 Quantum 系列；日本 MITSUBISHI 公司的 FX2、A 系列；德国西门子 S7 系列等。通过选择不同型号的 PLC，可方便构置成高、中、低不同容量的现地控制单元。随着 PLC 技术、网络技术、现场总线技术的发展，现地控制单元同步也在发展，比如出现了智能 I/O 模件配工业实时网的 LCU 以 PLC 为基础的 LCU 和以网络为基础的 LCU。这类 LCU 的代表产品为 ABB-MODCELL 智能数据处理模件及其国产化产品的代表 SJ-600 系列 LCU 等。

如图 7-14 所示是 LCU 通过一体化工控机接入监控系统方式，这种模式在 20 世纪末到 21 世纪初广泛应用于大部分水电站监控系统中。触摸屏＋PLC 直接接入监控系统方式如图 7-15 所示，这是目前使用较多的模式，如广东青溪电站、乌江渡水电站、湖南木龙滩水电站机组现地控制系统等。

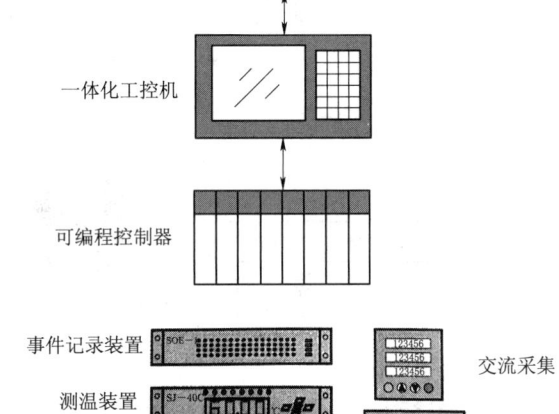

图 7-14 LCU 通过一体化工控机接入监控系统示意图

一些大型水电站的 LCU 中 PLC 采用双 CPU 冗余方式，如图 7-16 所示，典型应用如湖北清江隔河岩水电站、

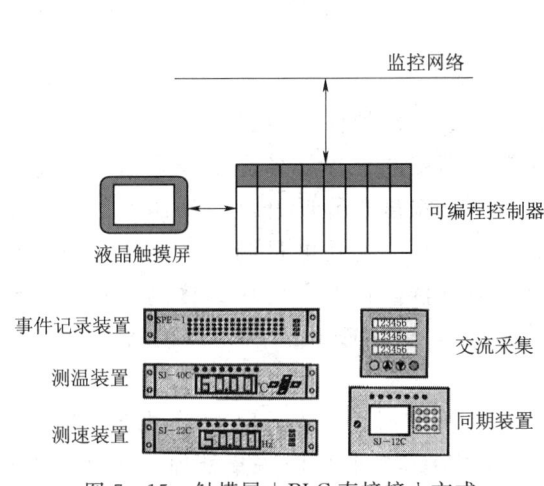

图 7-15 触摸屏＋PLC 直接接入方式

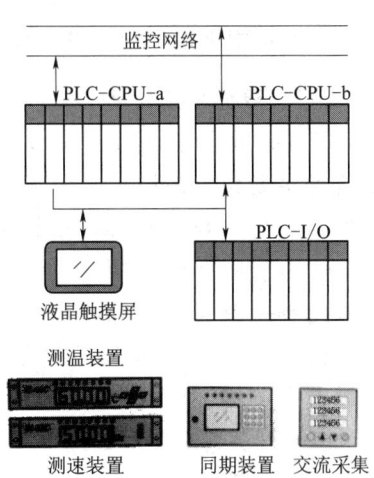

图 7-16 LCU 中的 PLC 采用双 CPU 冗余方式

贵州引子渡水电站、四川福堂水电站、宁夏沙坡头水电站等。近年来，一些水电站为提高可靠性，采用了双 PLC、双网络＋远程 I/O 的完全冗余模式，如图 7-17 所示，所有 I/O 模板都是智能模板，板上带有处理器，做到了智能分散、功能分散、危险分散的现地控制系统，LCU 采用现场总线与辅机控制系统通信交换数据，大大提高了系统的可靠性、可用性，缩短了平均检修时间。

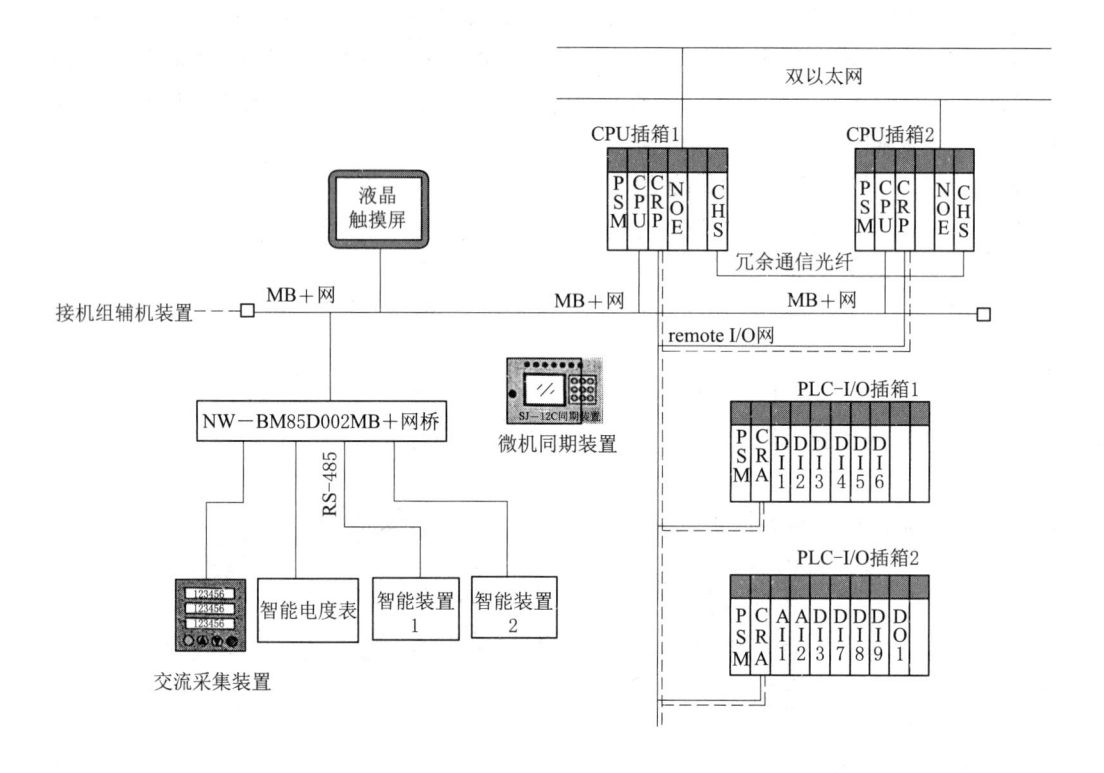

图 7-17 双 PLC、双网络＋远程 I/O 的完全冗余方式

二、机组现地控制 LCU 功能分析

（一）数据采集处理

机组现地控制单元中需要对机组的开关量和模拟量信号进行采集测量。开关量信号主要包括断路器、隔离开关、阀门、锁锭的位置，各类主令电器、传感器的报警输出触点信号等；模拟量信号主要包括温度、导叶开度、油压、气压、水压等非电量的测量，用于大闭环控制的机组有功、无功电量测量和用于过速保护的机组频率测量等。除机组频率由可编程控制器高速输入模块直接测量外，其余所有模拟量均由可编程控制器 AD 模块采集，由主模块对各 AD 模块进行初始化、数据调用。

（1）开关量采集及处理。根据生产过程中的实时性要求，LCU 将数字量分为两种类型：中断数字量和状态数字量。LCU 对开关量进行实时采集处理，并根据开关量的变化及变化性质判断是否做相应的处理。

将一些重要的数字量信号如 SOE 量作为中断数字量输入。当中断量输入发生变位时,LCU 以中断方式立即采集,并记下变位时间。中断数量的 I/O 分辨率较高,响应时间一般小于 2ms,在变位时开中断,并产生事件记录。

对一般的数字量信号,只需了解它的当前状态,这些测点作为状态开关输入。对于状态开关输入采用秒级定时查询进行采集,查到某测点状态变位时,记录变位时间。

所有数字量输入均经过光电耦合隔离,并对电磁干扰、触点抖动等采取了硬件、软件的多种滤波措施。

(2) 有功、无功电量采集及处理。为了实现机组现地测控保护单元对机组有功、无功的自动闭环调节,并保证良好的自动调节特性,即具有高的调节精度及短的调节时间,机组现地控制单元必须对有功、无功电量进行实时测量。LCU 电度量处理可以由交流量采集装置将采集到的电度量数据通过通信方式传送至 LCU,也可采用电量变送器将机组有功无功信号送入 PLC 的 AD 模块进行模数变换。机组并网后,若设定了有功、无功目标值及起调信号,则现地控制单元的功率调整程序根据该测量值与目标值的差值,进行有功、无功的自动调节。

(3) 模拟量的采集及处理。模拟量为除温度量以外的所有电气量和非电量。LCU 能对所采集的模拟量进行越/复限比较,每点模拟量设置高高限、高限、低限、低低限四种限值,设置越/复限死区和刷新死区,一旦模拟量测值超越设定的限值,LCU 要做出报警或进行事故处理。

(4) 温度量的采集及处理。温度的感温元件为电阻,本案例的 LCU 温度量共有 96 点,测温点均接入 LCU 的 PLC 温度采集模块,其中各个部位测点的单点进入 1 号可编程测温装置,双点进入 2 号可编程测温装置。在触摸屏或者通过调试终端能设置高限、高高限、越/复限死区,且可用软件对温度电阻进行补偿。当某一点温度异常时,LCU 能对其进行追忆,在离线方式下人为地定义追忆点。

轴承温度点分别进行保护处理,任意一组满足启动温度保护的条件,且温度保护功能投切压板投入,进行温度保护动作停机。当机组温度越上限或上上限时,LCU 应能做出报警处理。机组轴承温度测点又分别分为上导、水导、推力三组,当同一组中的任意两点温度超越上限,启动事故停机流程进行停机并报警。

(5) 导叶开度测量。导叶开度由调速器的导叶反馈装置直接接入,0~10V 电压或 4~20mA 电流信号对应 0~100%开度。该信号一方面用于监测,另一方面用于导叶接力器开度监视,以及自动有功调整时确定是否进行调节的参考,当导叶开度低于空载开度或高于 100%开度,则进行有功调节。

(6) 压力测量。压力测量主要是油压、气压、水压的测量,将由压力传感器来的 4~20mA 电流信号输入 PLC 的 AD 模块进行模数转换。压力测量一方面用于监视,另一方面用于容错保护。

(7) 事故追忆记录。当机组发生事故时,LCU 自动记录相关模拟量数值,进行事件追忆。事件追忆可追忆故障前后各 10s 的记录,模拟量的采集速度不大于 0.5s,追忆点数不少于 16 个模拟量点。

第七章 水电站计算机监控系统

【价值观】
　　数据采集系统是机组现地控制单元的一个基本系统，包括各类传感器，主要完成信号检测与转换等功能，就像我们身边的大多数人一样平凡但却不可或缺；只要坚持螺丝钉精神，立足岗位，兢兢业业，同样能发光发热，体现自己独有的人生价值，"点点微光汇成巨大能量"！何况"世上没有从天而降的英雄，只有挺身而出的凡人"。

（二）信息输出

（1）与上位机通信。LCU 直接通过 100Mbit/s 以太网与上位机进行数据交换，并将所有开关量、模拟量、SOE 事件及开出动作记录 LCU 状态字、计算量及标志等向上位机传送。

（2）与 PLC 的通信。LCU 通过 1~12Mbit/s PROFIBUS-DP 现场总线与 PLC 进行数据交换，并将现地所有状态、信息上送至机组 LCU。

（3）人机接口功能。LCU 通过速率为 187.5kbit/s 的 MPI 方式与触摸屏通信，触摸屏实现人机接口功能，具体如下：

1）显示采集的机组运行信息。
2）显示机组的事故、故障信息一览表。
3）操作员输入，包括控制命令、定值设置、测点投退、修改参数整定值。
4）脱机状态时钟设置。
5）操作过程显示。
6）控制操作密码设置。

部分画面显示如图 7-18～图 7-23 所示。

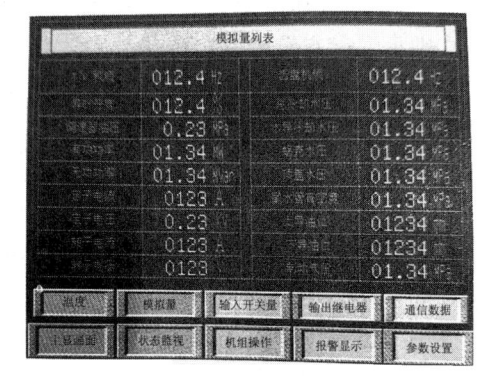

图 7-18　机组监视画面　　　　　图 7-19　模拟量列表画面

（三）控制操作

（1）机组正常开停机控制。机组运行工况有发电、调相和停机三种，工况转换方式有发电转调相、发电转停机、停机转发电、停机转调相、调相转发电和调相转停机。

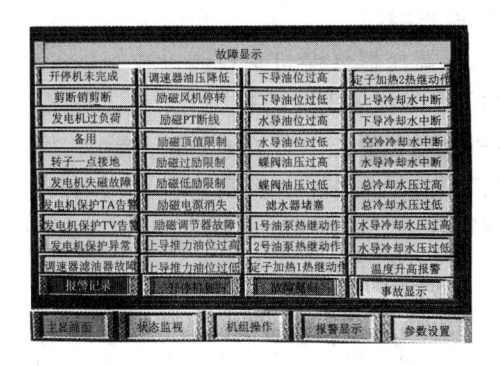

第二节 水轮发电机组的现地控制系统

图 7-20 机组故障显示画面

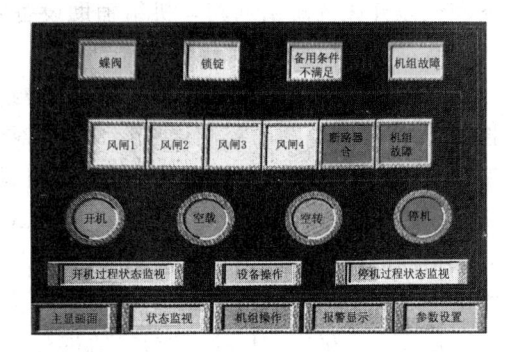

图 7-21 机组备用监视画面

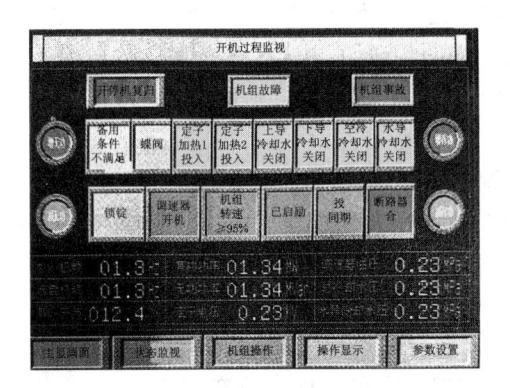

图 7-22 机组开机监视画面

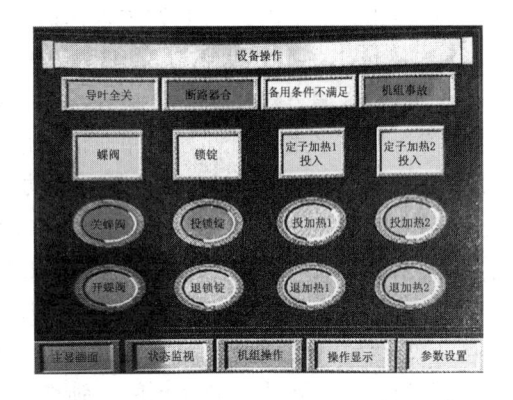

图 7-23 机组设备操作画面

正常停机时，采用电气制动和机械制动混合制动方式；机组电气事故停机时，将电气制动闭锁，只采用机械制动。

根据上位机或 LCU 触摸屏下达的命令，自动进行机组的开停机顺序控制，自动开停机可选择连续或分步控制方式完成。水电机组状态一般有全停、空转、空载、发电、调相几种状态，操作员可以使机组启/停至上面几种状态之一。

(2) 自动紧急停机控制。机组自动紧急停机由需要紧急停机的保护启动。紧急停机启动后必须启动正停机流程，自动紧急停机保护设以下五种：

1) Ⅰ级过速保护——机组过速 115% 且调速器失灵保护。

2) Ⅱ级过速保护——机组过速 140% 保护。

3) 机组电气事故保护。

4) 机组瓦温过高保护。

5) 机组油压装置油压过低保护。

机组紧急停机控制命令与事故停机命令具有最高的优先权。机组紧急停机顺序操作由安全装置自动启动或机组 LCU 屏上的机组紧急停机按钮控制，作用于机组，直接与系统解列并停机等操作。机组电气保护作用于机组事故停机，与系统解列并停机。机组机械保护作用于机组停机，应先减负荷至空载，然后与系统解列。反映主设备事故的继电保护动作信号，除作用于事故停机外，还应不经 LCU 直接作用于断路器和灭磁开关的跳闸回路，机组辅助设备启动/停止控制。

自动开停机时，LCU 将控制命令送给电调及调速器开停机集成阀以控制机组开停。可根据上位机 AGC 或操作员在工作站和 LCU 触摸屏下达的有功给定值进行闭环控制。LCU 与电调的控制调节接口采用通信和继电器触点两种方式。正常时可选择使用其中一种。在上位机和 LCU 上均可设置接口方式标志，以实现两种方式之间的切换。当采用继电器触点接口方式时，LCU 根据给定值与实测值之间的差值大小计算出不同的调节脉冲宽度，进行平稳调节。LCU 具备有功负荷差保护功能，当有功给定值与实测值大于一定限值时，AGC 及 P 调节自动退出，P 调节退出后，再次投入必须经人工确定。LCU 对给定值进行检查，对超过允许限制的给定值应拒收。

当 P 调节投入且采用继电器触点接口方式时，LCU 连续监视发电值的变化，维持有功在死区范围内。当 P 调节退出时，触点方式与通信方式的负荷调节功能均退出运行，LCU 不进行有功调节，但不影响其他数据的传送。

（3）励磁调节器控制。自动开、停机时，LCU 将命令送给励磁调节器，与励磁调节器的接口采用空触点方式和通信接口方式。

当 Q 调节退出时，LCU 不进行无功调节。

（4）同期控制。LCU 内设有微机自动准同期装置，同期输出的合闸指令触点与同期闭锁继电器串联后接入 DL 合闸操作回路。需要并网时，将同步闭锁继电器和同期装置的 TV 信号投入并网后，将同期闭锁继电器和同期装置的 TV 信号退出。

（5）机组其他设备控制。机组其他设备主要包括发电机出口隔离开关、厂用电开关、刀闸、出口开关、制动风闸、锁锭、空气围带、中央音响信号等。

在开停机过程中 LCU 能自动实现对制动风闸、锁锭、空气围带、发电机出口隔离开关等设备的控制；在机组有故障或事故时实现对中央音响信号的控制。

三、机组现地控制 LCU 控制流程

前面对 LCU 的功能进行了分析，机组现地控制流程主要是机组开停机控制，事故、水轮机保护控制，现场设备的单步控制。

（一）开机准备条件

机组开机时，必须满足开机准备条件，如电制动退出、机械制动闸落下、无停机令、进水口闸门全开、机组无事故、机组出口断路器在开断位置、空气围带无压、导叶锁锭拔除、断路器未合、推力轴承、导轴承油位正常等，如图 7-24 所示。根据机组形式的不同，开机准备条件有略微的差别。

在设有开、停机液压减载装置的机组上，机组启动前，应先启动高压油泵向推力轴瓦供油，每块瓦上的油压达到给定值时（表面推力头已被顶起）方可开机。机组转速达到额定转速的 90% 时，推力头下的镜板与推力瓦间楔形油膜已经形成，这时可切掉油泵。停机时，亦需启动高压油顶起装置，待机组全停后方可将油泵切除。

（二）机组润滑冷却水

水轮发电机组一般设有推力轴承、上导轴承、下导轴承和水轮机导轴承。推力轴承和上、下导轴承采用油润滑的巴氏合金轴瓦。水轮机导轴承有的采用油润滑的巴氏合金轴瓦，有的则采用水润滑的橡胶轴瓦。机组运转时，巴氏合金轴瓦部分因摩擦产

资源 7-2
巴氏合金轴瓦

第二节 水轮发电机组的现地控制系统

生的热量靠轴承内油冷却器的循环冷却水带走;采用橡胶轴瓦时,水不仅起润滑作用,也起冷却作用,由于结构上的不同,两种轴承对自动化也提出了不同的要求。

采用油润滑的巴氏合金轴瓦的轴承时,要求轴承内的油位保持一定高度,且轴瓦的温度不应超过规定的允许值。如不正常,则应发出相应的故障信号或事故停机信号。

采用水润滑的橡胶轴承时,即使润滑水短时间中断,也会因轴瓦温度急剧升高引起轴承的损坏,因此需要立即投入备用润滑水,并发出相应信号。如果备用润滑水阀启动后仍然无水流,则经过一定时间(2~3s)后应作用于事故停机。

对于低水头电站来说,为了简化操作接线和提高可靠性,可以采用经常性供给润滑水的方式,即不必切除电磁阀。

除了轴承需要冷却水以外,为了将内部所产生的热量带走,发电机也需要冷却系统。发电机冷却方式一般有两种:一种是空气冷却方式,通常采用密闭式自循环通风,即借助在空气冷却器中循环的冷风带走发电机内部所产生的热量,而空气冷却器则靠循环外的冷却水进行冷却;另一种是水内冷方式,经处理的循环冷却水直接通入定子绕组转子绕组的空心导线内部和铁芯中的冷却水管将热量带走。发电机冷却系统对自动化的要求是保证冷却水的供应。

采用空气冷却方式时,冷却水由机组总冷却水电磁阀供应,开机时打开,停机时关

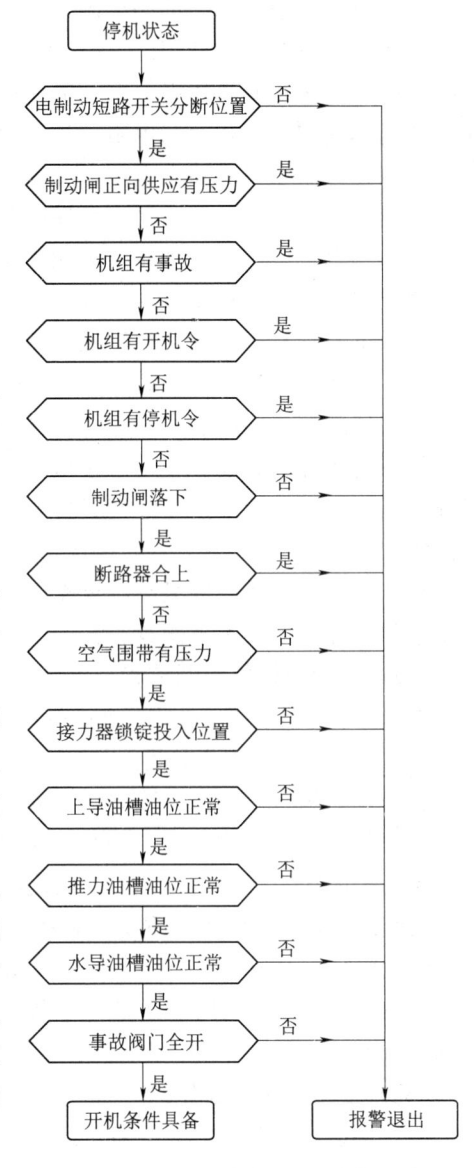

图 7-24 开机准备条件流程图

闭。用示流信号器进行监视,中断时发出故障信号,但不作用于事故停机。

(三) 机组制动

机组与系统解列后,转子由于巨大的转动惯性储存着较大的机械能量,故若不采取任何制动措施,将需很长时间才能完全停下来。这样不仅延长了停机时间,而且使机组在较长时间内处于低转速运转状态。众所周知,低转速运行对推力轴瓦润滑极为不利,有可能导致轴瓦在干摩擦或半干摩擦状态下运转。因此,有必要采取制动措施,以缩短停机时间。

通常采用的制动措施是当机组转速下降到额定转速的 35% 左右时,用压缩空气

顶起设于发电机转子下面的制动闸瓦,对转子进行机械制动,之所以不在停机同时就加闸是为了减少闸瓦的磨损。

一些水电站也有采用电气制动的,即停机时通过专设的断路器将与系统解列的发电机接入制动用的三相短路电阻。为了提高低转速时电气制动的效果(因为此时励磁机电压很低,发电机短路电流很小,制动功率也较小),可将发电机励磁绕组改由厂用电经整流后供给。电气制动不存在闸瓦磨损、发电机内部污染等问题,但控制较为复杂,且发电机绕组内部短路时不能采用,还需机械制动作为备用。

资源7-3 机械制动示意图

在设有开、停机液压减载装置的机组上,由于在开、停机时启动高压油泵,将高压油注入推力轴瓦间隙中,故轴瓦即使在低转速时也有一定厚度的油膜,不会在干摩擦或半干摩状态下运行。此时,为了减轻制动闸瓦的磨损,可考虑在机组转速下降到10%额定转速时再加制动闸,不过这样将延长停机时间。

机组转动部分完全静止后,应撤除制动,以便于下次启动。在停机过程中,如果导叶剪断销被剪断,个别导叶失去控制而处于全开位置,则为了使机组能停下来,不应撤除制动。

如图7-25所示的机组空转至停机模块软件流程图中,有机械制动和机械电气混合制动的流程图,供参考阅读。

(四)机组开停机控制流程

机组开机具备条件后,就可进行相应的开停机操作,实现工况转换。经常操作的流程包括开机至空转、空转至空载、空载至发电、发电至空载、空载至空转、空转至停机备用、紧急事故停机等(流程图如图7-26~图7-32所示)。其中,紧急停机流程具有最高优先级,事故停机流程次之,正常停机流程再次之。任一停机流程启动的同时,即退出当前正在执行的非停机流程,非停机流程之间是并列关系,不可能同时进行。

机组现地控制系统另一重要功能就是机组的保护,发电机组电气部分的保护由机组配置的发变组保护完成,LCU主要完成水轮机部分的保护,水轮发电机组的保护主要配置有机组过速保护、机组瓦温过高保护、机组油压装置油压过低保护。LCU设置事故总出口继电器,任何机组事故均启动事故出口继电器,包括保护的电气事故。

(五)水力机械事故保护

(1)机组的过速保护。机组过速保护又分为Ⅰ级过速保护和Ⅱ级过速保护,过速保护的转速测量元件配置转速测量装置,当机组转速超过额定转速的115%时,转速装置输出触点信号到LCU输入模块,机组出口断路器在分位置,此时若调速器失去调节,不能控制回关导叶,LCU输出启动Ⅰ级动作过速电磁阀,过速电磁阀配压启动事故配压阀,迅速将导叶关闭,将机组停下,同时启动正常停机流程,完成正常停机时应控制操作的设备。当机组转速超过额定转速的152%时,LCU输出启动Ⅱ级动作过速电磁阀,过速电磁阀配压启动事故配压阀,迅速将导叶关闭,将机组停下,同时启动正常停机流程,完成正常停机时应控制操作的设备。

(2)机组瓦温过高保护。机组瓦温过高保护主要是机组的上导、水导、下导、推力轴承的温度保护,在瓦内埋设测温电阻,可以埋设双电阻,电阻的接线方式可采用两线制或三线制,建议采用三线制接线方式,避免线路的电阻误差。测温电阻接入温

第二节 水轮发电机组的现地控制系统

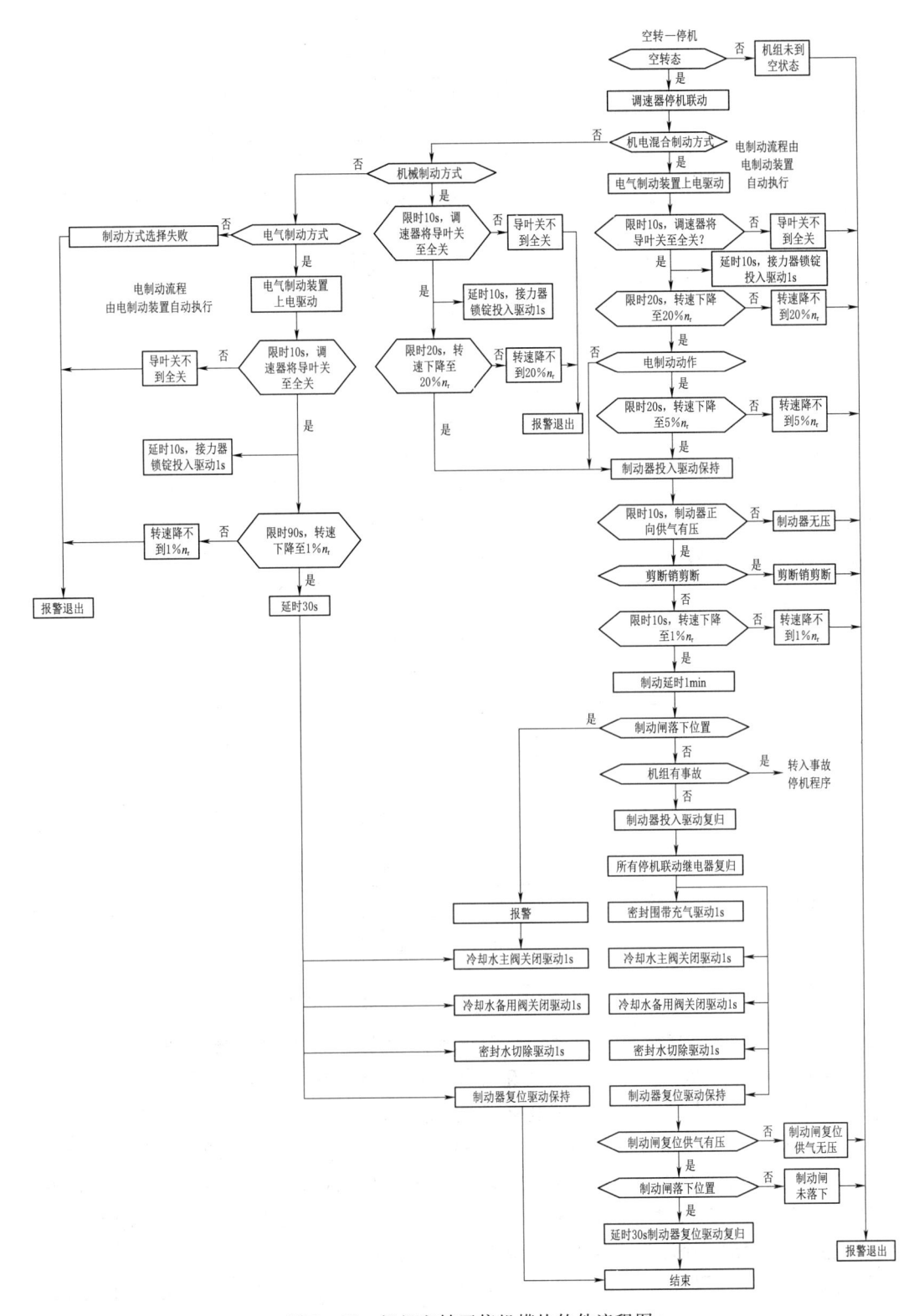

图 7-25 机组空转至停机模块软件流程图

第七章 水电站计算机监控系统

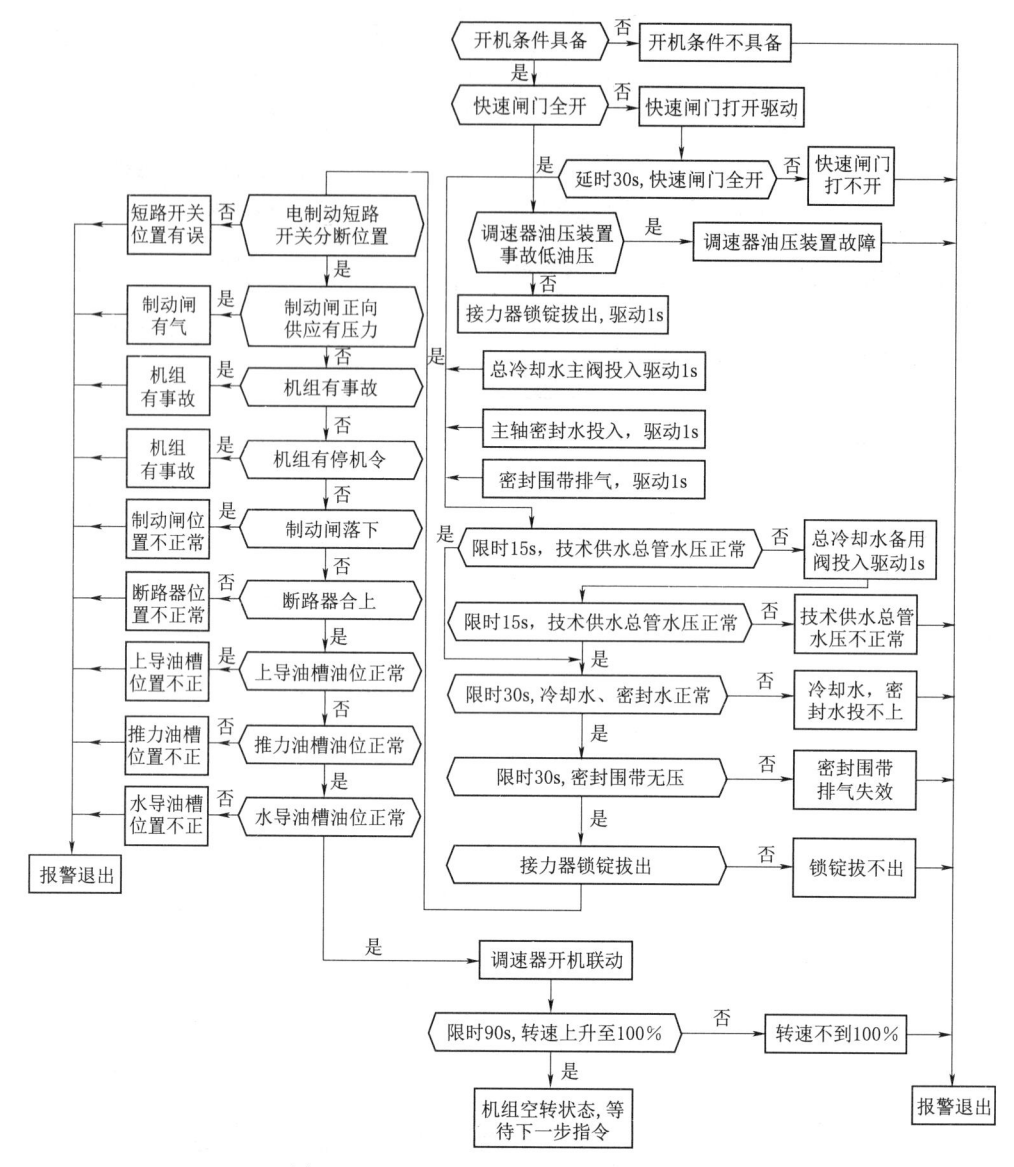

图 7-26 机组开机至空转模块软件流程图

度采集装置，温度采集装置通过通信将温度测量值上送 LCU 主控模块进行处理，任一点越过上限就报警，若同一类型的瓦温任两点超越上限，LCU 启动事故总出口继电器，跳开发电机出口断路器，发电机灭磁，启动事故停机电磁阀关机组导叶，同时启动正常停机流程，完成正常停机时的应控制操作的设备。若温度点较多，可设置两套温度采集装置，分别采集温度点的单双号点，一套以 LCU 通信，另一套独立进行温度采集处理，输出空触点到常规的控制回路，作为后备保护。温度采集也可使用专用温度仪表，一块温度仪表对应一个测温点仪表输出两个串接，启动事故总出口继电器。

（3）机组油压装置压力过低保护。机组油压系统压力过低时，为保证机组安全，要将运行的机组迅速停运，油压的监视是监视机组油压装置的主油罐压力，使用压力

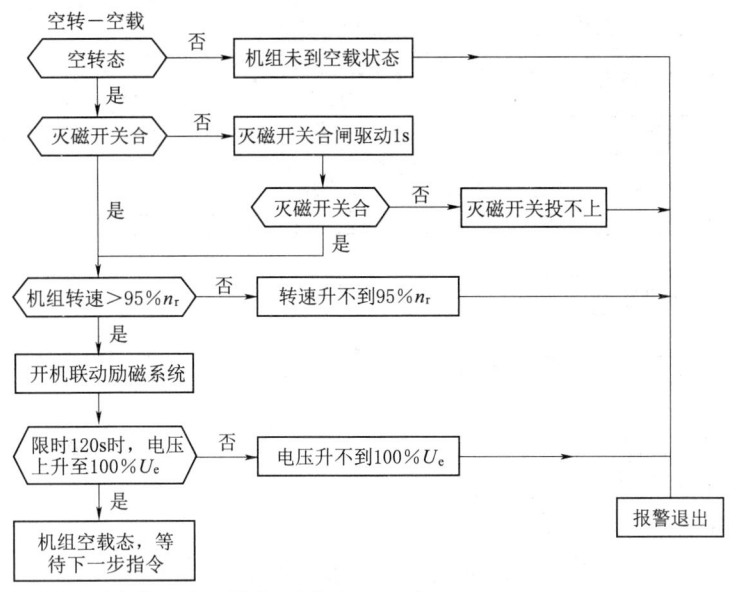

第二节 水轮发电机组的现地控制系统

图 7-27 机组空转至空载模块软件流程图

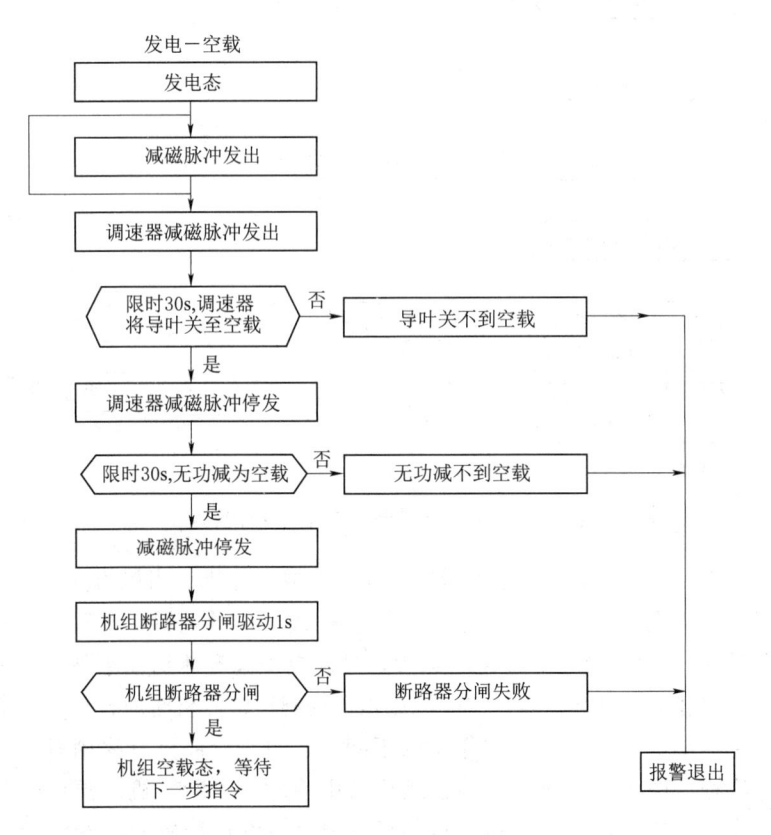

图 7-28 机组空载至发电模块软件流程图

图 7-29 机组发电至空载模块软件流程图

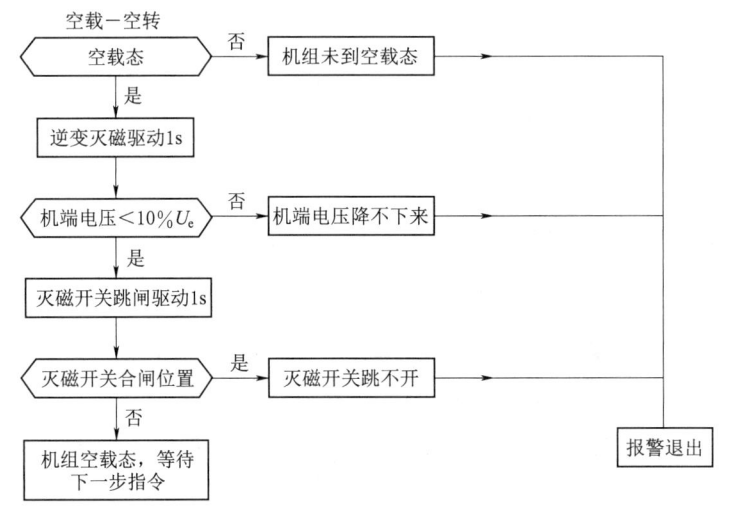

图 7-30 机组空载至空转模块软件流程图

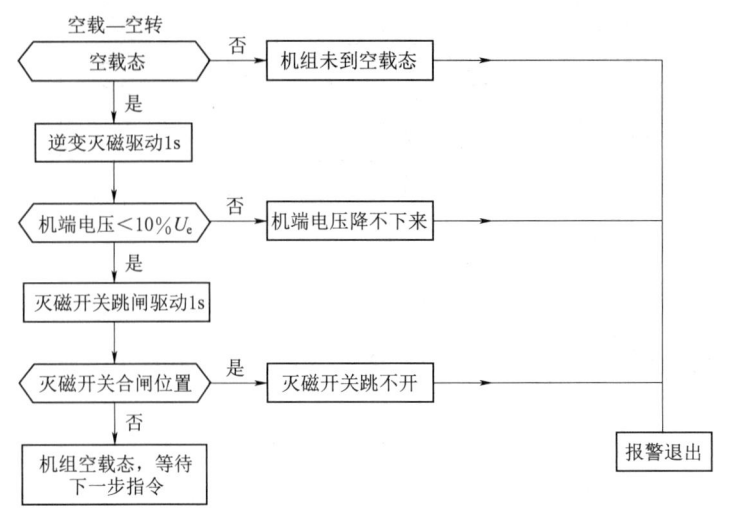

传感器和压力开关共同测量,防止测量元件误动造成误停机。当机组主油罐压力低于限值时,LCU采集到两个测点均低于限值,启动事故出口继电器,跳开发电机出口断路器,发电机灭磁,启动Ⅱ级动作过速电磁阀,过速电磁阀配压启动事故配压阀,迅速将导叶关闭,将机组停下同时启动正常停机流程,控制正常停机时应操作的设备。

根据机组的形式、电站的地位作用的不同,机组事故停机流程稍有不同。某电站的事故停机流程如图7-31所示,当机组运行中冷却水中断、机组温度过高、发变组电气保护动作、调速器油压装置事故低油压、调速器油压装置回油箱油位过低、顶盖积水水位过高、机组过速限制器动作、机组调速器严重故障、振动摆度过大时,机组将事故停机，现地控制单元 LCU 都将执行停机流程。

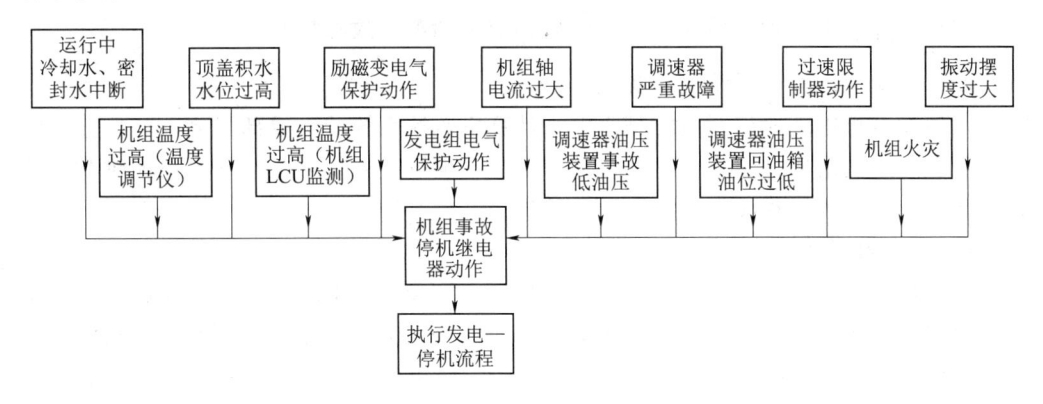

图 7-31 某电站事故停机流程

（六）紧急事故停机

某电站紧急事故停机流程如图 7-32 所示，当机组运行过程中出现下列事故时，应进行紧急事故停机：

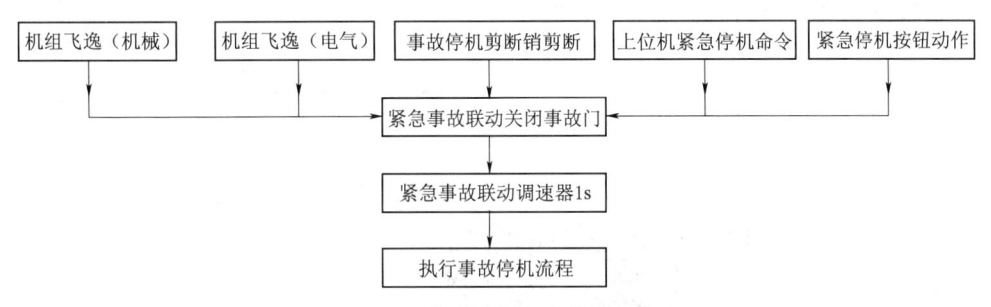

图 7-32 某电站紧急事故停机流程

（1）机组的转速达到额定转速的 140%，即达到或超过飞逸转速时，由机械或气转速信号装置发出紧急事故停机信号，现地控制单元 LCU 将执行紧急事故停机流程。

（2）当机组事故停机过程中剪断销剪断时，现地控制单元 LCU 将执行紧急事故停机流程。

机组紧急事故停机流程一般是首先关闭事故快速闸门，再联动调速器紧急事故停机。

（七）水力机械故障报警

当机组运行过程中出现下列情况时，现地控制单元 LCU 将发出报警信号：

（1）上导轴承、下导轴承、推力轴承、水导轴承及发电机热风温度过高。

（2）上导轴承、下导轴承、推力轴承油槽油位不正常。

（3）水导轴承油槽油位过低。

（4）漏油箱油位过高。

（5）回油箱油位不正常。

（6）上导轴承、下导轴承、推力轴承、水导轴承冷却水中断。

（7）剪断销剪断。

（8）开停机未完成。

上述故障发生时，现地控制单元 LCU 都将发出故障音响及光字报警信号，通知运行人员，并指出故障性质。故障消除后，应手动解除故障信号。

四、机组现地控制系统硬件实现

水轮发电机组现地控制系统是水电站计算机监控系统的组成部分之一。监控系统的下位机通过网络方式与上位机系统通信链接，现场监视仪表、传感器与现地 I/O 连接，下位机采用现场总线与各智能设备链接。

（一）机组现地控制单元硬件体系

本案例 LCU 硬件体系结构上，采用西门子 S7 系列 PLC 构件机组的现地控制单元，机组现地控制单元（LCU）系统采用全开放分层分布式结构。机组监控功能分散设置，分层分布，利用微机调速器、微机励磁、微机保护和原设备常规二次控制回路功能与职能，协调配合，共同完成对机组的控制。

如图 7-33 所示，整个系统以网络为基础，连接各个智能设备，该装置分为两层，现地控制单元主控制器采用 S7-400PLC 与上位机链接，主干网络采用 100Mbit/s 双冗余以太网结构连接上位机主机以及工程师站。当某一段网络出现故障时，整个计算机监控系统都不会受到影响。实现如下功能：

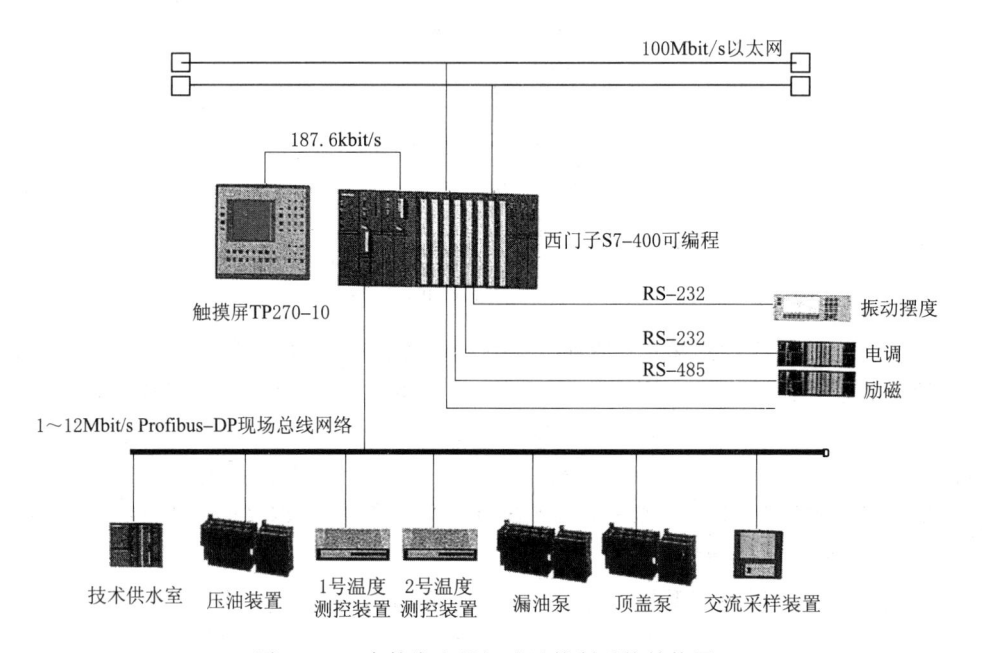

图 7-33 水轮发电机组现地控制系统结构图

(1) 与上位机之间交换数据。
(2) 各个 LCU 之间相互交换数据。
(3) 工程师站通过以太网对 LCU 装置进行装置程序编辑、维护以及下载。
(4) 网络速率为 10～100Mbit/s。
(5) 网络拓扑结构可以采用总线、星形或者环形。
(6) 规约为 TCP/IP。

第二节 水轮发电机组的现地控制系统

现场总线网络采用标准、开放的 PROFIBUS-DP 现场总线，速率最高可以达到 12Mbit/s。现场总线与技术供水室、油压装置、顶盖泵、漏油泵远程 I/O 相连，各远程 I/O 可独立工作，实现数据采集上送和现地设备的控制，同时接受上位机或 LCU 的控制命令。现场总线也与智能仪表连接，交流量采集装置采集的机组电压、电流、有功、无功等电气量通过现场总线通信上送 LCU，温度测控装置采集机组定子、各部位轴承、冷却水等温度上送 LCU 实现机组保护。

从图 7-33 中可以看出，机组现地控制系统与调速器和励磁系统相连，连接方式有通信和硬接线两种，通信采用串口通信，硬接线输入输出为空触点控制。与保护系统连接为硬接线，输入输出为空触点控制。

(二) 机组现地控制单元硬件结构

本案例的现地控制单元硬件结构以大中型水轮发电机组为例，其他类型的机组可增减配置，但基本原理是一致的。

水轮发电机组现地控制单元装置一般布置有装置供电电源和输出电源、PLC 控制模件、网络设备、机组各类智能测量装置、出口继电器、操作按钮把手、连片等设备，如图 7-34 所示。

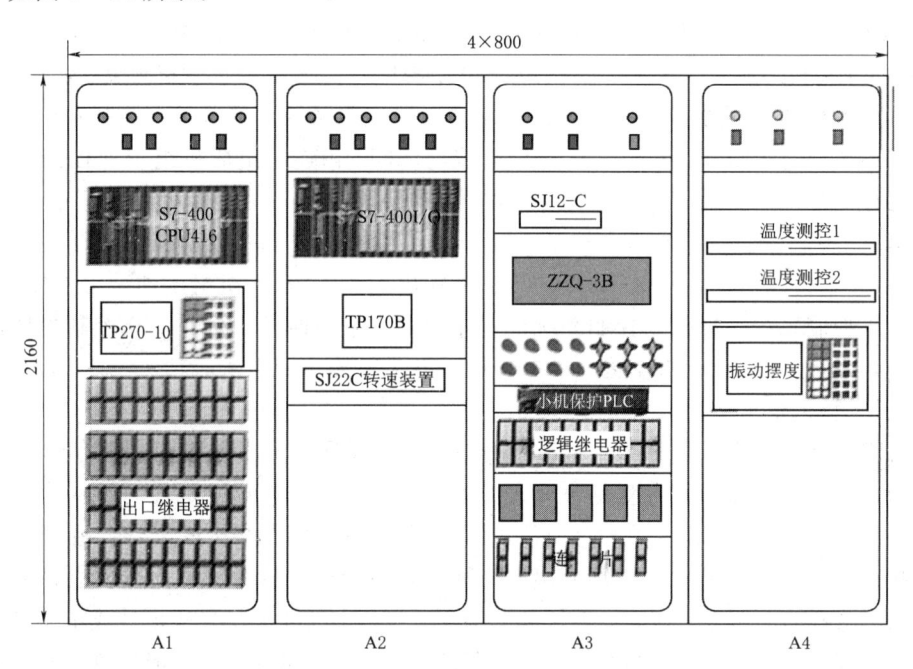

图 7-34 水轮发电机组现地控制单元器件布置图

A1 柜上布置了可编程冗余电源 PS407、CP416-2DP、以太网卡 CP443-1、CP41-2、开出模块 SM422、接口模块 1M460、主机架底板、SIEMENS10 触摸屏 TP270-10、开出继电器以及双供电电源插箱等设备。

电源 ps407 采用 DC220 输入，输出 DC 24V，供给 PLC 各模件电源。可编程 CPU 模件主控模件是控制系统核心部件，进行数据的采集处理。以太网卡 CP443-1 负责与以太网的连接，实现与上位机数据交换。串行通信接口卡 CP441-2 与现场调速器、励磁系统电量采集装置以及各类现场智能仪表通信，进行数据交换。开出模块 SM422 驱动开出继电器，开出继电器用于 PC 开出容量扩充，继电器触点控制现场设备。接口模块 IM460 进行机架的扩展，增加现场采集信号点数。触摸屏用于人机接口操作、控制信息的输出。

A2 柜上布置了模拟量输入模块 SM431、中断量输入模块 SM421（16DI）、状态量输入模块 SM322（32D）、测温装置触摸屏 TP1708、转速测量装置 SJ22C 以及双供电电源插箱。

模拟输入模块 SM431 用于采集现场压力、油位、位移等传感器模拟信号，中断量输入模块 SM421（16D1）和状态量输入模块 SM322（32D）采集开关量数字信号。转速测量装置用于监控机组转速，实现机组过速保护。

A3 柜上布置自动准同期装置 SJ12C（主）、ZZQ-3B 同期装置（备用）、常规按钮、连片、后备保护可编程 S7-200、电压继电器、同期闭锁继电器与开出继电器等设备。自动准同期装置控制机组同期并列，并网过程中发出调频脉冲，控制机组转速，同时发出调压脉冲控制机端电压。常规按钮是在 LCU 失去自动控制功能后，人工手动控制机组使用。连片用于机组保护功能投入/退出切换。

A4 柜上布置了两套温度巡检控制可编程（S7-300）以及振动摆度装置，温度巡检控制可编程采集机组定子、各部位轴承、冷却水等温度，上送 LCU 实现机组温度保护。

远程 I/O 技术供水控制系统、机组压油装置控制系统、顶盖排水控制系统、漏油泵控制系统通过 PROFIBUS-DP 现场总线与 LCU 相连，组成机组现地控制的一部分，远程 I/O 独立工作，采集现场数据，控制现场设备，同时上送数据至 LCU，接受 LCU 的控制命令。技术供水控制系统采用西门子 S7-300 控制模件，开关量输入点数 48 点，模拟量输入点数 16 点，开关量输出点数 48 点。机组压油装置控制系统、顶盖排水控制系统、漏油泵控制系统配置相同，均采用西门子 S7-200 控制模件，开关量输入点数 24 点，模拟量输入点数 4 点，开关量输出点数 16 点。

（三）输入信号分析

机组现地控制系统的输入信号基本分为状态开关量信号、中断开关量信号、脉冲量信号、模拟量信号、温度量信号几大类别。开关量信号采集的是现场设备信号通断状态，用 1、0 两个状态表示，对应反映采集的设备运行、停止或分、合或开启、关闭等状态，一般状态开关量采集分辨率为秒级，中断开关量分辨率为毫秒级，从原理上的应用两者的用途是一样的，但从经济角度考虑，中断开关量采集模件成本偏高，一般用于比较重要的、对于时间反应快的状态量采集，中断量变位后一般要进行开中断控制或形成事件记录。脉冲量主要用于电度量的采集计量，一些编码器也输出脉冲量。

现地控制单元模拟量采集反映的是压力、油位、位移、温度等信号连续的变化过程，使用的传感器或变送器输出的模拟量信号一般为 0~20mA、4~20mA、0~5V、1~5V、0~10V，LCU 采集模拟量分辨率为秒级，也有快速模拟量采集，但使用较少。温度量规集为模拟量类别，但与一般模拟量信号有所差别，因采集的是测温电阻阻值的变化，转换成电压信号进行处理。但也可将温度电阻接入变送器转换为一般的模拟量信号输送到模拟量采集模件。

第二节　水轮发电机组的现地控制系统

水电站机组现地控制单元输入信号根据机组的型号和类型的差别有所不同，本案例中根据控制要求分为发变组保护控制输入信号、励磁系统控制输入信号、发电机出口断路器控制输入信号、厂用变控制输入信号、机组压油装置控制输入信号、锁锭控制输入信号、机组技术供水系统控制输入信号、机组过速系统控制输入信号、机组同期控制输入信号、机盘动力电源控制输入信号、调速器控制输入信号，同时包括顶盖泵、漏油泵转速测量、装置电源监视信号以及轴承油位信号。

（1）发变组保护控制输入信号有：发变组差动保护动作、主变零序跳母联、匝间保护动作失磁、主变零序跳本变、负序跳本变、低压过流、串并变过流、自用变过流及零序跳低压断路器、自用变过流及零序跳发电机断路器、主变冷却器全停、转子一点接地、主变轻瓦斯、操作回路监视、保护直流消失、弹簧压力低、SF_6断路器气压低、启动失灵、定子过负荷、定子一点接地、转子过载、TV断线、保护出口动作、负序过载、保护元件故障、主变冷却器故障、主变油温升高、常规事故停机。上述 27 个信号全部为中断开关量，来自机组保护和主变保护设备信号输出；除中断量外还有 5 个主变风机停止位置信号和 1 个主变中心点隔离开关位置信号，发变组保护输入信号共需 33 个。

（2）励磁系统控制输入信号包括：FMK 跳闸、强励限制动作、欠励动作、励磁 TV 断线、励磁直流消失、V/F 限制、励磁调节器切换动作、励磁功率柜故障、励磁备励开关分闸、励磁主励开关分闸 10 个中断量信号；还包括 FMK 合闸、励磁调节器 I 套故障、励磁调节器 II 套故障、同步断线、无功过载、RL 板故障、启励失败、通信故障、励磁交流电源消失、励磁备励合闸、励磁主励合闸 11 个状态量信号。

（3）发电机出口断路器控制输入信号。本案例的发电机机组带 GCB 出口断路器，带厂用电，有两个发电机出口断路器，以及出口断路器隔离开关、接地开关。隔离开关、接地开关位置分合两个位置状态共需 22 个信号，为状态量输入信号。两个断路器的分闸位置为中断量信号，合闸位置信号为状态量信号。GCB 断路器还有 GCB SF_6 压力低、GCB 第一控制电源消失、GCB 第二控制电源消失、GCB 压油泵长时间运行、GCB 加热器电源消失、GCB 压油泵电源消失、GCB 弹簧压力低 7 个监视信号。

（4）厂用变控制输入信号有厂用变断路器合、厂用变断路器分、厂用变隔离开关合 3 个信号。

（5）机组压油装置控制输入信号。机组压油装置的控制有单独的现地控制 PLC 装置，但机组现地 LCU 也对其进行监控，实现远方控制。压油装置控制输入信号有开关量输入信号和模拟量输入信号。开关量输入信号包括：压油泵电源监视信号，油泵运行/停止状态信号，主油罐油位过高/过低信号，主油罐压力过高/过低信号，事故油罐油位过高/过低信号，事故油罐压力过高/过低信号；模拟量输入信号主要是事故油罐油位过高/过低信号和事故油罐压力过高/过低信号。

（6）锁锭控制输入信号。锁锭投入/拔出由机械锁锭的位置触点实现。

（7）机组技术供水系统控制输入信号。技术供水系统控制作为机组的辅助设备控制由现地 PLC 独立控制，机组现地控制 LCU 通过 PROFIBUS-DP 现场总线与之通信连接，做 LCU 的下位机，同时接受 LCU 的控制，上送现场信息。本案例中机组现地控制装置还采集了技术供水 PLC 电源消失、技术供水水压低、正向供水中断、反向供水中断 4 个输入信号。

（8）机组过速系统控制输入信号。机组转速测量由两套齿盘测速装置进行，实现输入的信号有：机组转速$<5\%n_r$、机组转速$<15\%n_r$、机组转速$<60\%n_r$、机组转速$<80\%n_r$、机组转速$>95\%n_r$、机组转速$>105\%n_r$、机组转速$>115\%n_r$、机组转速$>152\%n_r$。过速保护执行元件是 I 级过速电磁阀、II 级过速电磁阀，输入信号是两个电磁阀的投入/撤除位置触点。LCU 采集两套齿盘测速装置的转速模拟量信号，实现转速的显示和连续监视。

（9）机组同期控制输入信号。机组同期并网由自动准同期装置完成，LCU 采集同期故障同期合 GCB 动作、同期合 DL 动作结果信号，实现开机并网流程控制。

（10）机盘动力电源控制输入信号。动力盘电源两段进线开关和联络开关需远方分/合操作，通过开关所带位置触点实现，同时必须监视两段母线的电压，由电压变送器 4~20mA 模拟量信号实现。

（11）调速器控制输入信号。导叶中接脱开、轮叶中接脱开、主配发卡、电调故障、电调电源故障用于调速器状态的监视，导叶开度采用模拟量信号。

（12）轴承油位的监视同时采用了状态量和模拟量双重监视，密封水压力、蜗壳水压力、尾水真空压力、围带气压模拟量信号用于监视水轮机运行状况。

在机组现地控制系统中，温度测量占有重要地位，温度信号包括发电机定子温度变油温绕组温度、各轴承温度、冷却水温，用温度电阻变换实现，较常见温度电阻有 Cu50、Cu153、TV100、TV200，本案例共需 96 点温度输入信号。

根据上述分析，结合本案例的工程实际需求输入信号量，考虑一定余量，状态输入开关量配置 160 点，由 5 块西门子 6ES74211BL 输入模件实现，每块模件输入点数 32 点中断开关量点配置 64 点，由 4 块西门子 6ES74217BH 输入模件实现，每块模件输入点数 16 点；模拟量输入点数配置 32 点，由 2 块 16 点的西门子 SM431 模拟量输入模件实现，温度量 96 点由 14 块西门子 6ES73317PF 温度采集模件实现，每块模件输入点数为 8 个。

【交流与思考】
　　现地控制单元为电站监控系统全分布式结构中的智能控制设备，由它实现监控系统与电站设备的接口，完成监控系统对电站设备的监控。它可以作为所属设备的独立监控装置运行，当现地控制单元与主站级失去联系时，由它独立完成对所属设备的监控，包括在现地由操作人员实行的监控及由现地控制单元对设备的自动监控。
　　机组现地控制输入信号种类有哪些？其特点是什么？

（四）输出信号分析

以上是对输入信号进行的分析，这些采集的信号有的用作状态监视，有的用于控制判断，有的进行故障报警。机组现地控制装置控制的设备对象较多，表 7-1 中有

第二节 水轮发电机组的现地控制系统

表 7-1　　　　　　　　　　机组现地控制装置输出信号

点号	信号定义	点号	信号定义	点号	信号定义	点号	信号定义
DO1	RTU 开出执行 1	DO33	备用	DO65	动力盘母联开关分	DO97	投围带
DO2	主断路器合	DO34	同期合 GCB	DO66	RTU 开出执行 7	DO98	撤围带
DO3	主断路器分	DO35	同期合 DL	DO67	厂用变隔离开关合	DO99	停 2 号励磁风机
DO4	RTU 开出执行 2	DO36	启动主变 1 号风机	DO68	厂用变隔离开关分	DO100	复归开机令
DO5	80X 断路器合	DO37	启动主变 2 号风机	DO69	自用变隔离开关合 8054	DO101	导叶切手动（无）
DO6	80X 断路器分	DO38	启动主变 3 号风机	DO70	自用变隔离开关分 8054	DO102	导叶切自动（无）
DO7	RTU 开出执行 3	DO39	停主变 2 号风机	DO71	并联变隔离开关合 8055	DO103	轮叶切手动（无）
DO8	1G 合	DO40	停主变 3 号风机	DO72	并联变隔离开关分 8055	DO104	轮叶切自动（无）
DO9	1G 分	DO41	启动主变 4 号风机	DO73	RTU 开出执行 8	DO105	撤紧停
DO10	2G 合	DO42	启动主变 5 号风机	DO74	厂用变断路器合	DO106	投停机电磁铁
DO11	2G 分	DO43	启动主变 6 号风机	DO75	厂用变断路器分	DO107	投两段关闭电磁阀
DO12	3G 合	DO44	RTU 开出执行 5	DO76	LCU 开机令	DO108	撤两段关闭电磁阀
DO13	3G 分	DO45	水机事故送保护	DO77	LCU 停机令	DO109	P 调节开出执行
DO14	4G 合	DO46	给励磁停机令（无）	DO78	投同期	DO110	P+
DO15	4G 分	DO47	FMK 合	DO79	停主变 6 号风机	DO111	P−
DO16	5G 合	DO48	FMK 分	DO80	停 1 号励磁风机	DO112	Q 调节开出执行
DO17	5G 分	DO49	投逆变（弱电）	DO81	投 1 号同期点	DO113	Q+
DO18	主变中性点隔离开关合	DO50	启励（弱电）	DO82	投 2 号同期点	DO114	Q−
DO19	220kV 隔离开关远方复归	DO51	主励开关分	DO83	给励磁开机令	DO115	备用
DO20	停主变 1 号风机	DO52	备励开关分	DO84	备用	DO116	备用
DO21	主变中性点隔离开关分	DO53	主励开关合	DO85	备用	DO117	备用
DO22	RTU 开出执行 4	DO54	备励开关合	DO86	备用	DO118	备用
DO23	1G 接地开关合	DO55	启动 1 号励磁风机	DO87	备用	DO119	备用
DO24	1G 接地开关分	DO56	启动 2 号励磁风机	DO88	中控室水轮机事故光字	DO120	备用
DO25	2G 接地开关合	DO57	RTU 开出执行 6	DO89	过速 115%n_r 停机	DO121	备用
DO26	2G 接地开关分	DO58	动力盘Ⅰ段开关合	DO90	过速 152%n_r 停机	DO122	备用
DO27	3G（1）接地开关合	DO59	停主变 4 号风机	DO91	投紧停	DO123	备用
DO28	3G（1）接地开关分	DO60	停主变 5 号风机	DO92	投制动	DO124	备用
DO29	3G（2）接地开关合	DO61	动力盘Ⅰ段开关分	DO93	撤制动	DO125	备用
DO30	3G（2）接地开关分	DO62	动力盘Ⅱ段开关合	DO94	复归撤制动	DO126	备用
DO31	4G 接地开关合	DO63	动力盘Ⅱ段开关分	DO95	拔锁锭	DO127	备用
DO32	4G 接地开关分	DO64	动力盘母联开关合	DO96	投锁锭	DO128	备用

【交流与思考】
　　为防止误输出，机组现地控制可采取何种措施？

　　发电机出口断路器，发电机出口断路器隔离开关、接地开关，主变冷却器风机，励磁系统主备励断路器，功率柜风机，励磁调节器（无功），机旁动力盘开关，厂用/自用变隔离开关，制动闸，锁锭，励磁调速器（有功），以及故障报警、事故保护等，都需要现地控制系统来进行实现。由于现场一些设备的控制回路电压等级高、驱动执行元件需求功率大，LCU 通过输出控制模块驱动输出继电器，由继电器的输出触点操作现地的执行元件。LCU 输出信号接线原理图以 DO1 模块为例，如图 7-37 所示。

五、机组现地控制 LCU 软件实现

　　本案例采用西门子 S7 系列 PLC 实现机组的现地控制。可编程控制器的软件可以分为系统软件和应用软件两大类，系统软件一般可分为编程器的系统软件和 PLC 的操作系统。把各个编程语言编写的程序变为 PLC 中央处理器能接受的机器语言，需要通过编译才能完成。这种编译程序构成了编程器的系统软件，它存放在编程器的 ROM 存储器中。操作系统一般存储在 PLC 系统的 EPROM 存储器中，其主要任务是解读用户程序管理整个系统。可编程控制器（PLC）的应用软件是指用户根据自己的控制要求编写的应用程序，用于完成特定的控制任务。

　　西门子 S7 系列 PLC 采用的是 SIMATICSTEP7 专业版软件，直接用于组态、管理和维护自动化控制系统。操作系统是分时多任务操作系统，可满足大中型水电站机组控制的要求，其编程语言有梯形图 LAD、指令表 IL、结构文本 ST、顺序功能表 SFC 标准 C 语言，并配有高级语言 GRAPHI5。其组态软件主窗体、模块配置组态界面、设备控制软件编辑界面如图 7-35～图 7-37 所示。

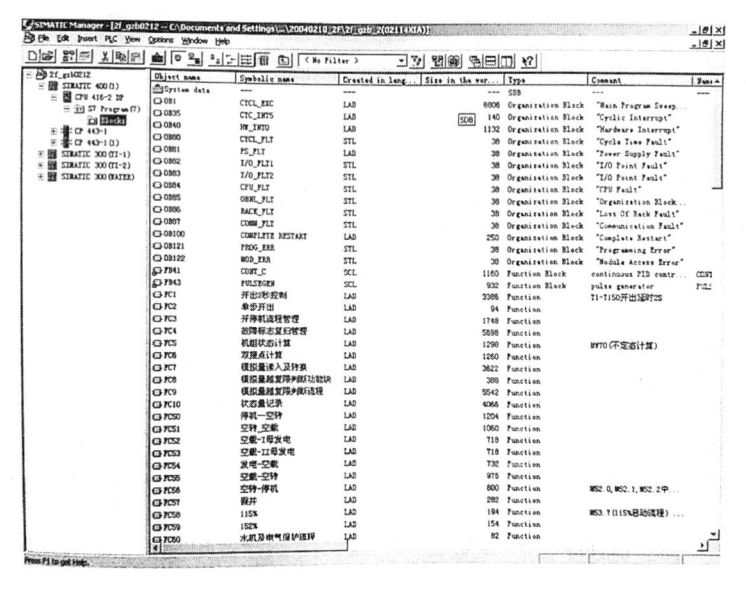

图 7-35　西门子 S7 系列 PLC 组态软件主窗体

第二节 水轮发电机组的现地控制系统

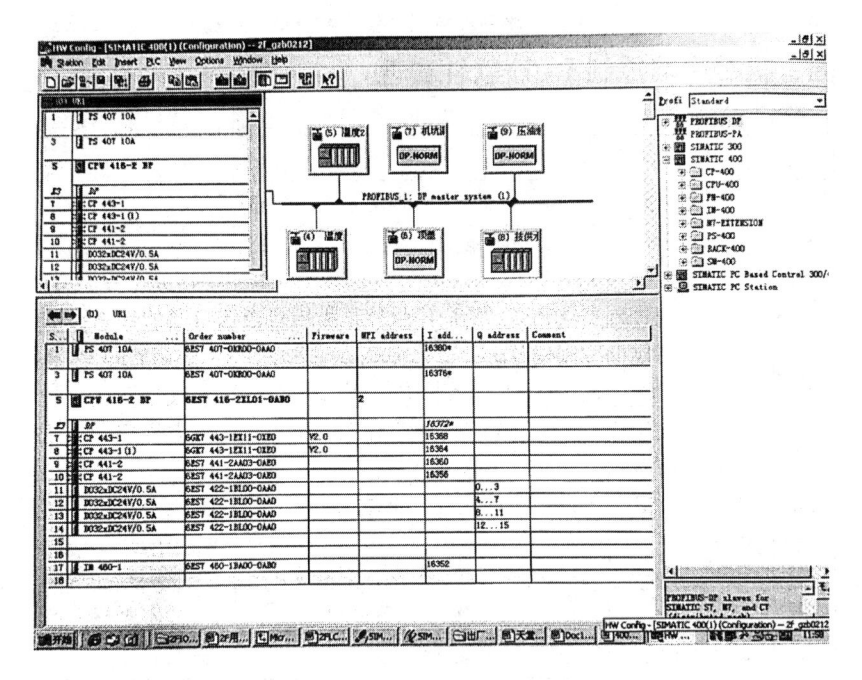

图 7-36 西门子 S7 系列 PLC 模块配置组态界面

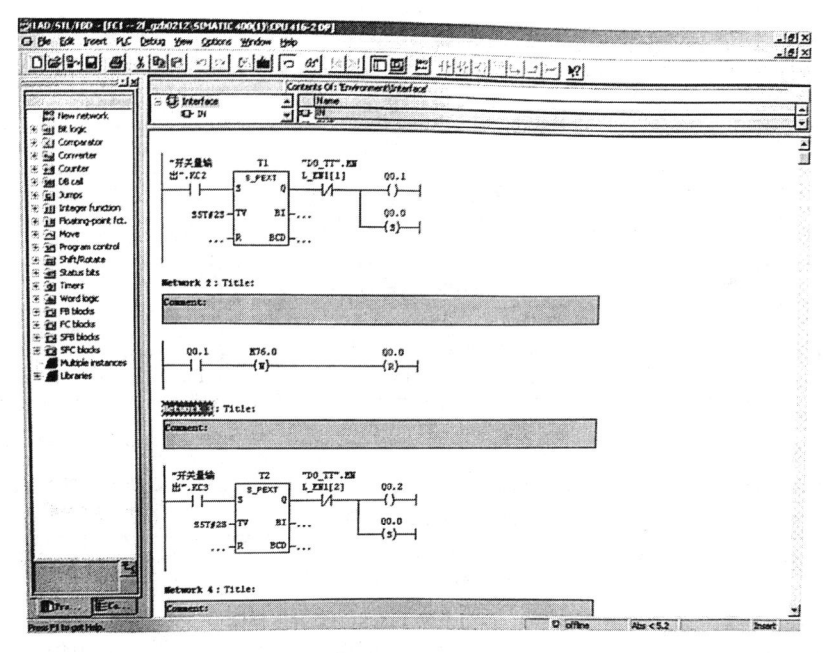

图 7-37 西门子 S7 系列 PLC 设备控制软件编辑界面

主窗体为程序功能块（OB、FB、FC）以及数据块（DB），所有的流程均包含在各类程序功能块中，见表 7-2。程序功能块和数据块详细使用参考西门子 SIMATIC-STEP7 专业版软件应用指南。

表 7-2　　　　　　　　　　LCU 程序功能块（OB、FB、FC）

类型	序号	对象名	注　释	符　号　名
功能	1	FC 1	开出 2s 控制	
	2	FC 2	单步开出	
	3	FC 3	开停机流程管理	
	4	FC 4	故障标志复归管理	
	5	FC 5	机组状态计算	
	6	FC 6	双触点计算	
	7	FC 7	模拟量读入及转换	
	8	FC 10	状态量记录	
	9	FC 50	停机—空载	
	10	FC 51	空转—空载	
	11	FC 52	空载—Ⅰ母发电	
	12	FC 53	空载—Ⅱ母发电	
	13	FC 54	发电—空载	
	14	FC 55	空载—空转	
	15	FC 56	空转—停机	
	16	FC 57	假并	
	17	FC 58	115%过速	
	18	FC 59	152%过速	
	19	FC 60	水轮机及电气保护流程	
	20	FC 61	低油压	
	21	FC 62	温度保护控制流程	
	22	FC 84	ATT	Add to Table
	23	FC 85	FIFO	First in/First out Unload Table
	24	FC 101	1G 分单步流程	F1G
	25	FC 102	2G 合单步流程	H1G
	26	FC 103	2G 分单步流程	F2G
	27	FC 104	2G 合单步流程	H2G
	28	FC 105	4G 分单步流程	F4G
	29	FC 106	4G 合单步流程	H4G
	30	FC 107	1GD 分单步流程	F1GD
	31	FC 108	1GD 合单步流程	H1GD
	32	FC 109	2GD 分单步流程	F2GD
	33	FC 110	2GD 合单步流程	H2GD

第二节 水轮发电机组的现地控制系统

续表

类型	序号	对象名	注　释	符　号　名
功能	34	FC 111	3G 分单步流程	F3G
	35	FC 112	3G 合单步流程	H3G
	36	FC 113	3GD1 分单步流程	F3GD1
	37	FC 114	3GD1 合单步流程	H3GD1
	38	FC 115	3GD2 分单步流程	F3GD2
	39	FC 116	3GD2 合单步流程	H3GD2
	40	FC 117	4GD 分单步流程	F4GD
	41	FC 118	4GD 合单步流程	H4GD
	42	FC 119	DL 分单步流程	FDL
	43	FC 120	DL 合单步流程	HDL
	44	FC 121	1号励磁风机启动单步流程	QD1LCFG
	45	FC 122	1号励磁风机停止单步流程	TZ1LCFG
	46	FC 123	1号主变风机启动单步流程	QD1ZBFG
	47	FC 124	1号主变风机停止单步流程	TZ1ZBFG
	48	FC 125	2号励磁风机启动单步流程	QD2LCFG
	49	FC 126	2号励磁风机停止单步流程	TZ2LCFG
	50	FC 127	2号主变风机启动单步流程	QD2LCFG
	51	FC 128	2号主变风机停止单步流程	TZ2ZBFG
	52	FC 129	3号主变风机启动单步流程	QD3ZBFG
	53	FC 130	3号主变风机停止单步流程	TZ3ZBFG
	54	FC 131	4号主变风机启动单步流程	QD4ZBFG
	55	FC 132	4号主变风机停止单步流程	TZ4ZBFG
	56	FC 133	5号主变风机启动单步流程	QD5ZBFG
	57	FC 134	5号主变风机停止单步流程	TZ5ZBFG
	58	FC 135	6号主变风机启动单步流程	QD6ZBFG
	59	FC 136	6号主变风机停止单步流程	TZ6ZBFG
	60	FC 137	ZK 分单步流程	FZK
	61	FC 138	ZK 合单步流程	HZK
	62	FC 139	BZK 分单步流程	FBZK
	63	FC 140	BZK 合单步流程	HBZK
	64	FC 141	单合 D1 单步流程	DHDL
	65	FC 142	动力盘Ⅰ段开关分单步流程	F4201DL
	66	FC 143	动力盘Ⅱ段开关分单步流程	F4202DL

续表

类型	序号	对象名	注　释	符　号　名
功能	67	FC 144	动力盘母联开关分单步流程	F4240DL
	68	FC 145	动力盘Ⅰ段开合关单步流程	H4201DL
	69	FC 146	动力盘Ⅱ段开关合单步流程	H4202DL
	70	FC 147	动力盘母联开关合单步流程	H4250DL
	71	FC 148	5G 分单步流程	F5G
	72	FC 149	5G 合单步流程	H5G
	73	FC 200	主变风机启动	
	74	FC 201	励磁风机启动	
	75	FC 203	主变风机自启动控制流程	
	76	FC 204	主变风机方式倒换流程	
	77	FC 300	DP 通信处理	
	78	FC 305	顶盖通信	
	79	FC 306	机坑通信程序	
	80	FC 310	串口 1~4 发送通信程序	
	81	FC 400	SOE	
	82	FC 666	SCALE	Scaling Values
组织块	1	OB 1	CYCLEXC	Cycle Execution
	2	OB 40	HWINT0	Hardware Interrupt 0
	3	OB 80	CYCLFLT	Cycle Time Fault
	4	OB 81	PSFLT	Power Supply Fault
	5	OB 82	I/OFLT1	I/O Point Fault 1
	6	OB 83	I/OFLT1	I/O Point Fault 2
	7	OB 84	CPUFLT	CPU Fault
	8	OB 85	OBNLFLT	OB Not Loaded Fault
	9	OB 86	RACKFLT	Loss of Rack Fault
	10	OB 87	COMMFLT	Communication Fault
	11	OB 100	COMPLETE RESTART	Complete Restart
	12	OB 121	PROGERR	Programming Error
	13	OB 122	MODERR	Module Access Error
系统功能块	1	SFB 12	BSEND	Sending Segmented Data
系统功能	1	SFC 0	SETCLK	Set System Clock
	2	SFC 1	READCLK	Read System Clock
	3	SFC 20	BLKMOV	Copy Variables
	4	SFC 21	FILL	Initialize a Memory Area

从表7-2中看出，机组设备的控制以一个控制任务流程为功能块进行模块化设计，作为程序的功能块，程序的运行自诊断如CPU、通信、I/O等故障诊断，系统功能等均由程序功能块完成。

数据模块完成数据的采集、上下位机通信处理、模拟量限值上送报警、事件追忆等一系列的数据处理。

下面以图7-26机组开机至空转模块软件流程图为例简述机组现地控制系统控制流程的实现。机组开机首先应确保机组无事故和异常信号，运行值班人员在中控室或机旁盘发令开机，LCU接到命令后置正在停机标志，目的是在LCU接到另一控制命令时，如控制命令级别比开机低或相同，新的控制命令就不予执行，检查开机条件，开机条件包括机组无事故、保护出口未动作、主油罐油压正常、机组出口断路器分、转速小于5%n_r、停机态，如开机条件不满足或机组状态不明则退出执行，开机条件满足启动技术供水系统；发令拔锁锭，命令发出5s后，判断锁锭30s内是否拔出，如拔出就进行下一步，否则退出流程控制；锁锭拔出后判断水系统供水电磁配压阀是否开启，若开启，判断技术供水水压是否满足要求（大于0.1MPa），未开启则退出流程控制；若技术供水水压未大于0.1MPa，则退出流程控制，水压满足要求，就发命令至励磁设备，进行励磁设备控制；接着进行撤围带操作，然后判断围带是否撤除，如未撤除，围带有压退出流程控制，围带无压时才进行下一步操作，发令至调速器，接着打开调速器的开机电磁阀，机组开始启动；然后判断机组转速在80s内是否达到额定转速的95%以上，如达到，置开机机组空转标志，机组达到空转状态，流程控制完成。

机组现地控制系统是电站控制系统的一部分，基本功能是监视与控制，现地控制LCU采集机组的电流、电压、有功无功等电气量，也采集油位、压力、设备位置状态等信号，这些信号反映了机组的运行状态，这些通过LCU采集的信号用于机组监视，现场设备状态位置发生变化，油位、压力信号越限等出现异常时进行报警，提醒运行人员，采取措施进行处理。

LCU也根据信号的变化或异常对机组进行控制，维持机组的正常状态，机组现地控制主要功能是开停机操作，运行人员可以在中央控制室或机组现地机旁盘发令进行操作，由LCU自动连续地执行，控制过程中需监视的设备包括发变组保护励磁系统、发电机出口断路器、厂用变压器、机组压油装置、锁锭、机组技术供水系统、机组过速系统、机组同期、机盘动力电源、调速器，同时包括顶盖泵、漏油泵、转速测量、装置电源监视信号以及轴承油位信号，读者可参考机组现地LCU控制软件应用示例分析。

六、机组开停机故障判断处理

机组现地控制单元进行机组的开停机操作是自动完成的，但在操作过程中现场设备或流程执行过程中的问题会造成自动开停机的失败，电站人员在进行操作时需要有相关的操作判断技能，在出现开停机失败时能迅速恢复处理，下面就一些开停机操作的故障判断处理进行分析。

(一) 机组现地控制的开停机操作命令不能发出

(1) 现象:在中控室或机旁盘的操作面板上发开停机操作命令,命令不能执行或没有反映。

(2) 原因:机组状态不明或状态不正确。

(3) 处理:在操作显示屏上检查机组显示状态,若机组状态不明,逐项检查各机组状态的设置条件,根据不满足的条件检查现场设备,进行操作至条件满足。开机操作时必须在停机态,命令才能发出。

(二) 开机条件不满足

(1) 现象:开机命令发出后,流程提示开机条件不满足。

(2) 处理:

1) 检查机组事故出口继电器是否励磁,机组是否有事故。

2) 检查断路器是否在分,如已分,检查辅助转换触点是否转换到位,重复继电器是否有粘连,若有上述现象通知检修人员处理。

3) 检查保护出口继电器是否动作,保护装置是否有信号动作,若有复位保护装置,保护装置信号消失,出口动作复归,否则通知检修人员处理。

4) 检查机组转速测量装置测值是否小于 $5‰n_r$,未小于则检查机组是否在蠕动。若蠕动,手动加风闸使机组稳定停住;未蠕动,复位转速测量装置,消除干扰信号。

5) 检查压油装置油压,油压低于限值,手动启动压油泵打压至额定。

(三) 技术供水压力低或无压

(1) 现象:开机命令发出后,提示开水系统失败或报警技术供水水压低。

(2) 处理:

1) 检查技术供水电磁液压阀是否动作开启,若未开启,现地手动操作。

2) 检查滤水器进出口水阀门是否开启,若未开启,现地手动操作。

3) 检查现地出口水压传感器采集是否正确,测值异常,通知检修人员处理。

(四) 锁锭未拔出

(1) 现象:LCU 报拔锁锭失败。

(2) 检查:

1) 检查机械锁锭动作是否到位,若未到位,手动将其投入,然后拔出,若不能到位通知检修人员处理。

2) 检查锁锭液压电磁阀操作油阀门是否开启,若未开,将其开启。

(五) 空气围带不能撤除

(1) 现象:空气围带有压,报撤围带失败。

(2) 处理:检查围带进出口阀门位置是否正确,检查电磁空气阀是否动作灵活。

(六) 机组导叶不能打开

(1) 现象:LCU 发令打开调速器主接未动作。

(2) 处理:

1) 检查开机电磁阀是否被锁,将其解锁。

2) 检查调速器机械反馈是否有故障,通知检修人员处理。

3) 检查电调是否有故障，复位故障，若故障仍在通知检修人员处理。

（七）机组转速不能达到额定
(1) 现象：导叶开启，转速长时间不能大于 $95\%n_r$。
(2) 处理：

1) 检查机械开限是否过小，将其适当放开。
2) 检查电调电气开限设置是否过小，将其适当增大。
3) 检查电调机组水头设置是否正确。
4) 检查调速器是否有故障，若有，将调速器切手动控制。

（八）机组未起励
(1) 现象：机组启动后，发令空载，报机组开机空载失败。
(2) 处理：

1) 检查机组转速是否大于 $95\%n_r$，若大于，检查转速测量装置测量输出是否正常，若不正常，通知检修人员处理。
2) 检查主备励开关是否合上，若未合，手动跳开 FMK 灭磁开关，然后合上主励或备励开关，然后合上 FMK，再次发空载令或手动起励。
3) 检查 FMK 灭磁开关是否合上，若未合，手动合，再次发空载令或手动起励。
4) 检查励磁调节器是否有故障，手动复归，若不能复归通知检修人员处理。

（九）机组不能建压或不到额定电压
(1) 现象：起励命令发出后，机组不能建压或不到额定电压。
(2) 处理：

1) 检查励磁调节器是否有故障，手动复归，若不能复归通知检修人员处理。
2) 检查功率柜是否有掉相或故障，通知检修人员处理。
3) 检查励磁调节器设置。

（十）同期并网失败
(1) 现象：机组发令并网，不能实现机组并列。
(2) 处理：

1) 检查同期装置电源是否投入，若未投将其投入，启动同期；检查同期装置是否有故障，将其复归；仍存在故障，通知检修人员处理。
2) 检查 TV 一次保险是否装好，将其装好。
3) 通知检修人员检查断路器操作回路。

（十一）机组不能带负荷
(1) 现象：机组并网后，不能增加机组负荷。
(2) 处理：

1) 检查调速器机械开限是否放开，将其打开至限定或全开位置。
2) 检查电调电气开限仍在空载开度，手动增加开限至限定值。
3) 检查电调故障将其复归，若故障仍在，通知检修人员处理。

（十二）机组不能减负荷或负荷减不到 0
(1) 现象：机组停机时不能减负荷，或负荷减不到 0，造成停机甩负荷。

(2) 处理：

1) 检查电调是否有故障，若有将其复归，若不能复归，手动减负荷。

2) 检查电调空载开度设置是否过大，若大，检修人员调整。

（十三）停机不能自动加风闸

(1) 现象：导叶全关后，机组长时间低转速运转。

(2) 处理：

1) 检查机组导叶是否漏水，若漏，手动加风闸。

2) 检查风闸电磁阀进出口阀门是否开启，将其开启。

3) 检查测速装置测值是否正确或有故障，手动加风闸。

【交流与思考】

水电站计算机监控系统通常可以分为两大部分，一部分是对全站设备进行集中控制，称为厂级或厂站级监控系统；另一部分是位于水轮发电机层、开关站等设备附近的控制，称为现地控制系统。

以水电站为例，列举出水轮发电机组监控系统的现地控制单元（LCU）组成如何？

第三节　水电站计算机监控上位机系统功能

计算机监控系统上位机系统设备通常布置在电站中控室，设置有操作员、工程师、通信工作站及服务器主站等，根据安全需要对硬件进行冗余。其具有下列功能：数据采集与处理，运行监视、控制、调节与操作，记录、报告、统计制表、打印，运行参数计算，自动发电控制与自动电压控制，统计记录与生产管理，双机容错，历史数据库，事故追忆，通信控制，系统自诊断，系统维护，语音报警等功能。

一、系统的功能描述

从水电站计算机监控系统的整体功能角度出发，下面对水电站监控系统的上位机软件的功能逐一介绍。

（一）数据采集与处理

数据采集与处理包括以下内容：

(1) 收集现地控制单元（LCU）采集的模拟量、数字量（包括状态量、SOE、脉冲量）。

(2) 采集LCU各模拟量数据，进行有效性校对、工程系数变换，生成和实时更新数据库。

(3) 对模拟值进行限值检查。每个模拟量一般可设置两个高限值和两个低限值，超限时报警或根据需要并作用于停机。

(4) 根据需要，可设模拟量变化梯度检查。

(5) 采集LCU各开关量，进行检查核对后，更新实时数据库。

(6) 对中断输入立即响应,并立即记下时标,经检查确认后存入数据库。

(7) 根据开关量输入变位性质进行逻辑处理,如报警等。

(二) 安全运行监视

安全运行监视包括全站运行实时监视、参数在线修改、状变监视、越限检查、过程监视、趋势分析、间歇运行的辅助设备的运行监视和分析、监控系统异常监视。

(1) 全站运行实时监视及参数在线修改。用户能通过 CRT 对全站各主设备及辅助设备的运行状态进行实时监视控制及在线修改参数。操作权限主要分为三级:系统管理员、高级操作员、一般操作员(也可根据用户的需求分级)。系统管理员拥有对整个系统的权限,如可增加或删除用户、离线和在线修改等操作;高级操作员拥有修改参数等操作权限;一般操作员进行部分控制操作。

(2) 状变监视。状变分成两类:一类为自动状变,即自动控制或保护装置动作所导致的状变,如断路器事故跳闸、机组的自动启动等;另一类为受控状变,即由来自人工控制的命令所引起的状变。发生这两种状变时,均能在 CRT 上显示。状变量以数字量形式采入。

(3) 越限检查。检查设备异常状态并发出报警,异常状态信号在 CRT 上显示并记录。同时,主控级还接收现地控制单元的越限报警信号。其设备异常状态共分为两类:一类为异常程度较轻,称为一段越限;另一类为异常程度较重,称为二段越限。一段越限只发报警信号,不作用于停机;二段越限除发报警信号外,还作用于事故停机。一段和二段越限有音响和光字信号,运行人员能通过颜色和声音轻易区分。

(4) 过程监视。监视机组各种运行工况(发电、停机等)的转换过程所经历的各主要操作步骤,并在 CRT 上显示;当发生过程阻滞时,在 CRT 上给出阻滞原因,并由机组现地控制单元将机组转换到安全状态或停机。

(5) 趋势分析。分析机组运行参数的变化,及时发现故障征兆,提高机组运行的安全性。其主要的趋势监视有:机组轴承温度升高发展趋势监视,机组轴承温度变化率 $\Delta T/\Delta t$ 监视,推力轴承瓦间温差监视以及电压、频率、负荷等的变化趋势监视。

(6) 间歇运行的辅助设备的运行监视和分析。监视机组及电站各间歇运行的辅助设备(如压油泵、排水泵、空压机等),统计其启动次数、运行时间和间歇时间,并形成报表,定时或召唤打印。

(7) 监控系统异常监视。监控系统的硬件或软件发生事故则立即发出报警信号,并在 CRT 上弹出异常报警记录,指示故障部位,对重要的信息可进行语音报警,并能定时或召唤打印其报警内容。

在中控室装有彩色显示器,用于显示电站的运行情况。主要的监视内容如下:

1) 发电机运行工况。

2) 发电机组辅助设备运行情况。

3) 变压器运行工况。

4) 电度量累计。

5) 线路运行工况。

6) 公用设备运行工况。

7) 厂用电运行方式。

8) 越复限、故障、事故的显示、报警并自动显示有关参数并推出相关画面。

9) 过程监视：监视机组运行工况的转换过程，并在 CRT 上显示。当发生过程阻滞时，在 CRT 上给出阻滞原因，并能由操作员改变运行工况，如实行停机。

10) 监控系统异常监视：监控系统的硬件或软件发生事故则能立即发出报警信号，并在 CRT 显示及打印记录，指示故障部位。

画面显示是计算机监控系统的主要功能之一，画面调用由自动和召唤两种方式实现。自动方式是指当有事故发生时或进行某些操作时有关画面能够自动推出，召唤方式则指操作某些功能键或以菜单方式调用所需画面。画面种类包括各种系统图、棒形图、曲线、表格、提示语句等，画面清晰稳定、构图合理、刷新速度快且操作简单。

（三）实时控制和调节

操作员可在上位机操作站上进行发电，停机，开关的合、分等控制操作。对操作员的任何操作，计算机都将做命令的合法性检查和控制的闭锁条件检查，对非法命令和不满足闭锁条件的控制操作，监控系统将拒绝执行，并在屏幕上的信息区提示操作员拒绝执行的具体原因。操作员通过主机的显示器、鼠标和键盘等，能对监控对象进行下列控制与调节：

1) 机组启动、停机，在 LCU 的机柜或现场设置紧急停机按钮开关，按钮开关设多对触点，一方面接至 LCU 作为事故量启动事故停机流程，另一方面通过硬件布线，直接作用于跳闸及联锁停机回路。

2) 同步并网。

3) 机组各种运行方式选择。

4) 机组有功功率、无功功率增减。

5) 全站总有功，总无功功率的增减。

6) AGC 的投/切，AVC 的投/切。

7) 断路器的合/分以及闭锁。

8) 输电线路的监控。

9) 厂用电装置设备的操作。

10) 两台主变的监控。

11) 快速闸门及其他公用设备的监控。

12) 各种整定值和限制值的设定。

13) 显示器显示图形、表格、参数限值、报警信息、状态量变化等画面和表格、报表的选择与调用。

14) 在各个显示器屏间实行主操作屏和画面显示屏的分配。

15) 计算机系统设备的投/切。

16) 报警复归：当电站设备发生事故或事件后，在 CRT 上自动推出事故或事件画面，发出报警信号；当运行人员已了解事故或事件的情况后，能对报警信号手动复归。

17）数据库点的投入和退出控制：确定数据库点是否参与或部分参与安全监控。

18）在电站控制中心对监控对象进行操作控制时，在屏幕显示器上能显示整个操作过程中的步骤和执行情况。

19）提供设备安全标记系统，可由操作员手动或应用程序自动禁止对被选中设备的控制。

（四）自动发电控制（AGC）和经济运行

水电站自动发电控制（AGC）是指按预定条件和要求，以迅速、经济的方式自动控制水电站有功功率来满足系统需要的技术。根据水库上游来水量或电力系统的要求，考虑电站及机组的运行限制条件，在保证电站安全运行的前提下，以经济运行为原则，确定电站机组运行台数、运行机组的组合和机组间的负荷分配。

(1) AGC 主要功能如下：

1）按负荷曲线方式控制全站有功功率和系统频率。

2）按给定负荷方式控制全站总有功负荷。

3）调频功能。

4）机组启停指导。

(2) AGC 分配原则。按等微增率或负载平衡方式分配 AGC 机组负荷，考虑避开振动和其他限制条件。

（五）自动电压控制（AVC）

水电站自动电压控制（AVC）是指按预定条件和要求自动控制水电站母线电压和全站无功功率。在保证机组安全运行的条件下，为系统提供可充分利用的无功功率，减少电站的功率损耗。

(1) AVC 主要功能如下：

1）按给定无功方式控制全站无功负荷分配。

2）按照中调/当地给定的母线电压值，对全站无功进行分配，使母线电压维持在给定水平。

(2) AVC 分配原则如下：

1）无功容量成比例原则。

2）实发有功成比例原则。

3）等 $\cos\varphi$ 原则。

（六）记录、报告

能将全站所有监控对象的操作、报警事件及实时参数报表记录下来，并能以中文格式在监视屏上显示，在打印机上打印。打印记录分为定时打印记录、事故故障打印记录、操作打印记录及召唤打印记录等。其记录、报告的主要内容如下：

(1) 操作事件记录。自动按操作顺序记录所有操作，包括操作对象、操作指令、操作开始时间、执行过程、执行结果及操作完成的时间、操作员的姓名等。

(2) 报警事件记录。自动按时间顺序记录各种报警事件发生的时间、内容和项目等，生成报警事件汇总表。

(3) 定值变更记录。自动记录所有的定值变更情况，包括变更对象、变更数值、操作员的姓名等，以备能随时查询。

（4）报表。按时、日、月生成各种统计报表，也可根据操作员的指令随时生成各种报表。

（5）趋势记录。记录重要监视量的运行变化趋势。

（七）事件顺序记录

在电站发生事故时，采集继电保护、自动装置及电站主设备的状态量，并上送电站控制中心，完成事件顺序排列、显示、打印和存档。要对每个事件的点名称、状变描述和时标记录和打印。

（八）事故追忆和相关量记录

记录在事故发生前 10s 和后 30s 时间里（时间可调）重要实时参数的变化情况，记录间隔时间为 0.1～30s（可调）。启动方式为手动/自动，采样数据范围可调。追忆量除了打印外还能以曲线在显示器上显示。

相关量记录：自动记录与事故、故障有关的参数。当机组某一参数越限时，监控系统能同时显示打印其相关参数的对应数值。

（九）正常操作指导和事故处理操作指导

（1）正常操作。

1）操作顺序提示，能根据当前的运行状态判断设备是否允许操作并给出相应的标志，如操作是不允许的，则提示其闭锁原因并尽可能提出相应的处理办法。

2）操作票编辑、显示、打印。

3）运行报表显示、打印等。

（2）事故处理。在出现故障征兆或发生事故时，监控系统能提出事故处理和恢复运行的指导性意见。

（十）数据通信

（1）与外部和站内其他系统通信。如与调度、工业电视监视系统、信息管理系统（MIS）、闸门监控等系统的通信。

（2）与各现地控制单元通信。

（3）与时钟同步装置的通信。

（十一）电站设备运行维护管理

积累电站运行数据能为提高电站运行、维护水平提供依据。累计数据如下：

1）累计机组各种工况运行时间、工况变换次数、变换成功和失败次数。

2）累计机组正常停运时间、检修次数及时间。

3）累计主变压器、厂用变压器、断路器等主设备运行时间、动作次数、正常停运时间、检修次数和时间；累计压油泵、排水泵、空压机等间歇运行的辅助设备动作次数、检修次数和检修时间。

4）分类统计机组、主变压器、厂用变压器、线路等主设备所发生的事故、故障。

5）电气、机械保护整定值修改记录。

（十二）语音报警

当需要对重要操作进行提示，以及电站发生事故或故障时，能用准确、清晰的语言向有关人员发出报警。

电站任一设备事故、故障、参数越限、复限时,语音报警系统用普通话自动报警,综合自动化系统设备故障、自检错误等也要报警;某些事故设定普通话女声语音报警。报警时会自动推出事故画面,显示事故设备名称、事故类型、事故现场参数及事故时间等有关内容。

二、各工作站的功能作用

根据上位机系统设备的功能不同,下面分别介绍操作员工作站、工程师工作站、通信工作站。

(一)操作员工作站

系统配置操作员工作站,主操作员工作站和备用工作站将同时接收和处理各种实时信息,只有工作机有信号输出,工作机与备用机能互相跟踪并实现自动和手动切换。

操作员工作站的主要功能如下:

(1) 人机对话功能。操作人员经键盘输入画面调用命令,可调用全站主接线图,显示各发电机、变压器的电流、电压,有、无功率,频率及励磁电压、电流等实时电气参数和各主要开关的状态、各机组运行状态、参数图、各种曲线、各种报表、各种控制参数和保护定值画面;输入操作命令,经显示器对命令响应、下传,执行后显示执行结果。

(2) 操作票编辑和操作跟踪。通过键盘输入操作类型、操作对象等操作要点,操作员工作站则根据目前系统的运行情况,自动生成并显示操作票。操作人员可根据情况对操作票进行编辑,然后可经事件打印机打印出操作票。操作过程中,操作员工作站自动跟踪操作过程,提示下一步进行的操作,当操作顺序错误时会报警提示操作人员。

(3) 控制功能。根据操作人员键盘命令,上级调度部门命令或事先输入运行方式和运行计划,结合系统运行情况,实时计算出开、停机台数及各机组的运行参数,将计算结果送到各机组 LCU 管理机,用以对机组的运行状态及参数进行调节,使整个电站的运行满足系统运行要求。

给定机组的运行方式有以下四种:

1) 命令运行方式:根据主控机或键盘输入的参数运行。

2) 自动电压控制方式(AVC):以维持高压母线电压和频率为约束条件,确定开机台数及各机组的有功无功功率。

3) 自动发电运行方式(AGC):根据存入的运行计划,自动控制机组设定的各时段的有功及无功功率运行。

4) 经济运行方式(EDC):根据水位及发电总量,以总耗水量最少及机组效率最高为约束条件,控制开机台数及机组有、无功分配。

(二)工程师工作站

工程师工作站承担系统开发、编辑和修改应用软件,建立数据库,系统初始化和管理,检索历史记录,系统故障诊断等工作。

工程师工作站具有如下功能：

（1）工程师工作站兼备用工作站用于完成系统开发、编辑和修改应用软件、建立数据库、系统初始化和管理、检索历史记录、系统故障诊断等工作。

（2）参数修改功能。用键盘可修改电站各设备的运行参数限值、控制参数、各设备的保护整定值等，在操作员工作站上修改好后，再经通信传到 LCU 管理机，并转送到各基层单元，由单元写入其定值存储区。

（3）系统运行监视。运行中向综合自动化系统内各设备发出自检命令，同时读入各设备的自检信息，对自检信息进行分析，确定各设备自身是否有故障，如发现某设备有故障，则及时报告维修人员以便进行维修。

（4）远程诊断。工作站内装有远程诊断软件，当系统故障而厂内维修人员无法判断故障时，远程诊断软件将站内各设备的运行信息收集后，再经通信服务器将监控系统运行情况传送到生产厂家的计算机中，生产厂家的技术人员对运行数据和故障信息进行分析并判断故障部位，然后经电话指导厂内维修人员进行维修。当软件修改或升级时，可直接经电话线路将升级的软件由生产厂家计算机传入用户网络系统。

（三）通信工作站

通信工作站负责与上级电力调度通信局 EMS 系统通信，具有 Web services 接口，能与生产管理系统、电网交易系统等通信。ONCALL 系统能在电站发生事故时，自动拨号至预置的手机、座机电话号码进行语音（短消息）报警提示；当现场出现故障时，可向预先设好的手机发短信息，说明报警情况；能向指定的手机号码发指定信息，将当前机组运行状态发送到手机上。

第四节 水电站计算机监控系统网络与通信

无论是集中式计算机监控系统，还是分布式计算机监控系统，通信都是系统中非常关键的部分，通信系统设计的好坏，对系统的可靠性、实时性、稳定性有着不可估量的影响。

利用通信，计算机监控系统可以和各种控制设备（如 LCU、温度仪、励磁、保护等）交换数据。同时，计算机监控系统还可以和计算机管理系统 MIS、调度进行数据交换。

一、数据通信常用术语

（1）波特率：信号每秒钟变化的次数。若信号只有两种状态，则可以理解为每秒可以传输多少位比特（二进制）数据。

（2）帧：具有一定的规则和顺序组成的数据流，用以表达一个完整的信息。

（3）检验：用以检测或纠正传输过程中出现的错误，常见有奇偶检验、CRC 检验等。

（4）主站：在系统中主动发送命令、从从站接受数据的单元。

（5）从站：接受主站命令、向主站发送数据的单元。

第四节 水电站计算机监控系统网络与通信

（6）协议（规约）：数据通信的双方，为保证通信可靠，双方必须按一定的约定收发数据，否则双方无法理解对方发送数据的含义，也无法把数据发送到对方。此约定就是协议。

二、数据通信载体

通信载体是连接通信双方的物理通道，常见的通信载体有以下几种。

（一）屏蔽电缆

屏蔽电缆是最常见的通信电缆，由相互绝缘的铜线组成，外面包裹一层屏蔽层，从而降低对外的干扰及被其他线路的干扰。

（二）双绞线

计算机监控系统中一般采用屏蔽双绞线。屏蔽双绞线由一组相互缠绕的铜线和屏蔽层组成。根据屏蔽方式的不同，屏蔽双绞线又分为两类，即 STP（shielded twisted - pair）和 FTP（foil twisted - pair）。

STP 是指每条线都有各自屏蔽层的屏蔽双绞线，而 FTP 则是采用整体屏蔽的屏蔽双绞线，需要注意的是，屏蔽只在整个电缆均有屏蔽装置，并且两端正确接地的情况下才起作用。

屏蔽双绞线电缆的外层由铝箔包裹，以减小辐射，同时避免被其他线路干扰。

（三）光纤

光纤是光导纤维的简写，是一种利用光在玻璃或塑料制成的纤维中的全反射原理而制成的光传导工具，微细的光纤封装在塑料护套中，使得它能够弯曲而不至于断裂。光纤具有传输距离远、抗干扰能力强、防雷等优点，是监控系统主干网络或长距离通信载体的首选。

光纤一般分为单模和多模光纤。单模光纤是指在工作波长中，只能传输一个传播模式的光纤。多模光纤是在给定的工作波长上传输多种模式的光纤。单模光纤的传输频带宽，传输容量大，传输距离比多模光纤远。

（四）无线

利用微波、无线电、红外线等进行无线通信。电力系统常用的是微波通信。

三、通信硬件接口

通信的硬件接口常见的有以下四种。

（一）RS - 232C

RS - 232C 是广泛应用的一种接口标准，计算机串行通信口就是此接口标准。信号采用负逻辑，-3～-15V 表示逻辑状态"1"，+3～+15V 表示逻辑状态"0"，最大的通信速率为 20kbit/s，最长的通信距离为 15m。采用 9 针（孔）或 25 针（孔）D 型连接器，9 针 D 型连接器如图 7-38 所示。通信时最少可只用三根线：Rx（接收）线、Tx（发送）线、GND（地）线，RS - 232C 接线如图 7-39 所示。

图 7-38　9 针 D 型连接器

图 7-39　RS-232C 接线

（二）RS-422A

RS-422A 一般采用平衡驱动、差分接收电路，从而取消了地线信号。收发数据的硬件接线各有两根，所以 RS-422A 进行数据传输时共用四根接线。

RS-422A 收到的数据通过两根数据传输线之间的电压差值来判断是"0"还是"1"。收发数据的两根线要区分极性，分别标记为 A（-）和 B（+）。实际使用过程中，为提高抗干扰的能力，在首尾端并联一个 120Ω 左右的电阻，如图 7-40 所示。

RS-422A 的最大通信速率为 10Mbit/s，此时通信的距离为 12m。当速度为 100kbit/s 时，通信的距离可以达到 1200m。

（三）RS-485

RS-485 是 RS-422A 的变形，RS-422A 是全双工，有两对平衡差分信号线用于发送和接收数据。RS-485 只用一对平衡差分信号线，为半双工方式。使用 RS-485 通信接口和连接线路可以组成串行通信网络，实现分布式控制系统。为提高网络的抗干扰能力，在网络的两端要并联两个电阻，阻值一般为 120Ω。RS-485 组网接线示意图如图 7-41 所示。

图 7-40　RS-422A 通信接线　　图 7-41　RS-485 组网接线示意图

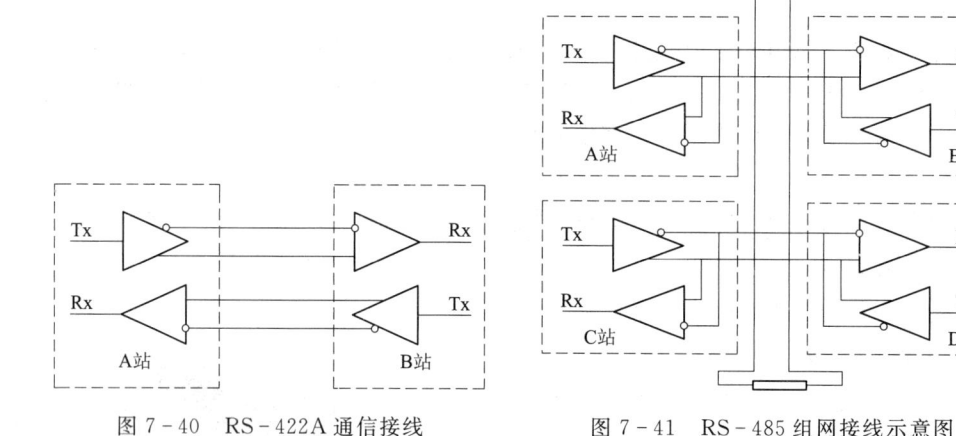

RS-485 的通信距离和 RS-422A 通信距离一样，可以到 1200m。

在 RS-485 通信网络中，为了区别每个设备，每个设备都设有一个编号，称为地址。地址必须是唯一的，否则会引起通信混乱。

（四）网络接口方式

现在一般采用 RJ45 或光纤接口连接计算机或设备，用于各种距离的高速数据传输。

四、通信协议

这里讨论的通信协议是指通信双方如何进行数据的传输，及数据什么时候可以传输，如何判断数据开始和结束，采用什么形式的检验方法，如何理解数据信息等问题。

常见的通信协议有以下三种。

(一) Modbus

采用查询—回应模式，一般可以连接31台设备。通信协议简单，分为ASCII和RTU传输模式。ASCII模式：以ASCII形式传输数据，方便用户显示通信的数据。RTU模式：采用二进制数的形式传输数据，效率较ASCII模式高。采用CRC检验，提高了通信的可靠性。

所有连接在Modbus网络的设备，都有一个唯一的地址，用以区分设备，地址编号范围为0~247。

Modbus传输数据的帧格式为：设备地址＋功能码＋数据长度＋数据＋CRC检验数据。具体通信方法请参考相关资料。

(二) CDT

循环远动规约 (cycle distance transmission) 是早期电力部颁布的一套远动规约标准，包括遥测、遥信、电量、遥信变位、SOE等电力远动信息，数据量有一定的容量限制，早期多用于RTU设备和后台主站之间的通信。后来由于自动化信息增加，逐渐被其扩展规约（扩展cdt）等新规约所替代。

CDT通信帧结构为：同步字＋控制字＋信息字＋同步字。

(三) DL/T 634.5104—2002 (104规约)

本标准适用于具有串行比特数据编码传输的远动设备和系统，用以对地理广域过程的监视和控制。制定远动配套标准的目的是使兼容的远动设备之间达到互操作。本配套标准利用了国际标准IEC 60870-5的系列文件，规定了IEC 60870-5-101的应用层与TCP/IP提供的传输功能的结合。在TCP/IP框架内，可以运用不同的网络类型，包括X.25、FR（帧中继）、ATM（异步传输模式）和ISDN（综合服务数据网络）。TCP/IP的端口号为2404。

五、现场总线

现场总线是连接智能现场设备和自动化系统的全数字、双向、多站的通信系统，主要解决工业现场的智能化仪器、控制器、执行机构等现场设备间的数字通信以及这些现场控制设备和高级控制系统之间的信息传递问题，主要用于制造业、流程工业、交通、楼宇、电力等方面的自动化系统中。

2003年4月，IEC 61158 Ed.3现场总线标准第3版正式成为国际标准，规定10种类型的现场总线。

现场总线的特点如下：

(1) 现场控制设备具有通信功能，便于构成工厂底层控制网络。

(2) 通信标准公开、一致，使系统具备开放性，设备间具有互可操作性。

(3) 功能块与结构的规范化使相同功能的设备间具有互换性。

(4) 控制功能下放到现场，使控制系统结构具备高度的分散性。

目前主流现场总线有以下几种。

(一) 基金会现场总线 (foundation fieldbus, FF)

这是以美国 Fisher - Rousemount 公司为首，联合了横河、ABB、西门子、英维斯等 80 家公司制定的 ISP 协议，和以 Honeywell 公司为首，联合欧洲等地 150 余家公司制定的 WorldFIP 协议于 1994 年 9 月合并而成的。该总线在过程自动化领域得到了广泛的应用，具有良好的发展前景。

基金会现场总线采用国际标准化组织 ISO 的开放化系统互联 OSI 的简化模型 1、2、7 层，即物理层、数据链路层、应用层，另外增加了用户层。FF 分低速 H1 和高速 H2 两种通信速率，前者传输速率为 31.25kbit/s，通信距离可达 1900m，可支持总线供电和本质安全防爆环境。后者传输速率为 1Mbit/s 和 2.5Mbit/s，通信距离为 750m 和 500m，支持双绞线、光缆和无线发射，协议符号 IEC 1158-2 标准。FF 的物理媒介的传输信号采用曼彻斯特编码。

(二) 控制器局域网 (controller area network, CAN)

CAN 最早由德国 BOSCH 公司推出，它广泛用于离散控制领域，其总线规范已被 ISO 国际标准组织制定为国际标准，并得到了 Intel、Motorola、NEC 等公司的支持。CAN 协议分为两层：物理层和数据链路层。CAN 的信号传输采用短帧结构，传输时间短，具有自动关闭功能，具有较强的抗干扰能力。CAN 支持多主工作方式，并采用了非破坏性总线仲裁技术，通过设置优先级来避免冲突，通信距离最远可达 10km（速率低于 5kbit/s），通信速率最高可达 1Mbit/s（通信距离小于 40m），网络节点数实际可达 110 个。目前已有多家公司开发了符合 CAN 协议的通信芯片。

(三) Lonworks

Lonworks 由美国 Echelon 公司推出，并由 Motorola、Toshiba 公司共同倡导。它采用 ISO/OSI 模型的全部 7 层通信协议，采用面向对象的设计方法，通过网络变量把网络通信设计简化为参数设置。它支持双绞线、同轴电缆、光缆和红外线等多种通信介质，通信速率为 300bit/s～1.5Mbit/s，直接通信距离可达 2700m（78kbit/s），被誉为通用控制网络。Lonworks 技术采用的 LonTalk 协议被封装到 Neuron（神经元）的芯片中，并得以实现。采用 Lonworks 技术和神经元芯片的产品被广泛应用在楼宇自动化、家庭自动化、保安系统、办公设备、交通运输、工业过程控制等领域。

(四) PROFIBUS

PROFIBUS 是一个用在自动化技术的现场总线标准，在 1987 年由德国西门子公司等 14 家公司及 5 个研究机构所推动，PROFIBUS 是程序总线网络（Process Field Bus）的简称。由 PROFIBUS - DP、PROFIBUS - FMS、PROFIBUS - PA 系列组成。DP 用于分散外设间高速数据传输，适用于加工自动化领域。FMS 适用于纺织、楼宇自动化、可编程控制器、低压开关等。PA 用于过程自动化的总线类型，服从 IEC 1158-2 标准。PROFIBUS 支持主—从系统、纯主站系统、多主多从混合系统等几种传输方式。PROFIBUS 的传输速率为 9.6kbit/s～12Mbit/s，在 9.6kbit/s 下最大传输距离为 1200m，在 12Mbit/s 下为 200m，可采用中继器延长至 10km。传输介质为双绞线或者光缆，最多可挂接 127 个站点。

六、水电站 ON-CALL 系统

随着我国水电站监控系统的发展和广泛应用，以及现代通信技术的进步和普及，建立一套相对独立的综合信息系统，扩大监控系统的报警功能，实现水电站实时报警不局限于厂房内的快捷发布已具备了可能性和必要性。作为水电站生产运行的有效辅助工具，ON-CALL 系统在水电站"无人值班、少人值守"和安全生产中发挥了重要作用。当发生事故时，ON-CALL 系统可及时地将相关信息通知到巡检人员和相关责任人，使其迅速赶赴事故现场，处理问题，避免事故的扩大化，减少设备及停电的损失。同时，相关人员也可以通过固定电话或手机，用电话查询等方式了解设备的运行状况。

（一）ON-CALL 系统认知

ON-CALL 系统可以集成在电站计算机监控系统中，是计算机监控系统的一个子系统，通过 TCP/IP 网络协议与监控系统实现互联。ON-CALL 功能服务器需要预装操作系统、短信报警配置与查询工具软件，负责对报警信息、接收人员进行配置和处理手机短信报警等通信功能。该服务器配有短信群发器和电话语音卡，通过短信群发器发送报警短信，通过语音卡与电话线相连，进行电话语音报警。ON-CALL 系统中存有录制好的语音文件，供语音报警使用。实际运行中，ON-CALL 功能服务器可配置到一台监控系统的计算机中，也可作为一个独立的网络节点存在。ON-CALL 系统配置如图 7-42 所示。

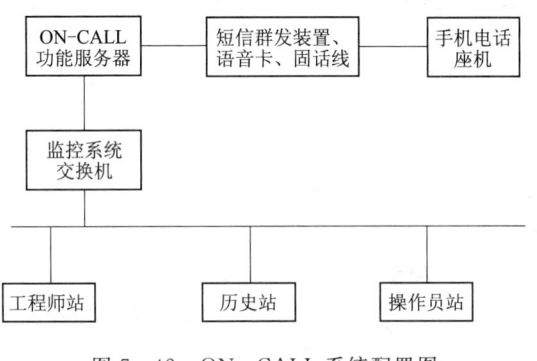

图 7-42 ON-CALL 系统配置图

ON-CALL 系统主要使用的硬件设备除了计算机和网络设备外，还包括如下设备：

（1）电话语音卡（选配）：完成电话报警、电话查询功能。

（2）语音狗（选配）：实现电话查询时，语音的动态合成功能。

（3）GSM Modem+SIM 卡（选配）：完成告警信息短消息自动发送的功能。

（二）ON-CALL 系统功能

ON-CALL 系统主要具有以下功能：

（1）灵活配置接收报警人员，可自动根据班组轮值情况和报警类别发送报警短信。

（2）以短信的方式将实时报警信息发送到相关人员的手机上。

（3）以拨打固定电话的方式将实时报警信息和重要运行参数告知相关人员。

（4）接受电话终端的查询，通告设备实时运行信息，包括重要运行参数及近期设备运行中发生的故障、事故。

（5）发送报警信息的同时在服务器上同步显示报警信息。

（6）存储发布的告警信息，供相关人员查询。

当出现重要故障和事故时，应能通过移动通信卡向预先设定的手机用户发送短信，告诉对方报警内容，并支持短信群发功能。

当出现重要故障和事故时，监控系统除了产生规定的报警之外还将进行电话语音自动报警。电话语音自动报警可根据预先规定进行自动拨号，拨号顺序应按从低级到高级方式进行；当某一级为忙音或在规定时间内无人接话时，自动向其高一级拨号；当对方摘机后，立即告诉对方报警内容。电话语音自动报警可支持多路同时自动拨号。

第五节　水电站工业电视监控系统

水电站工业电视监视系统与数据监视相互补充，工业电视监控系统操作简便、可靠，系统为框架式结构。工业电视系统由前端设备、传输设备和终端设备组成。其中，前端设备主要由摄像机及镜头、支架、护罩、云台、拾音器、辅助光源和解码器等组成；传输设备主要由视频电缆、音频电缆和电源电缆、网络通信设备组成；终端设备主要由多媒体主机、矩阵切换器、监视器和录像机等组成。

一、主要功能

（一）电视监视

对水电站重要的部位、设备都要进行监视，通过工业电视直接传送到中控室。电视监控主要包括机组工业电视监视、开关站工业电视监视、主变工业电视监视、配电室工业电视监视、中控室工业电视监视、大坝工业电视监视等。

（二）控制

在对水电站的主要部位、设备进行监视时，经常要对摄像机云台进行控制，调整摄像头焦距、控制光圈，进行视频显示画面切换控制、摄像夜间照明灯控制等。

（三）通信传输

要将摄像机采集的视频信号进行传输，同时还要对摄像机云台控制信号进行传输。

二、系统功能要求

（一）监视功能

（1）图像采集。图像采集能够全天候实时采集图像信息，并能实现将任意采集通道的图像信号切换给任意监视终端，并可对切换顺序和周期进行编程控制。

（2）图像处理。图像处理包括图像的分割与拼接，图像的编辑，图像的嵌入与文字的叠加，图像地址、时间等符号在画面上的叠加，可将视频图像进行数字化处理并输入到多媒体主控微机，获取数字图像。

（3）图像显示。图像显示可实时显示多个图像窗口，每个图像窗口的大小、层次和位置可任意调整设定，包括画面的自动循环显示、事件触发显示、画面的手动点播显示、画面局部放大与缩小、画面静止定格与画面捕捉。

(4) 图像记录与存储。要求对系统中任一路图像能进行录像存储，保存记录，随时能调出，点播回放，便于及时取证。将数字图像建立成图库，能方便迅捷地检索，完善管理，满足系统对图像资源的各种需求。

(二) 控制功能

(1) 自动控制。摄像机镜头能根据被摄物体的照度自动控制光圈大小，能够自动聚焦和自动背光补偿；视频通道切换控制、视频自动循环切换和事件触发切换由系统程序控制，通过控制软件设置切换周期；录像机可通过事件触发启动录像；云台自动运行到预置位置。

(2) 远方手动控制。通过控制键盘可以实现下列远方手动控制：摄像机电源开启/关闭；云台水平、垂直运行和位置调整；聚焦和变焦距调整；防护罩雨刮运行和停止；风扇开启和关闭（仅室外球机具备）；附近照明灯具的开启和关闭；手动视频通道切换，可调看任一监控点图像；录像机电源开启、关闭、录像、放像、停止等操作。

(3) 预置功能。可以根据需要事先设置好所需监视位置和角度，并可自动扫描巡视。可预置所需监视位置和角度，报警时，摄像机能自动转动到相应预置的目标点，并自动调节好相应的光圈、焦距、变焦等参数。

(三) 报警功能

(1) 自诊断。系统设备具有自诊断功能，设备故障时自动报警。

(2) 设备自身防盗功能（仅限室外球机）。通过视频信号的通断检测和摄像机图像处理判断，使摄像机被盗时，进行报警提示，并显示被盗设备位置。

(3) 报警及联动控制功能。当监控点发生报警时，如火警、非法人员闯入、手动报警等，能准确指出报警点的位置，并自动切换显示其报警点及相关位置图像，同时自动启动录像机进行录像。捕捉可疑画面，并叠加显示中文报警提示。

(4) 自动跟踪功能。当异常情况发生时，能自动跟踪监视物体，同时能自动报警、录像等。

(四) 信号传输功能

能将现地监控点的视频、数据等信号传输到连接各摄像机的视频服务器，视频服务器之间通过光纤及其辅助设备组成计算机网络，以便多媒体信息的远程传输。传输回路应具有较强抗干扰能力，传输的图像清晰，实时性强。

(五) 信息交换功能

当火警发生时，工业电视系统能接受火灾报警系统信息，并对准灾害部位，显示灾情图像和启动录像设备记录灾情。

三、系统结构

(一) 系统总体结构要求

工业电视系统采用分布监控系统结构，设置电站监控层和大坝监控层。大坝监控层通过连接于电站和大坝的光纤将多媒体数据远程传输到电站中控室，与电站监控层组成视频监控系统网络。各层的监控系统分别将现场各监视点的多路视频采集信号接至各层的视频服务器，服务器将图像经过处理后送至监控系统网络上，再通过连接于

第七章　水电站计算机监控系统

网络上的视频接收器或视频服务器对现场各监视点设备进行远程控制。

（二）系统设备组成

工业电视系统由摄像、传输、控制显示设备等组成。其中，摄像设备主要由摄像机及其辅助设备组成，主要功能是采集各监控点的视频信息；控制设备由大坝视频服务器和电站视频服务器等组成，主要负责将摄像设备采集的视频图像进行压缩、处理、显示、存储、记录、分析和提供远程服务；传输设备主要由视频电缆、控制电缆、电源电缆、光端机及光缆等组成，负责视频信号和控制信号的传输。系统结构如图 7-43 所示。

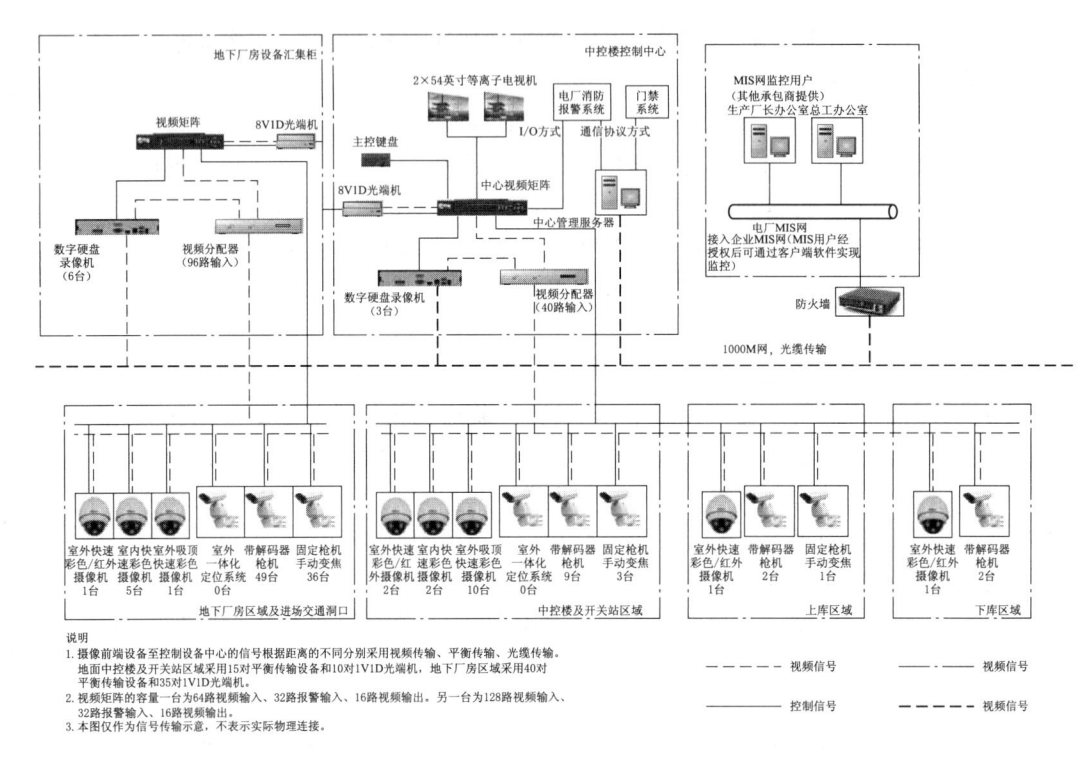

图 7-43　水电站工业电视监控系统

工业电视监控系统由监视器、矩阵主机、硬盘录像机、高速球云台摄像机、一体化摄像机、红外摄像机、常用枪式摄像机以及常用的报警设备组成。

四、主要设备的功能

视频监控系统前端常有四类摄像机，通过视频电缆将视频信号传递给视频矩阵，所以视频信号线接口是最基本装备。作为电气设备，必须有工作电源，每个摄像机的电源接口方式有所不同，工作电压也会有差异，红外摄像机、枪式摄像机和室内全方位云台及一体化摄像机常见于室内场合，室外使用高速云台球机。

（一）高速云台球摄像机

常见的球摄像机外壳为球形，可以用于室外，其内部由可变焦摄像机、旋转云台、解码器等组成，旋转云台在解码器的控制指令下可 360°水平转动、50°垂直转动，这样便可在一个监控点形成无盲区覆盖，其变焦范围根据用户不同需要而订制。旋转云台是由2只电机精密构成的、可以水平和垂直方向转动的机构，其受控于解码器。解码器将控制主机出来的控制信号，进行解码，根据用户需要调整监控角度或进行巡视。这种设备常应用于室外开阔场地或室内需要全方位巡视的场合。

图7-44为高速云台球摄像机，其内有一组是电源接线端子，另外一组是控制线接线端子，就是由控制线接线端子接收来自硬盘录像机的控制信号，使其完成转动和变焦等动作。正中间一个BNC视频接线端子是用来传递视频信号，接上它就可以将视频信号传到控制中心了。

（二）枪式摄像机

彩色枪式摄像机如图7-45所示，枪式摄像机结构简单，价格便宜，相对于球机来说少一对控制线，适用于固定角度的监控，可以应用于室内或室外。枪机的监视范围则取决于选用的镜头，变焦可以为几倍到几十倍不等，可以根据监视的不同要求而选用不同的镜头，而且镜头比较容易更换。枪式摄像机的应用范围更加广泛，根据选用镜头的不同，可以实现远距离监控或广角监控。

从背部接线端子可以看出，DC IN端子就是电源端，VIDEO OUT端就是视频输出，直接接视频端子。

（三）红外摄像机

红外摄像机称为主动式红外摄像机，如图7-46所示，它是在枪式摄像机上增加了红外线发射装置，主动利用特制的"红外灯"人为产生红外辐射，发光二极管就是红外发射灯，产生人眼看不见而摄像机能捕捉到的红外光。当红外光照射物体，其发射的红外光到摄像机时，红外摄像机就可以看到被摄物体。红外摄像机是利用普通低照度摄像机或红外低照度彩色摄像机去感受周围环境反射回来的红外光，从而实现夜视功能。红外发射距离与红外线的发射功率有关，功率越大，距离越长。这种类型的摄像机一般应用于没有灯光或微弱灯光需要红外辅助照明的场合。

图7-44 高速云台球摄像机　　图7-45 彩色枪式摄像机　　图7-46 红外摄像机

由图7-46可以看到后面有两根线，一根接视频端子，另一根接电源。

第七章　水电站计算机监控系统

（四）室内全方位云台及一体化摄像机

室内全方位云台及一体化摄像机就是将枪机安装在一个全方位云台上，以达到球机的效果，其组成部分等同于球机。随着球机性能的提高和价格的走低，室内全方位云台及一体化摄像机应用越来越少。全方位云台及一体化摄像机如图 7-47 所示。

全方位云台需要联合其配套的解码器使用，才能接受来自控制中心的控制信号，云台可以上下摆动和左右转动，让摄像机可以远程控制变焦、聚焦或调整光圈。

图 7-47　全方位云台及一体化摄像机

（五）视频矩阵主机

图 7-48 中使用的视频矩阵为迈拓 MT-HD8×8，作为视频矩阵，最重要的一个功能就是实现对输入视频图像的切换输出，也就是说将视频图像从一个输入通道切换到任意一个输出通道显示。一般来讲，一个 M×N 矩阵表示它可以同时支持 M 路图像输入和 N 路图像输出。这里需要强调的是，必须要做到任意的一个输入和任意的一个输出。另外，一个矩阵系统通常还应该包括以下基本功能：字符信号叠加；解码器接口以控制云台和摄像机；报警器接口；控制主机，以及音频控制箱、报警接口箱、控制键盘等附件。

图 7-48　迈拓 MT-HD8×8 视频矩阵主机正面图

迈拓 MT-HD8×8 视频矩阵主机背面图如图 7-49 所示，左边一组视频接线端子为 HDMI 输入端，右边一组为 HDMI 输出端，这是一个 8×8 矩阵。左侧交界口接 5V 电源。

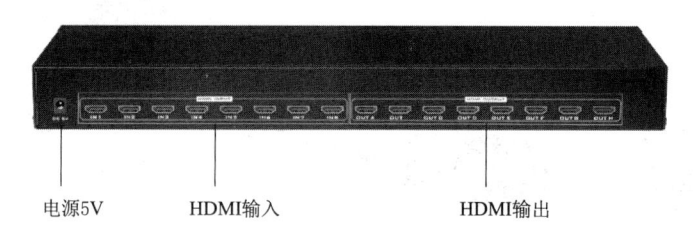

图 7-49　迈拓 MT-HD8×8 视频矩阵主机背面图

（六）硬盘录像机

图 7-50 采用的是帝防 H-264 数字模拟视频录像机，相对于传统的模拟视频录像机，数字视频录像机采用硬盘记录影像，故常常被称为硬盘录像机，也被称为

DVR。它是一套进行图像存储处理的计算机系统，具有对图像/语音进行长时间录像、录音、远程监视和控制的功能。该型号的硬盘录像机集录像机、画面分割器、云台镜头控制、报警控制、网络传输五种功能于一身，用一台设备就能取代模拟监控系统众多设备的功能。DVR采用的是数字记录技术，在图像处理、图像储存、检索、备份、网络传递远程控制等方面也远远优于模拟监控设备。目前此种类型的产品使用非常广泛。

图 7-50　硬盘录像机正面　　　　　　图 7-51　硬盘录像机背面

图 7-51 中视频输入端子接收来自视频矩阵的输出视频，这样就可以记录单路、多路或合成的多画面视频信号；视频输出接监视器，由监视器再分配给两只液晶监视器；报警输入端口接收来自红外对射开关和门禁的开关量信号，在录像机中可以设置成常闭或常开有效。当该信号选择常闭有效，即没有报警产生时，信号回路常闭，只要信号回路断开，就会产生报警输出，相对于常开方式来说，该方式可靠性更高；如果报警回路有故障，也会产生报警，确保报警回路处于正常状态。

第六节　自动发电控制（AGC）

水电站采用了计算机监控系统后，自动发电控制（automatic generation control, AGC）功能在水电站控制领域得到了广泛的使用。

AGC是指按预定条件和要求，以迅速、经济的方式自动控制水电站有功功率来满足系统需要的技术，它是在水轮发电机组自动控制的基础上，实现全电站自动化的一种方式。根据水库上游来水量和电力系统的要求，考虑电站及机组的运行限制条件，在保证电站安全运行的前提下，以经济运行为原则，确定电站机组运行台数、运行机组的组合和机组间的负荷分配。在完成这些功能时，要避免由于电力系统负荷短时波动而导致机组的频繁启停。

由于水电站调节性能好，调节速度快，一般情况下由水电站来承担电力系统日负荷图中的峰荷和腰荷。电网负荷给定的方式有两种：一是瞬间负荷给定值方式，即按电网 AGC 定时计算出的给定值，即时下达给电站执行，水库容量大，调节性能好，机组容量大。在电网中担任调峰、调频的水电站一般采用这种调节方式。二是日负荷给定曲线的方式，即电网调度中心前一日即下达某电站一天的负荷给定值曲线，到当天 0 时计算机监控系统自动将此预先给定的日负荷曲线存于当天该执行的日负荷曲线存放区，以便水电站 AGC 执行。

一、AGC 主要功能

（1）按调度给定的有功负荷曲线运行。当给值方式设置为"曲线"时，全站给定负荷跟踪设定曲线的当前时刻值。由梯调给定或由运行人员设定日负荷曲线，AGC

以日负荷曲线当前时刻的功率作为全站有功负荷的设定值,进行全站有功控制。

(2) 按输入目标值自动调整负荷。有时难以预测未来的负荷情况,不能提供日负荷曲线,通常是随时接收梯调的负荷调度指令,调整总负荷,因此 AGC 提供给定全站负荷的调节全站有功方式。

AGC 可以通过梯调直接给定负荷或由运行人员接收梯调负荷指令设置 AGC 画面的负荷,通过上述两种方式设定当前时刻全站总负荷。

(3) 根据前池水位自动调整负荷。对于径流式水电站,特别是引水式中小电站,为尽量减少弃水,通常根据其前池水位来设定水电站的总有功负荷,来分配机组的负荷。

二、AGC 分配原则

(一) 与容量成比例原则

这是较为简单的一种负荷分配原则,在水轮机组的某些特性曲线不全或不够精确的前提下,采用该原则比较合理。

$$P_i = P_{\text{AGC}} \frac{P_{i\max}}{\sum_{i=1}^{n} P_{i\max}} \quad (i=1, 2, \cdots, n) \tag{7-1}$$

式中 n——参加 AGC 机组的台数;

$P_{i\max}$——参加 AGC 的第 i 台机组在当前水头下最大出力;

$\sum_{i=1}^{n} P_{i\max}$——参加 AGC 的各台机组当前水头下最大出力之和;

P_i——AGC 分配到第 i 台参加 AGC 机组的有功功率。

(二) 等耗量微增率准则

水电站中有功功率负荷合理分配的目标是在满足一定约束条件的前提下,尽可能节约消耗的水量。可解释为,水电站承担的有功功率一定时,为使总耗水量最小,应按相等的耗量微增率在各发电机组间分配负荷。

按等微增率经济分配 AGC 机组负荷,实际的 AGC 当中还应考虑水轮机的不可运行区(汽蚀区、振动区)、容量限制等,考虑避开振动和其他限制条件。

在实现水电站 AGC 时,除必须满足电力系统负荷平衡条件外,还需考虑很多限制条件,如经常提到的下游工、农业用水的限制,航运对水流变化速率的限制,汛前腾出部分库容、汛后蓄至正常蓄水位等调度方式对用水量的限制,分组(地区)输电且组间无电气联系的水电站运行方式的限制,带厂用电或带电抗器接地机组优先启动的要求,即先开后停带厂用电的机组等;同时要考虑若干时段后电力系统负荷变化的趋势,避免电力系统负荷在短时间内回升或下降而进行的不必要的开、停机操作,造成空载流量浪费等。

水电站 AGC 在工程实施中还会碰到一些其他问题,例如在水电站设备事故的情况下,即机组事故、LCU 故障、系统频率异常等,此时如何迅速退出个别 AGC 机组或全站 AGC,即在事故条件下如何自动判别并迅速改变 AGC 机组的状态,以确保电力系统稳定运行和设备安全;在出现很大的负荷缺额时,如何能迅速有序地连续开启各台机组以满足事故备用或冲击负荷的需要。此外，信号的合理性及有效性检查、AGC运行方式与常规运行方式的统一、AGC操作界面的友好和灵便、AGC各种方式切换时机组负荷无扰动问题、全站和机组调节死区的考虑、如单机功率调节死区之和可能大于全站功率调节死区等，都是水电站AGC在工程实施中应该考虑到的问题。

> 【方法论】
> "实践是检验真理的唯一标准。"理论研究往往抓住的是问题的本质和关键因素，忽略了应用场景下的某些次要因素、关联因素或环境因素。因此，理论分析的结果在工程应用时可能出现偏差，需要通过工程实践来进一步完善理论，论证其可行性。

第七节 自动电压控制（AVC）

水电站自动电压控制（automatic voltage control，AVC）是指按预定条件和调度要求自动控制水电站母线电压或全站无功功率。在保证机组安全运行的条件下，为系统提供可充分利用的无功功率，减少电站的功率损耗。

根据分层基本平衡、分区基本就地平衡的原则，不同水电站开关站电压等级决定了其电压调节的合理范围。分层平衡的重点是220kV及以上传送大量有功功率的电力网络；分区就地平衡的重点是在110kV及以下各级电压网络。如某水电站高压母线为110kV。就地平衡其电压中枢点电压。

水电站自动电压调节AVC提供两种调节功能：①按给定电压方式控制全站无功负荷；②按电压曲线方式控制母线电压。在进行AVC控制之前，针对不同机组对象，需要确定无功进相原则，在励磁系统投运时应测试其低励限制功能。AGC/AVC系统参数图如图7-52所示。

一、AVC主要功能

AVC按实际母线电压与系统给定电压偏差对无功容量进行分配，按给定电压方式控制全站无功负荷。

图7-52 AGC/AVC系统参数图

（1）按照中调/当地给定的母线电压值对全站无功容量进行分配，使母线电压值维持在给定值水平。

$$Q_{AVC}=Q_{实发}+K_{V正常}\Delta V-Q_{NAVC} \tag{7-2}$$

式中 Q_{AVC}——AVC分配的无功；

$Q_{实发}$——当前实发无功容量；

$K_{V正常}$——母线电压在正常电压值范围内的调压系数；

ΔV——电压偏差；

Q_{NAVC}——不参加 AVC 机组的实发无功容量总和。

当母线电压值在正常电压范围以外时，按紧急调压系数进行调节：

$$Q_{AVC}=Q_{实发}+K_{V-E}\Delta V-Q_{NAVC} \tag{7-3}$$

式中 K_{V-E}——紧急调压系数。

（2）按照中调/当地设定的电压曲线的当前小时值，对全站无功进行分配，使母线电压值维持在曲线设定值水平。根据电力系统安全运行导则和该电站日负荷曲线，中调给出电压曲线。

$$Q_{AVC}=Q_{实发}+K_{V正常}\Delta V-Q_{NAVC} \tag{7-4}$$

当设定母线电压值在正常电压范围以外，按紧急调压系数进行调节。

$$Q_{AVC}=Q_{实发}+K_{V-E}\Delta V-Q_{NAVC} \tag{7-5}$$

二、AVC 分配原则

（1）与容量成比例原则，即水电站参加 AVC 控制的机组单机分配的无功量与机组最大无功容量成正比。

$$Q_i=Q_{AVC}Q_{i\max}/\sum Q_{i\max} \quad (i=1,2,3,\cdots,n) \tag{7-6}$$

式中 i——第 n 台参加 AVC 的机组；

$Q_{i\max}$——参加 AVC 的第 i 台机组的最大无功容量；

$\sum Q_{i\max}$——参加 AVC 机组的最大无功容量之和；

Q_i——AVC 分配给第 i 台参加 AVC 机组的无功容量。

（2）按机组实发有功成比例原则，即水电站参加 AVC 控制的机组单机分配的无功量与机组实发有功量成正比。

$$Q_i=Q_{AVC}P_i/\sum P_i(i=1,2,3,\cdots,n) \tag{7-7}$$

式中 P_i——参加 AVC 的第 i 台机组的当前有功实发值；

$\sum P_i$——参加 AVC 机组的当前有功实发值之和；

Q_i——AVC 分配给第 i 台参加 AVC 机组的无功容量。

（3）AVC 约束条件。参加 AVC 的机组的无功功率应为 $Q_{i\min}<Q_i<Q_{i\max}$（$Q_{i\min}$ 为机组最小无功值，$Q_{i\max}$ 为机组最大无功值），同时机组的功率因数在允许值范围内，还受机组最大转子电流、最大定子电流、定子电压的限制。

为避免频繁的调节，通常设定系统的调压死区 ΔV，当 $|V_{给定}-V_{实际}|<\Delta V$ 时，AVC 停止进行无功分配，以避免电压值频繁变化。

三、AVC 工作方式

AVC 工作方式可由运行人员选择。

1. 投入/退出

在计算机监控系统中有全站 AVC 投入/退出的方式开关和机组 AVC 投入/退出的方式开关，若无机组投入 AVC，全站 AVC 无法投入。

2. 开环/闭环

开环方式下 AVC 只显示参加 AVC 机组的无功负荷分配，可指导运行人员操作。

闭环方式下，AVC给出的参加AVC机组的无功负荷分配值作为机组的无功负荷设定值送至LCU，由LCU调整机组无功出力。

3. 当地/远方

远方方式时，电压曲线/给定值由中调设定；当地方式时，电压曲线/给定值由运行人员通过画面给定。

四、AVC不可运行条件

在如下情况下，电站和机组的AVC控制退出：①机组处于常规设备控制，该机组自动退出AVC；②LCU故障，该机组自动退出AVC，全站自动退出AVC；③机组在调相状态，该机组自动退出AVC；④分母运行时，若Ⅰ（Ⅱ）母退出控制，则连接在Ⅰ（Ⅱ）母的机组自动退出AVC；⑤母线电压值异常，全站AVC自动退出；⑥机组事故时，自动退出AVC，由运行人员控制。

第八节 上位机设备操作实例

一、设备运行监视

进入水电站监控系统上位机监控界面，可以看见如图7-53所示的主监视图。画面分三个区域，上面部分为信息公共区，主要包括最新十条事故、故障信息，水轮发电机机组的有功功率、无功功率、机组频率、导叶开度、通信状态（它们涉及操作）、通信异常标志（只要有一台通信设备通信中断就提示通信异常），大坝、集水井水位等；右边部分是画面切换区，包括一些按钮；中间主区域为监控主界面，用图形化界面描述发电机机组状态，有功、无功、导叶开度、定子电压、电流、频率等重要运行参数，变压器、输电线路的参数，开关站主接线上设备的状态等。其中，图形化界面表述设备状态中，红色油开关表示开关合、绿色油开关表示开关断，白色表示备用条

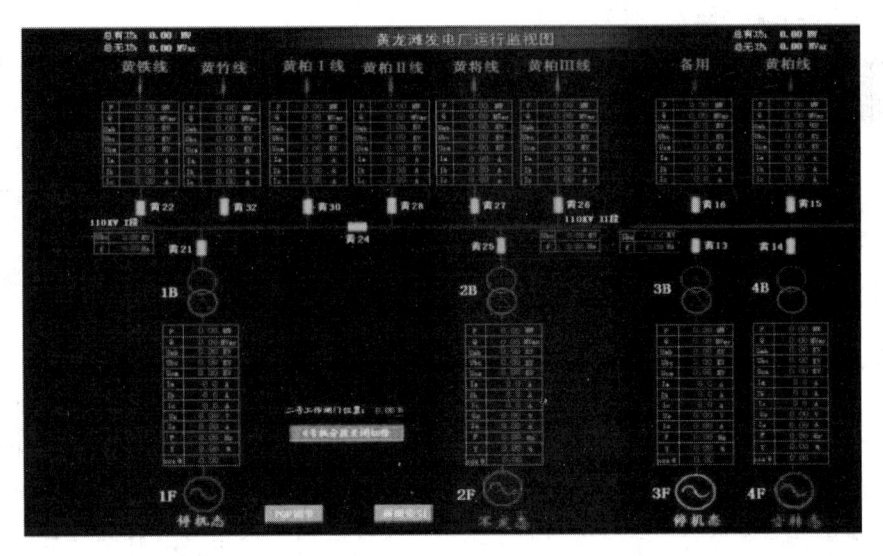

图7-53 主监视图

件不满足；机组状态有 7 种：备用、开机、空转、空载、发电、停机、备用条件不具备。

图形中有很多动态连接的图符，可以反映系统当前各个设备运行情况。有些图符边常伴有文字描述说明设备当前运行情况。

(1) 机组图符通常设定如下：

1) 不定态：灰色。

2) 发电态：红色。

3) 停机态：绿色。

4) 空转态：紫色。

5) 空载态：黄色。

6) 调相态：蓝色。

7) 检修态：白色。

(2) 断路器、闸刀、接地闸刀图符通常设定如下：

1) 红色表示合状态。

2) 绿色表示分状态。

(3) 光字图符通常设定如下：

1) 红色表示有事故，黄色表示有故障。

2) 粉色表示事故或故障确认后未消失。

(4) 报警与操作信息显示颜色定义如下：

1) 报警事故信息：红色。

2) 故障信息：黄色。

3) 复归信息：白色。

4) 操作信息：绿色。

(5) 参数刷新颜色定义如下：

1) 参数正常：绿色。

2) 参数越限：红色（或闪光）（超越上上限或下下限）；黄色（超越上限或下限）。

当需要对单台机组进行详细监控时，切换到水轮发电机机组监视画面，如图 7-54 所示。该界面的主画面以不同的方式反映机组主要的信息。机组状态处，相应的机组状态显示绿色；棒型图处，棒型的高度表示相应棒型的量值大小，棒上面的直接数字就是相应量的实际值。单击开停机按钮可以控制机组的开停机；单击有功无功按钮可以直接增减机组有功功率或无功功率；以上按钮用鼠标单击时释放鼠标键有效。

在发电机组模拟量监视界面下，可以通过点击相应的按钮使机组进入不同的功能，部分相应的键对机组的量分类监视，单击"模拟量"按钮可进入机组 PLC 测量的模拟量列表监视画面。单击"PLC 输入开关量"按钮可进入机组 PLC 测量的开关量输入触点状态列表监视画面。单击"继电器输出量"按钮可进入机组 LCU 控制的开关量输出继电器状态列表监视画面。单击"温度巡测"按钮可进入机组 LCU 测量的温度数据列表监视画面。

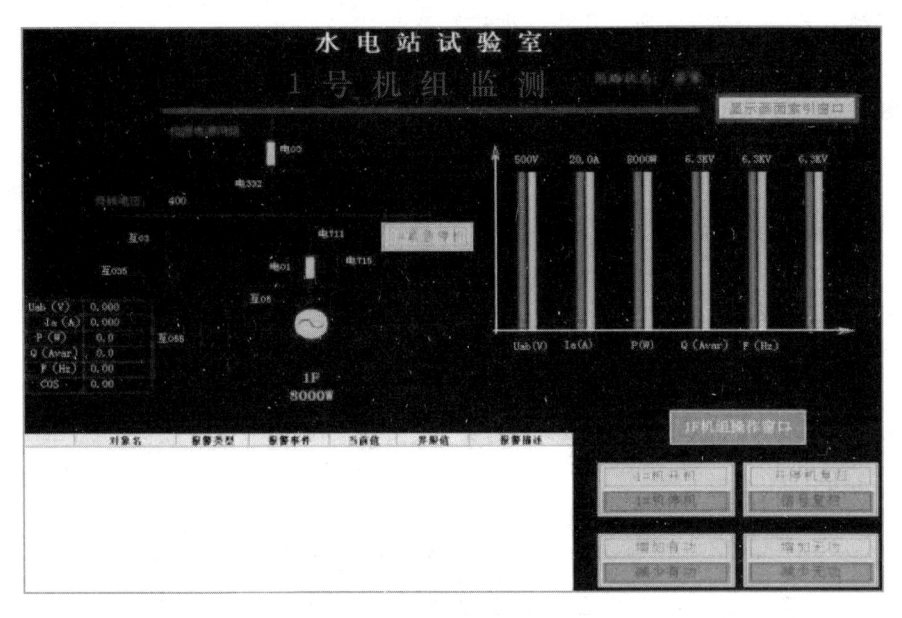

图 7-54 水轮发电机组的监视画面

二、设备运行操作

当机组需要操作时,可选择相关的功能按钮,根据步骤进行操作。开机操作如下:

(1) 单击 1F 机组的开机操作按钮,弹出如图 7-55 所示的对话框。

(2) 确定操作,通过选择对象说明,必须保证与操作对象一致。然后填写操作人、密码,监护人、密码;然后单击确定。注意:操作人、监护人必须不同名。

(3) 开停机流程监视,可以在该画面下对开停机流程进行实时监视,确认流程动作可靠正常。

同样也按照类似步骤完成机组的开机、停机、有功设定、无功设定等操作。

图 7-55 开机操作对话框

三、历史数据查询

在水电站计算机监控系统中,能对全站所有监控对象的操作记录、报警事件及机组的参数历史数据记录进行查询。

(1) 历史事件查询。在历史事件查询画面中,一般情况下,绿色表示该故障事故未发生,黄色表示故障,红色表示保护事件,通常可以按日期进行查询。

(2) 操作历史记录。在操作的历史记录查询画面,可以按日期查询通过上位计算机操作的历史记录。

(3) 历史数据记录。监控系统通常每半小时定时记录机组运行历史数据。根据日期，可对全天24h水电站所有历史数据进行查询。

（4）历史趋势和历史曲线查询。对于水电站重要历史数据量的历史趋势和历史曲线，监控系统可以按日期进行查询。图7-56为某电站2号机组无功功率历史曲线图。

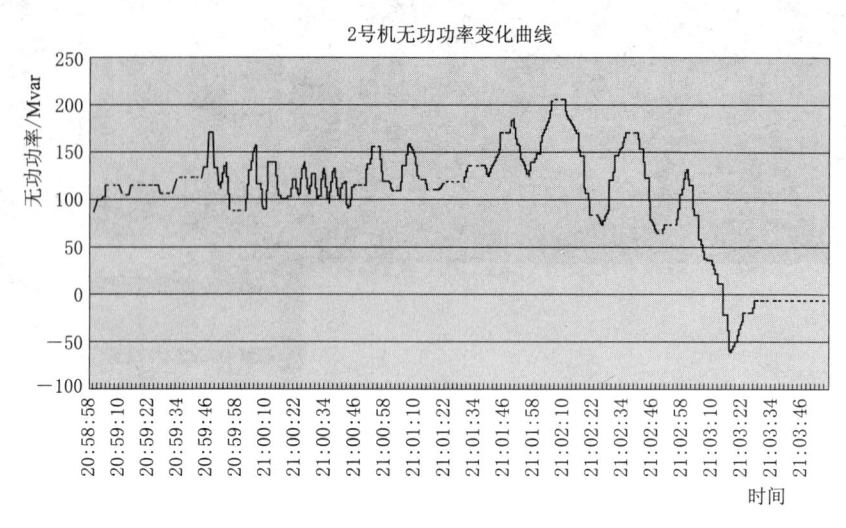

图7-56 某电站2号机组无功功率历史曲线图

四、机组故障、事故光字显示

当监控系统主画面中机组无故障红灯熄灭时，说明有故障发生，切换至机组故障报警画面，可以详细了解故障原因和范围，途中黄灯亮为有故障发生。

当机组发生事故时，机组事故光字报警显示，当切换至机组故障查询界面时，如图7-57所示，可以查询事故机组及保护动作情况。当事故原因未查找消除之前，"事故复归"按钮不得随意按下。

图7-57 机组事故查询画面

水电站非常重视系统的安全运行，然而每年仍发生许多操作人员误操作而导致的重大事故，造成人员伤亡、设备损坏、非计划停运，甚至引起电网的振荡，经济损失惨重。计算机监控系统提供了全图形、多窗口的人机界面，采用鼠标操作，使操作人员在显示器上操作更直观方便，但对水电站运行维护人员的要求进一步提高。随着"无人值班、少人值守"要求的进一步推进，微机五防系统、在线故障诊断系统、状态诊断系统和计算机监控系统进一步整合，一部分流域梯级水电站成立了梯调中心，实现了远程集中控制和梯级优化调度。本书未尽之处，读者可以参考其他文献资料。

【交流与思考】

抽水蓄能电站，又称蓄能式水电站，利用电力负荷低谷时的电能抽水至上水库，在电力负荷高峰期再放水至下水库发电的水电站。它可将电网负荷低时的多余电能转变为电网高峰时期的高价值电能，还适于调频、调相，稳定电力系统的周波和电压，且宜为事故备用，还可提高系统中火电站和核电站的效率。我国抽水蓄能电站的建设起步较晚，但由于后发效应，起点却较高，近年建设的几座大型抽水蓄能电站的技术已处于世界先进水平，且抽水蓄能电站装机容量不断增加。与常规水电站相比，抽水蓄能电站自动化技术及设备有哪些特殊之处？其计算机监控系统有哪些特殊性及设计要求？

【学习拓展】

《水力发电厂计算机监控系统设计规范》（NB/T 10879—2021） 通过查询该标准，了解系统结构与配置、监控系统功能、软件技术要求、二次接线、电源、电缆与光缆、接地与防雷、场地与环境、安全防护等内容。

课后阅读

[1] 董军刚，王丽荣，杨敬娜，等. PCC在水电站现地控制单元中的应用 [J]. 水科学与工程技术，2009 (4)：42-44.

[2] 张志强. 水口水电厂监控系统现地控制单元可靠性及特点的分析 [J]. 福建电力与电工，2003 (2)：48-49，72.

[3] 汪华强，雷勇，杨春霞，等. 巨型水电站现地控制单元与外部系统通信方案设计与应用 [J]. 水电站机电技术，2012，35 (3)：45-46.

[4] 邓诗军. 现地控制单元装置新技术 [J]. 武汉水利电力大学学报，1997 (2)：83-86.

[5] 冯黎兵. 智能水电厂机组现地控制单元结构体系研究 [J]. 中国农村水利水电，2016，408 (10)：119-122，127.

[6] 龚翔峰，刘云鹏. 沙河抽水蓄能电站计算机监控系统典型故障分析与处理 [J]. 水电站机电技术，2022，45 (3)：57-59.

[7] 杜明伟，张冰，张洪涛，等. 基于IEC61850的水电计算机监控系统设计及应用 [J]. 工业控制计算机，2022，35 (11)：30-32.

[8] 徐惠攀，王典洪，孔令彬，等. 基于PCC的水电站计算机监控系统设计 [J]. 电力自动化设备，2006 (5)：54-56，60.

[9] 项俊猛，缪奇. 滩坑水电站计算机监控系统改造方案研究 [J]. 小水电，2022，225 (3)：36-38.

[10] 薛晔，金波，杨光华. 基于智能一体化平台的丰满水电站重建工程计算机监控系统构建[J]. 长春工程学院学报（自然科学版），2022，23（2）：77-81.

[11] 边丽娟，韩兵，李金阳. 基于时序库的水电站监控系统设计与实现[J]. 水电站设计，2022，38（1）：11-13.

[12] 郭湘瑜，何田华，雷战，等. 金沙水电站计算机监控系统技术改造及优化[J]. 水利水电快报，2022，43（3）：91-93，99.

[13] 何婷，邓子夜，何飞跃. iP9000计算机监控系统图模库一体化应用[J]. 水电站机电技术，2021，44（10）：1-3，179.

[14] 刘鹏龙，吴小锋，方书博，等. 宝泉抽水蓄能电站计算机监控系统国产化改造方法研究[J]. 中国水利水电科学研究院学报，2021，19（6）：590-597.

[15] 靳帅，田若朝，李翔. 水电站监控系统数据自动识别及同步软件开发[J]. 水电与新能源，2021，35（5）：33-36.

[16] 蔡杰，孙毅，吴宁，等. 乌东德水电站监控系统负载均衡功能的设计与实现[J]. 水电能源科学，2020，38（12）：169-172，32.

[17] 孙毅，黄金龙，吴宁，等. 向家坝电站运行设备异常状态识别功能的设计与实现[J]. 西北水电，2020，183（4）：93-97.

[18] 张毅，王德宽，王桂平，等. 面向巨型机组特大型水电站监控系统的研制开发[J]. 水电自动化与大坝监测，2008，157（1）：24-29.

[19] 杨永福，张启明. 大中型水电站计算机监控系统改造设计探讨[J]. 水电自动化与大坝监测，2006（2）：29-31，36.

[20] 王德宽，王桂平，张毅，等. 水电厂计算机监控技术三十年回顾与展望[J]. 水电站机电技术，2008，129（3）：1-9，120.

[21] 李书明，邓素碧，陈军. 水电站计算机监控系统多协议组态软件及其实现[J]. 水电自动化与大坝监测，2005（1）：14-16.

[22] Ma J. Application research on network structure of computer monitoring system for medium and small hydropower stations [J]. Energy Reports, 2022, 8 (S4): 279-284.

课后习题

1. 与常规自动化控制相比，计算机控制有什么优点？
2. 从水电站计算机监控系统发展的历程看，主要经历了哪些监控方式？
3. 水电站计算机监控系统应具备哪些主要功能？
4. 什么是水电站"无人值班"（少人值班）的值班方式？实现这种值班方式需具备哪些条件？
5. 水电站计算机监控系统的发展趋势是什么？
6. 计算机监控系统有哪些典型形式？
7. 水电站计算监控系统的一般结构有哪些？
8. 什么是开放式计算机监控系统？它有哪些特点？
9. 水电站计算机监控系统的主要性能指标是什么？
10. 水电站控制级的功能有哪些？
11. 电站控制级采用功能分布结构时，一般考虑设置哪些工作站？各工作站的作用是什么？

12. 现地控制单元有何特点？功能有哪些？
13. 水电站现地控制单元的结构类型有哪几种？
14. 简述机组空转至停机模块软件流程图控制过程。
15. 简述机组现地控制输入信号种类及特点。
16. 为防止误输出，机组现地控制可采取何种措施？
17. 作用于事故停机的保护有哪些？
18. 水轮发电机组自动开机必须具备哪些条件？
19. 目前水电站计算机监控系统中主要采用什么结构的数据库？
20. 水电站计算机监控系统中主要有哪些输入/输出信号？
21. 水电站数据采集有哪些要求？
22. 什么是通信规约？
23. 计算机通信网络有哪几种传输介质？各有什么特点？
24. 什么是现场总线？它有什么特点？
25. 水电站自动发电控制的基本任务是什么？
26. 水电站自动发电控制的功能有什么？

附录 "一带一路"沿线部分国家水资源及水电开发情况

"一带一路"是"丝绸之路经济带"和"21世纪海上丝绸之路"的简称,"一带一路"不是一个实体和机制,而是合作发展的理念和倡议,是依靠中国与有关国家既有的双多边机制,借助既有的、行之有效的区域合作平台,旨在借用古代"丝绸之路"的历史符号,高举和平发展的旗帜,主动地发展与沿线国家的经济合作伙伴关系,共同打造政治互信、经济融合、文化包容的利益共同体、命运共同体和责任共同体。

"丝绸之路经济带"倡议涵盖东南亚经济整合、东北亚经济整合,并最终融合在一起通向欧洲,形成欧亚大陆经济整合的大趋势。"21世纪海上丝绸之路"经济带倡议从海上联通欧亚非三个大陆和"丝绸之路经济带"倡议,形成一个海上和陆地的闭环经济带。

能源合作是"一带一路"建设的重要领域。"一带一路"沿线国家能源分布不均,能源需求和供给存在巨大差异,因此,对加强能源合作有迫切的现实需求。直到2018年年底,亚太地区还有4.2亿人没有电力供应,2/3的"一带一路"沿线国家能源不足,部分国家存在严重电力匮乏问题。然而,"一带一路"沿线国家实际蕴含的水电资源非常丰富,只是开发程度低,其可开发潜力巨大。例如,尼泊尔地处喜马拉雅山,地势陡峭,水电蕴藏量达8.3万MW,约占世界水电蕴藏总量的2.3%,蕴含了丰富的投资机遇。

亚洲的水电经济可开发量为4.49万亿kW·h/a,占全球水电经济可开发量的51%。《2022年全球水电现状报告》指出,截至2021年年底,全球水电装机容量达到13.6亿kW,创历史新高。区域方面,东亚和环太平洋地区新增水电装机2189万kW,增量位居全球首位;南亚和中亚地区196万kW紧随其后。国别方面,中国水电装机总量达3.91亿kW,高居各国榜首;巴西1.09亿kW、美国1.02亿kW、加拿大8230万kW、俄罗斯5570万kW、印度5140万kW分列2~6位。项目方面,中国360万kW丰宁抽水蓄能电站、老挝127万kW南欧江水电站、印度30万kW卡蒙水电站等多个重大项目顺利投运。总体上看,亚洲水电开发势头强劲,新建、在建、规划水电装机容量皆位居全球前列,且大多分布在"一带一路"沿线国家。

下面以"一带一路"沿线部分国家水电建设为例,简单介绍一下其水资源及水电开发情况。

柬埔寨

柬埔寨江河众多,水资源丰富,主要的河流有湄公河、洞里萨河等,还有东南亚最大的洞里萨湖,地表水资源量1288亿 m^3,地下水资源量416亿 m^3,平均年降雨量1400~3500mm，湄公河每年流经柬埔寨的流量3157亿 m³。柬埔寨水电和水利开发潜力巨大，其水电储藏量约为10000MW，50%水电储藏在主要河流，40%储藏在支流，10%储藏在沿海地区。

柬埔寨桑河二级水电站位于柬埔寨王国东北部上丁省西山区境内的桑河干流上，枢纽主要由左岸均质土坝、河床式厂房、河床泄洪闸坝、混凝土挡水连接坝段、混凝土侧墙式接头、右岸均质土坝等建筑物组成，采用8台中国制造的5万kW灯泡贯流式机组。作为柬埔寨境内最大的水电工程，电站大坝全长6.5km，是亚洲第一长坝。水电站设计总装机容量40万kW，年平均发电量19.7亿kW·h，作为"一带一路"和柬埔寨能源建设的重点项目、中柬能源合作的典范，该电站建成投产后产能将占柬埔寨全国总发电装机容量的1/5以上，为柬埔寨国家电网提供稳定的清洁能源，彻底扭转了柬埔寨严重依靠国外进口电力的局面，极大缓解当地电力供应不足的现状，大幅降低当地的用电成本，对于柬埔寨加快经济发展、改善民生具有重大意义。

巴 基 斯 坦

印度河位于南亚次大陆的西北部，长度2900km，流域总面积约116.55万 km²，流域内包括印度河干流、右岸的2条主要支流和左岸的5条主要支流。印度河发源于中国境内的喜马拉雅山西侧，流经中国、克什米尔，再流经巴基斯坦后注入阿拉伯海。印度河水系为巴基斯坦主要地表水源，给这片干旱土地带来生命和发展。巴基斯坦境内大范围地区降水量明显受时间变化及空间分布影响，全年2/3的降水集中在7—9月3个月内完成，平均年降水量从不到100mm（印度河下游区）至750mm（印度河上游山前区）。

巴基斯坦是"一带一路"沿线重要国家，中国与巴基斯坦近年来在清洁能源领域的合作不断深入，中方帮助巴方提高清洁能源的利用能力和效率，提升当地民众的生活水平。卡洛特水电站是"一带一路"首个水电大型投资建设项目，也是"中巴经济走廊"首个水电投资项目，是迄今为止三峡集团在海外投资建设的最大绿地水电项目。卡洛特水电站建在巴基斯坦北部印度河支流吉拉姆河上，2022年6月全面投入商业运营，95%以上设备来自我国，是三峡集团采用中国标准并整合中国水电设计、施工、装备与建设管理全产业链编队出海的示范项目。卡洛特水电站建成后装机容量72万kW，水库正常蓄水位461m，总库容约1.5亿 m³，具有日调节性能，平均年发电量32亿kW·h，年利用小时数4452h，未来能够为巴基斯坦提供源源不断的清洁水电能源，促进巴基斯坦国家能源结构的优化升级。

老 挝

老挝属热带、亚热带季风气候，5—10月为雨季，11月至次年4月为旱季，年平均气温约26℃。老挝全境雨量充沛，年降水量最少年为1250mm，最大年降水量达3750mm，一般年降水量约为2000mm。发源于中国的湄公河是老挝的最大河流，流经西部1900km，流经首都万象，湄公河作为老挝与缅甸界河段长234km，老挝与泰国界河段长976.3km。

老挝南俄 1 水电站扩机项目是"一带一路"建设的重点项目，是中老友谊的友好见证。老挝南俄 1 水电站位于老挝首都万象以北约 70km 的湄公河左岸一级支流南俄河干流上，有效库容 47.14 亿 m^3，电站原装机容量为 155MW，扩机工程为 2 台单机 40MW 的混流式水轮发电机组，扩机容量 80MW。

马 来 西 亚

马来西亚年平均降雨量为 3000mm，年地表径流的总量为 5660 亿 m^3，入渗到地下的地下水量约为 640 亿 m^3，每年可以获得的水资源总量约为 5800 亿 m^3。马来西亚的水资源主要来源于其 150 多个河流流域，并且满足全国 98% 的用水需求。

马来西亚巴贡水电站是目前中国在海外承建的最大装机容量水电站，也是中国水电目前承建的最大库容水电站。巴贡水电站位于马来西亚沙捞越州的巴雷河上，工程主要由混凝土面板堆石坝、开敞式溢洪道和总装机容量 240 万 kW 的引水发电系统组成。电站建设使用面板堆石坝技术，坝高 205m，仅次于中国湖北水布垭水电站 230m 高的石坝，在同类土石坝中列世界第二。水库库容 438 亿 m^3，库容超过三峡水电站。巨型高坝大库建设对坝体本身的安全系数提出了较高的要求。南瑞集团在此项目中承担了电站的大坝安全监测系统建设，系统通过对大坝的渗流、位移等数据进行实时监测，可及时发现坝体结构安全隐患，对延长大坝寿命，提高大坝运行综合效益发挥重要作用，为电站的安全、稳定运行提供了坚强的保障。

布 隆 迪

布隆迪属亚热带及热带气候。全年可分为四季：2—5 月为大雨季，6—8 月为大旱季，9—11 月为小雨季，12 月至次年 1 月为小旱季。年均降雨量为 1000～1600mm。坦噶尼喀湖位于布隆迪西南部沿岸，面积 3.29 万 km^2，平均水深 700m，最深处达 1455m，是仅次于俄罗斯贝加尔湖的世界第二大深水湖。

胡济巴济水电站位于布隆迪首都布琼布拉市南部的胡济巴济河下游段，距布琼布拉市约 43km，采用径流引水式开发，安装 3 台单机容量 5MW 的卧轴水斗式水轮发电机组，装机容量 1.5 万 kW。在项目建设过程中，中国承建方坚持以高标准、高要求推进项目建设，不断通过优化施工工艺来提升施工效率，克服地质条件差、新冠疫情影响等困难，稳步推进项目建设，在疫情防控和项目建设等方面都取得了较好的成绩，良好高效的履约能力得到了布隆迪政府的高度肯定。胡济巴济水电站全部投产发电后，将为布隆迪增加约 1/3 的电力供应，极大缓解国家电力短缺的困局，并对提高当地工业生产、促进国民经济发展、改善居民生活水平等方面起到重要作用。

其 他 国 家

卡里巴水电站位于非洲赞比亚和津巴布韦两国交界的赞比西河中游，担负着赞比亚全国 54% 的用电负荷，不仅惠及赞比亚千家万户，还给周边的南非、纳米比亚、津巴布韦等国送去了光明。我国承建了卡里巴水电站的扩建项目，2014 年 7 月 31 日，工程交付使用。该工程不仅获得赞比亚的"遵守安全施工特别奖"，更获得了 2016—

2017年度中国境外工程"鲁班奖",我国水电建设在境外考试中交上了一份满意答卷,为中赞友谊长卷描绘出浓墨重彩的一笔。南瑞集团在此项目中承担水电站计算机监控系统、水轮机调速系统和大坝安全监测系统建设。卡里巴电站正式发电后极大缓解了赞比亚国内经济发展所面临的电力紧张的局面,增加就业,提高赞比亚人民的生活水平。

莱索托麦特隆大坝及原水泵站项目由1座碾压混凝土大坝、原水泵站、多级取水塔、大小变电站各1座、泄水房、分叉段等建筑物组成。大坝高83m,长278m,正常蓄水位高程1671m,最大库容6300万m^3;原水泵站设计最大供水能力93000m^3/d。麦特隆大坝和原水泵站项目不仅是中国水电八局在南部非洲承建的第一个工程,也是中国在莱索托的第一个水电工程,具有战略性地标效应。该项目还是莱索托王国最大的民生工程,备受当地政府与人民的广泛关注。项目建成后,解决了莱索托1/3人口的用水问题,收到了良好的经济效益与社会效益。

参 考 文 献

[1] 刘忠源. 水电站自动化 [M]. 3 版. 北京：中国水利水电出版社，2009.
[2] 楼永仁，黄声先，李植鑫. 水电站自动化 [M]. 北京：中国水利水电出版社，2002.
[3] 陈启卷，南海鹏. 水电厂自动运行 [M]. 北京：中国水利水电出版社，2009.
[4] 许建安. 水电站自动化技术 [M]. 北京：中国水利水电出版社，2005.
[5] 洪霞，汤晓华. 水电站机组自动化运行与监控 [M]. 北京：中国电力出版社，2013.
[6] 刘观标. 智能水电厂技术及应用 [M]. 北京：中国电力出版社，2017.
[7] 张恒旭，王葵，石访. 电力系统自动化 [M]. 北京：机械工业出版社，2021.
[8] 陈启卷. 水电厂计算机监控系统 [M]. 北京：中国水利水电出版社，2010.
[9] 徐金寿，张仁贡. 水电站计算机监控技术与应用 [M]. 杭州：浙江大学出版社，2011.
[10] 林宁，国栋，郭端英，等. 水电站自动化技术及应用 [M]. 郑州：黄河水利出版社，2014.
[11] 胡向东. 传感器与检测技术 [M]. 4 版. 北京：机械工业出版社，2021.
[12] 国家能源局. 水力发电厂自动化设计技术规范：NB/T 35004—2013 [S]. 北京：中国电力出版社，2014.